中国建筑学会室内设计分会推荐
高等院校环境艺术设计专业指导教材

# 景观项目设计

吴 珏 编著

中国建筑工业出版社

图书在版编目（CIP）数据

景观项目设计/吴珏编著. —北京：中国建筑工业出版社，
2006（2024.6重印）
中国建筑学会室内设计分会推荐. 高等院校环境艺术设计
专业指导教材
ISBN 978-7-112-08553-8

Ⅰ. 景... Ⅱ. 吴... Ⅲ. 景观-园林设计-高等学校-教材
Ⅳ. TU986.2

中国版本图书馆 CIP 数据核字（2006）第 062145 号

本书主要通过景观项目的操作流程的讲解，由浅入深的介绍了在景观设计实际项目时
所应采取的正确方法。书中第一章对景观项目设计中基础知识作了一个简述，涉及基本的
规范性的知识；第二章介绍了景观项目设计的深度要求；第三章用极为概括的方式对工程
实施设计服务与管理作一基本介绍；第四章以学校景观、道路及桥梁景观、旅游景观和农
业景观工程为例，分析了景观设计理论的应用与实践。其中所提出的新理念有助于拓展景
观设计的视野。此外，本书中还附有区域景观基础知识及设计规范。本书在理论与实践方
面兼具特色，可供景观设计教学、设计专业人员使用。

＊　　　＊　　　＊

责任编辑：郭洪兰
责任设计：赵明霞
责任校对：张树梅　王金珠

中国建筑学会室内设计分会推荐
高等院校环境艺术设计专业指导教材
景观项目设计
吴　珏　编著

＊

中国建筑工业出版社出版、发行(北京海淀三里河路9号)
各地新华书店、建筑书店经销
北京金海中达技术开发公司排版
建工社（河北）印刷有限公司印刷

＊

开本：787×1092毫米　1/16　印张：15½　字数：379千字
2006年11月第一版　2024年6月第五次印刷
定价：38.00元
ISBN 978-7-112-08553-8
(15217)

# 出 版 说 明

中国的室内设计教育已经走过了四十多年的历程。1957年在中国北京中央工艺美术学院（现清华大学美术学院）第一次设立室内设计专业，当时的专业名称为"室内装饰"。1958年北京兴建十大建筑，受此影响，装饰的概念向建筑拓展，至1961年专业名称改为"建筑装饰"。实行改革开放后的1984年，顺应世界专业发展的潮流又更名为"室内设计"，之后在1988年室内设计又进而拓展为"环境艺术设计"专业。据不完全统计，到2004年，全国已有600多所高等院校设立与室内设计相关的各类专业。

一方面，以装饰为主要概念的室内装修行业在我们的国家波澜壮阔般地向前推进，成为国民经济支柱性产业。而另一方面，在我们高等教育的专业目录中却始终没有出现"室内设计"的称谓。从某种意义上来讲，也许是20世纪80年代末环境艺术设计概念的提出相对于我们的国情过于超前。虽然十数年间以环境艺术设计称谓的艺术设计专业，在全国数百所各类学校中设立，但发展却极不平衡，认识也极不相同。反映为理论研究相对滞后，专业师资与教材缺乏，各校间教学体系与教学水平存在着较大的差异，造成了目前这种多元化的局面。出现这样的情况也毫不奇怪，因为我们的艺术设计教育事业始终与国家的经济建设和社会的体制改革发展同步，尚都处于转型期的调整之中。

设计教育诞生于发达国家现代设计行业建立之后，本身具有艺术与科学的双重属性，兼具文科和理科教育的特点，属于典型的边缘学科。由于我们的国情特点，设计教育基本上是脱胎于美术教育。以中央工艺美术学院（现清华大学美术学院）为例，自1956年建校之初就力戒美术教育的单一模式，但时至今日仍然难以摆脱这种模式的束缚。而具有鲜明理工特征的我国建筑类院校，在创办艺术设计类专业时又显然缺乏艺术的支撑，可以说两者都处于过渡期的阵痛中。

艺术素质不是象牙之塔的贡品，而是人人都必须具有的基本素质。艺术教育是高等教育整个系统中不可或缺的重要环节，是完善人格培养的美育的重要内容。艺术设计虽然是以艺术教育为出发点，具有人文学科的主要特点，但它是横跨艺术与科学之间的桥梁学科，也是以教授工作方法为主要内容，兼具思维开拓与技能培养的双重训练性专业。所以，只有在国家的高等学校专业目录中：将"艺术"定位于学科门类，与"文学"等同；将"艺术设计"定位于一级学科，与"美术"等同。随之，按照现有的社会相关行业分类，在艺术设计专业下设置相应的二级学科，环境艺术设计才能够得到与之相适应的社会专业定位，惟有这样才能赶上迅猛发展的时代步伐。

由于社会发展现状的制约，高等教育的艺术设计专业尚没有国家权威的管理指导机构。"中国建筑学会室内设计分会教育工作委员会"是目前中国惟一能够担负起指导环境艺术设计教育的专业机构。教育工作委员会近年来组织了一系列全国范围的专业交流活动。在活动中，各校的代表都提出了编写相对统一的专业教材的愿望。因为目前已经出版的几套教材都是以单个学校或学校集团的教学系统为蓝本，在具体的使用中缺乏普遍的指导意义，适应性较弱。为此，教育工作委员会组织全国相关院校的环境艺术设计专业教育专家，编写了这套具有指导意义的符合目前国情现状的实用型专业教材。

**中国建筑学会室内设计分会教育工作委员会**
2006 年 12 月

# 前　　言

　　艺术设计专业是横跨于艺术与科学之间的综合性、边缘性学科。艺术设计产生于工业文明高速发展的20世纪。具有独立知识产权的各类设计产品，成为艺术设计成果的象征。艺术设计的每个专业方向在国民经济中都对应着一个庞大的产业，如建筑室内装饰行业、服装行业、广告与包装行业等。每个专业方向在自己的发展过程中无不形成极强的个性，并通过这种个性的创造，以产品的形式实现其自身的社会价值。从环境生态学的认识角度出发，任何一门艺术设计专业方向的发展都需要相应的时空，需要相对丰厚的资源配置和适宜的社会政治、经济、技术条件。面对信息时代和经济全球化，世界呈现时空越来越小的趋势，人工环境无限制扩张，导致自然环境日益恶化。在这样的情况下，专业学科发展如不以环境生态意识为先导，走集约型协调综合发展的道路，势必走入死胡同。

　　随着20世纪后期由工业文明向生态文明的转化，可持续发展思想在世界范围内得到共识并逐渐成为各国发展决策的理论基础。环境艺术设计的概念正是在这样的历史背景下从艺术设计专业中脱颖而出的，其基本理念在于设计从单纯的商业产品意识向环境生态意识的转换，在可持续发展战略总体布局中，处于协调人工环境与自然环境关系的重要位置。环境艺术设计最终要实现的目标是人类生存状态的绿色设计，其核心概念就是创造符合生态环境良性循环规律的设计系统。

　　环境艺术设计所遵循的绿色设计理念成为相关行业依靠科技进步实施可持续发展战略的核心环节。

　　国内学术界最早在艺术设计领域提出环境艺术设计的概念是在20世纪80年代初期。在世界范围内，日本学术界在艺术设计领域的环境生态意识觉醒的较早，这与其狭小的国土、匮乏的资源、相对拥挤的人口有着直接的关系。进入80年代后期国内艺术设计界的环境意识空前高涨，于是催生了环境艺术设计专业的建立。1988年当时的国家教育委员会决定在我国高等院校设立环境艺术设计专业，1998年成为艺术设计专业下属的专业方向。据不完全统计，在短短的十数年间，全国有400余所各类高等院校建立了环境艺术设计专业方向。进入21世纪，与环境艺术设计相关的行业年产值就高达人民币数千亿元。

　　由于发展过快，而相应的理论研究滞后，致使社会创作实践有其名而无其实。决策层对环境艺术设计专业理论缺乏基本的了解。虽然从专业设计者到行政领导都在谈论可持续发展和绿色设计，然而在立项实施的各类与环境有关的工程项目中却完全与环境生态的绿色概念背道而驰。导致我们的城市景观、建筑与室内装饰建设背离了既定的目标。毫无疑问，迄今为止我们人工环境（包括城市、建筑、室内环境）的发展是以对自然环境的损耗作为代价的。例如：光污染的城市亮丽工程；破坏生态平衡的大树进城；耗费土地资源的小城市大广场；浪费自然资源的过度装修等等。

　　党的十六大将"可持续性发展能力不断增强，生态环境得到改善，资源利用效率显著提高，促进人与自然的和谐，推动整个社会走上生产发展、生活富裕、生态良好的文明发展道路"作为全面建设小康社会奋斗目标的生态文明之路。环境艺术设计正是从艺术设计学科的角度，为实现宏大的战略目标而落实于具体的重要社会实践。

"环境艺术"这种人为的艺术环境创造，可以自在于自然界美的环境之外，但是它又不可能脱离自然环境本体，它必须植根于特定的环境，成为融合其中与之有机共生的艺术。可以这样说，环境艺术是人类生存环境的美的创造。

"环境设计"是建立在客观物质基础上，以现代环境科学研究成果为指导，创造理想生存空间的工作过程。人类理想的环境应该是生态系统的良性循环，社会制度的文明进步，自然资源的合理配置，生存空间的科学建设。这中间包含了自然科学和社会科学涉及的所有研究领域。

环境设计以原在的自然环境为出发点，以科学与艺术的手段协调自然、人工、社会三类环境之间的关系，使其达到一种最佳的运行状态。环境设计具有相当广的含义，它不仅包括空间实体形态的布局营造，而且更重视人在时间状态下的行为环境的调节控制。

环境设计比之环境艺术具有更为完整的意义。环境艺术应该是从属于环境设计的子系统。

环境艺术品创作有别于单纯的艺术品创作。环境艺术品的概念源于环境生态的概念，即它与环境互为依存的循环特征。几乎所有的艺术与工艺美术门类，以及它们的产品都可以列入环境艺术品的范围，但只要加上环境二字，它的创作就将受到环境的限定和制约，以达到与所处环境的和谐统一。

"环境艺术"与"环境设计"的概念体现了生态文明的原则。我们所讲的"环境艺术设计"包括了环境艺术与环境设计的全部概念。将其上升为"设计艺术的环境生态学"，才能为我们的社会发展决策奠定坚实的理论基础。

环境艺术设计立足于环境概念的艺术设计，以"环境艺术的存在，将柔化技术主宰的人间，沟通人与人、人与社会、人与自然间和谐的、欢愉的情感。这里，物（实在）的创造，以它的美的存在形式在感染人，空间（虚在）的创造，以他的亲切、柔美的气氛在慰藉人[1]。"显然环境艺术所营造的是一种空间的氛围，将环境艺术的理念融入环境设计所形成的环境艺术设计，其主旨在于空间功能的艺术协调。"如 Gorden Cullen 在他的名著《Townscape》一书中所说，这是一种'关系的艺术'（art of relationship），其目的是利用一切要素创造环境：房屋、树木、大自然、水、交通、广告以及诸如此类的东西，以戏剧的表演方式将它们编织在一起[2]。"诚然环境艺术设计并不一定要创造凌驾于环境之上的人工自然物，它的设计工作状态更像是乐团的指挥、电影的导演。选择是它设计的方法，减法是它技术的常项，协调是它工作的主题。可见这样一种艺术设计系统是符合于生态文明社会形态的需求。

目前，最能够体现环境艺术设计理念的文本，莫过于联合国教科文组织实施的《保护世界文化和自然遗产合约》。在这份文件中，文化遗产的界定在于：自然环境与人工环境、

---

〔1〕 潘昌侯：我对"环境艺术"的理解，《环境艺术》第1期5页，中国城市经济社会出版社1988年版。
〔2〕 程里尧：环境艺术是大众的艺术，《环境艺术》第1期4页，北京：中国城市经济社会出版社1988年版。

美学与科学高度融汇基础上的物质与非物质独特个性体现。文化遗产必须是"自然与人类的共同作品"。人类的社会活动及其创造物有机融入自然并成为和谐的整体，是体现其环境意义的核心内容。

根据《保护世界文化和自然遗产合约》的表述：文化遗产主要体现于人工环境，以文物、建筑群和遗址为《世界遗产名录》的录入内容；自然遗产主要体现于自然环境，以美学的突出个性与科学的普遍价值所涵盖的同地质生物结构、动植物物种生态区和天然名胜为《世界遗产名录》的录入内容。两类遗产有着极为严格的收录标准。这个标准实际上成为以人为中心理想环境状态的界定。

文化遗产界定的环境意义，即：环境系统存在的多样特征；环境系统发展的动态特征；环境系统关系的协调特征；环境系统美学的个性特征。

环境系统存在的多样特征：在一个特定的环境场所，存在着物质与非物质的多样信息传递。自然与人工要素同时作用于有限的时空，实体的物象与思想的感悟在场所中交汇，从而产生物质场所的精神寄托。文化的底蕴正是通过环境场所的这种多样特征得以体现。

环境系统发展的动态特征：任何一个环境场所都不可能永远不变，变化是永恒的，不变则是暂时的，环境总是处于动态的发展之中。特定历史条件下形成的人居文化环境一旦毁坏，必定造成无法逆转的后果。如果总是追随变化的潮流，终有一天生存的空间会变成文化的沙漠。努力地维持文化遗产的本原，实质上就是为人类留下了丰富的文化源流。

环境系统关系的协调特征：环境系统的关系体现于三个层面，自然环境要素之间的关系；人工环境要素之间的关系；自然与人工的环境要素之间的关系。自然环境要素是经过优胜劣汰的天然选择而产生的，相互的关系自然是协调的；人工环境要素如果规划适度、设计得当也能够做到相互的协调；惟有自然与人工的环境要素之间要做到相互关系的协调则十分不易。所以在世界遗产名录中享有文化景观名义的双重遗产凤毛麟角。

环境系统美学的个性特征：无论是自然环境系统还是人工环境系统，如果没有个性突出的美学特征，就很难取得赏心悦目的场所感受。虽然人在视觉与情感上愉悦的美感，不能替代环境场所中行为功能的需求。然而在人为建设与环境评价的过程中，美学的因素往往处于优先考虑的位置。

在全部的世界遗产概念中，文化景观标准的理念与环境艺术设计的创作观念比较一致。如果从视觉艺术的概念出发，环境艺术设计基本上就是以文化景观的标准在进行创作。

文化景观标准所反映的观点，是在肯定了自然与文化的双重含义外，更加强调了人为有意的因素。所以说，文化景观标准与环境艺术设计的基本概念相通。

文化景观标准至少有以下三点与环境艺术设计相关的含义：

第一，环境艺术设计是人为有意的设计，完全是人类出于内在主观愿望的满足，对外在客观世界生存环境进行优化的设计。

第二，环境艺术设计的原在出发点是"艺术"，首先要满足人对环境的视觉审美，也就是说美学的标准是放在首位的，离开美的界定就不存在设计本质的内容。

第三，环境艺术设计是协调关系的设计，环境场所中的每一个单体都与其他的单体发生着关系，设计的目的就是使所有的单体都能够相互协调，并能够在任意的位置都以最佳的视觉景观示人。

以上理念基本构成了环境艺术设计理论的内涵。

鉴于中国目前的国情,要真正完成环境艺术设计从书本理论到社会实践的过渡,还是一个十分艰巨的任务。目前高等学校的环境艺术设计专业教学,基本是以"室内设计"和"景观设计"作为实施的专业方向。尽管学术界对这两个专业方向的定位和理论概念还存在着不尽统一的认识,但是迅猛发展的社会是等不及笔墨官司有了结果才前进的。高等教育的专业理念超前于社会发展也是符合逻辑的。因此,呈现在面前的这套教材,是立足于高等教育环境艺术设计专业教学的现状来编写的,基本可以满足一个阶段内专业教学的需求。

中国建筑学会室内设计分会

教育工作委员会主任:郑曙旸

2006 年 12 月

# 编 者 的 话

　　景观项目设计所从事的是创造人类社区的一种活动，我们可以从环境中获得信息与知识，并将之运用于规划与变革，从而，我们能够在保护自然环境的同时创造更为适宜的居住环境。景观项目设计不只是一个工具或某种技术手段，它是一种人类活动的组织哲学，使人们对于任何地段，都能够预测并能想像出它未来的景象。而且，景观项目设计使人们能够将特定小地块上发生的活动纳入到更大的区域系统中。胸怀美好梦想来进行景观项目设计工作的正是我们自己。我们的职责是保护那些我们珍视的东西，因为在地球上的居住空间里，我们不过是匆匆过客。在对地球的拜访过程中，我们或地球家园都应该留下美好的回忆。

# 目　　录

# 第一章　绪　　论

　　景观设计学（Landscape Architecture）是关于景观的分析、规划布局、设计、改造、管理、保护和恢复的科学和艺术。景观设计学是一门建立在广泛的自然科学和人文与艺术学科基础上的应用学科。其尤其强调土地的设计，即通过对有关土地及一切人类户外空间的问题进行科学理性的分析，通过设计找出解决问题的方案和途径，并监理设计的实现。根据解决问题的性质、内容和尺度的不同，景观设计学包含两个专业方向，即景观规划（Landscape Planning）和景观设计（Landscape Design）。前者指在较大尺度范围内，基于对自然和人文过程的认识，协调自然关系与人的过程，具体说是为某些使用目的安排最合适的地方和在特定的地方安排恰当的土地利用。而对这个特定地方的设计就是景观设计。景观设计学与建筑学、城市规划、环境艺术、市政工程设计等学科有紧密的联系，而景观设计学所关注的问题是土地和人类户外空间的问题（仅这一点就有别于建筑学）。它与现代意义上的城市规划的主要区别在于：景观设计学是物质空间的规划和设计，包括城市与区域的物质空间规划设计。而城市规划更主要关注社会经济与城市总体发展计划。尽管中国目前的城市规划专业仍在主要承担城市的物质空间规划设计，那是因为中国景观规划设计发展滞后的结果。因为，只有同时掌握关于自然系统和社会系统双方面知识，懂得如何协调人与自然关系的景观设计师，才有可能设计人地关系和谐的城市。与市政工程设计不同，景观设计学更善于综合地、多目标地解决问题，而不是单一目标地解决工程问题，当然，综合解决问题的过程有赖于各个市政工程设计专业的参与。与大地艺术的主要区别是：景观设计学的关注点在于运用综合的途径解决问题，关注一个物质空间的整体设计，解决问题的途径是建立在科学理性的分析基础上的，而不仅仅依赖设计师的艺术灵感和艺术创造。

　　对于景观设计专业的发展，农业时代中西方文化中的造园艺术、前科学时代的地理思想和占地术（在中国称为风水）、农业及园艺技术、不同尺度上的水利和交通工程经验、风景审美艺术、居住及城市营建技术和思想等等，这些宝贵的技术与文化的遗产都是现代意义上景观设计的创新与发展的源泉。尤其值得提出的是以中国和日本为代表的东方古典园林艺术、古代阿拉伯世界的造园艺术（见图1-1）和希腊罗马文化影响下的欧洲各国的造园学，为现代景观设计的发展和创作提供了丰富的理

图1-1　阿拉伯风格园林

论基础和学习案例。三种不同造园风格的碰撞和交融对现代景观设计的设计手法和设计理

念影响至深。其中东方的"师法自然"的哲学理念，阿拉伯人民对于水景的精致处理和欧洲各国丰富的园艺学和工程学实践及文艺复兴以来的人文主义思想，都在现代景观设计中留下了它们的印记。

图1-2　纽约中央公园

工业时代的到来使现代景观设计的迅速发展成为必然，很好地进行景观项目设计能更好地解决大工业时代的问题，特别是城镇化带来的人地关系问题。早在1858年，园艺师出身的美国景观设计之父奥姆斯特德就认识到这一点，他率先提出了"城市公园"的思想，和设计师沃克斯合作在纽约曼哈顿区设计了著名的中央公园（图1-2），作品充分表达了他的设计思想。他坚持将自己所从事的职业称为Landscape architecture（景观设计），而非当时普遍采用的Landscape gardening（风景造园，或译为风景园林），同时他也将自己称为景观设计师（Landscape Architect），他的养子和儿子继承他的衣钵，为景观学科的最终形成做出了不可磨灭的贡献，从而为景观设计专业和学科的发展开辟了一个广阔的空间。后来他的儿子小奥姆斯特德在哈佛大学首先开设了景观设计专业，为全世界景观设计专业的发展和教育体系的形成奠定了基础。

奥姆斯特德父子给这个专业和学科定义的空间决不是景观设计学科当前发展的界限。19世纪末到20世纪初兴起的新美术运动也大大影响了景观设计学的发展，特别是在设计手法上，艺术家们以其对色彩和线条、几何图案的独特理解在景观设计中大显身手，大大丰富了景观设计的设计手法，使景观设计作品的视觉冲击力和艺术感染力又上了一个新的台阶。巴西著名景观设计师马克思（Burle Marx）就是他们之中典型的代表人物（图1-3）。各种哲学流派、艺术流派在影响建筑设计的同时，也深深地影响着景观设计学的发展，20世纪中景观设计学领域先后出现了结构主义、极简主义、过程主义、解构主义、大地景观等设计风格和流派。

图1-3　马克思的景观设计作品

到了20世纪60年代，美国宾夕法尼亚大学的麦克哈格（McHarg）教授针对当时景观设计学科无力应对城市问题和土地利用及环境问题，而扛起生态规划的大旗，使景观设计学科再次走到了拯救城市、拯救人类和地球的前沿，他的《设计结合自然》迄今为止还是大家学习生态设计的名著。然而，这篇著作的问世使很多景观设计师在景观设计到底是艺术还是科学的问题上摇摆不定。然而又有半个世纪过去了，由于城镇化的不断深入和蔓延，信息与网络技术导致生活方式的改变，以及全球化趋势等等，必然产生新的问题和挑战，这些都将要求重新定义景观设计学科的内涵和外延。可持续理论、生态科学、信息技术、现代艺术理论和思潮又都将为新的问题和挑战提供新的解决途径和对策。但无论学科如何发展，景观设计学科中的一些根本性的东西是不会改变的，那就是美国著名景观设计师西蒙兹所说的——景观设计归根到底是"土地的设计"。它是一门艺术和科学的交叉学科，现代景观设计项目的完成，需要多学科人才的共同参与。

由于经济发展水平相对滞后和缺乏国际交流等原因，我国的景观设计专业长期以来无论在理论还是实践上都处于较为落后的状态。1979年，我国刚建立了风景园林专业，1983年成立了中国风景园林协会。长期以来，农林和建筑院校的风景园林专业和建筑、城市规划专业中的风景园林方向一直把自己对等于国际上的"Landscape architecture"，事实上我国的风景园林专业是在传统造园学和前苏联的相关学科基础上发展而来的，与国际上的景观设计学学科在教学思想内容和实践的内容及方法上存在着诸多不同。近年来，随着国际学术交流的加强和一批在哈佛大学景观设计专业学习的归国学者的宣传下，现在景观设计学的学科内容开始为广大国内学者和相关从业人员、学生所了解，但是我国尚未设立系统的学科体系，景观设计学作为一门学科尚处于摸索阶段。

《景观项目设计》一书作为环境艺术设计专业学生的教材，在书中，我们主要介绍景观项目设计的一般常识，包括景观项目设计的基本知识、景观项目设计各阶段的深度要求、景观工程实施中设计师应提供的服务与管理问题等，最后列举了一些典型的景观项目设计的案例，并作出了分析，供广大读者参考。

# 第二章　景观项目设计的基础知识

## 第一节　景观项目设计的工程语言

**总平面图图例**

在景观设计中，总平面图是表示用地布置和景观元素布局的重要图纸内容，因此，总平面图中图例的使用非常重要。图例的使用是否规范直接影响图纸向使用者或阅读者传达信息的准确性。通常情况下，总平面图中出现的图例类型有地界、景点景物、服务设施、运动游乐设施、工程设施、用地类型、建筑、山石、水体、小品设施、工程设施及植物等。

因为景观设计目前在我国尚未形成完善的学科体系和专业规范，而与之最为相近的风景园林各方面都较为完善，因此景观设计的图例标准可以借鉴传统风景园林设计学科。为了统一风景园林制图的常用图例标准，1995年建设部颁布并实施了《风景园林图例图示标准》，现将其中较为常用的平面图图例介绍给大家。

（1）地界

| 图例 | 名称 | 备注说明 |
|---|---|---|
| ━ ━ ・ ━ ・ ━ ━ ・ | 风景名胜区（国家公园），自然保护区等界 | |
| ━ ・ ━ ・ ━ ・ ━ ・ | 景区、功能分区界 | |
| ─────────── | 绿地界 | 用中实线表示 |

（2）景点、景物

| 图例 | 名称 | 说明 |
|---|---|---|
| 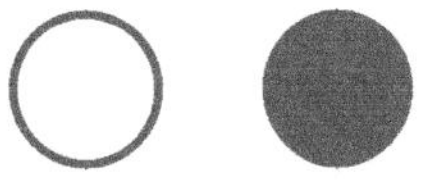 ○　● | 景点 | 各级景点依圈的大小相区别。左图为现状景点，右图为规划景点。左图图例不反映实际的地形及形体，供宏观规划使用。可用单线圈表示现状景点、景物，双线圈表示规划景点、景物 |
|  🏠 | 古建筑 | |
|  ☯ | 宗教建筑（佛教、道教、基督教……） | |

4

| 图例 | 名称 | 说明 |
|---|---|---|
|  | 桥 | |
|  | 城墙 | |
|  | 墓、墓园 | |
|  | 山岳 | |
| 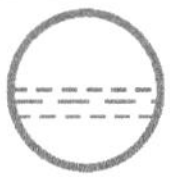 | 湖泊 | |
|  | 古树名木 | |
|  | 森林 | |
|  | 公园 | |
|  | 动物园 | |
|  | 植物园 | |
|  | 烈士陵园 | |

（3）服务设施

| 图例 | 名称 | 说明 |
|---|---|---|
|  | 停车场 | 室内停车场外框用虚线表示（如右图示） |
|  | 公共厕所 | |
|  | 公共电话点 | 包括公用电话厅、所、局等 |

（4）运动游乐设施

| 图例 | 名称 | 说明 |
|---|---|---|
|  | 天然游泳池 | |
|  | 游乐场 | |
|  | 运动场 | |
|  | 高尔夫球场 | |

（5）工程设施

| 图例 | 名称 | 说明 |
|---|---|---|
|  | 公路、汽车游览路 | 上图以双线表示，用中实线；下图以单线表示，用粗实线 |
| 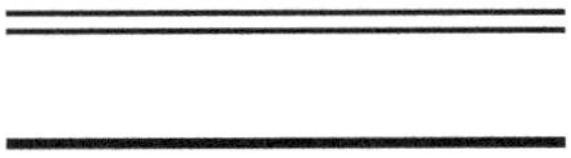 | 小路、步行游览路 | 上图以双线表示，用细实线；下图以单线表示，用中实线 |
| 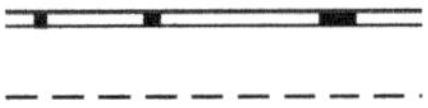 | 山地步游小路 | 上图以双线加台阶表示，用细实线；下图以单线表示，用虚线 |
|  | 隧道 | |
| —— 代号 —— | 管线 | 粗实线中插入管线代号，管线代号按现行国家有关标准的规定标注 |
| 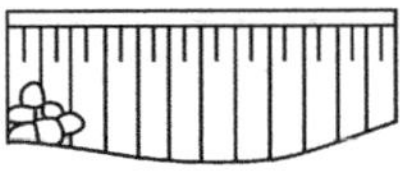 | 护坡 | |
| 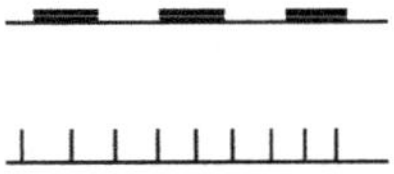 | 挡土墙 | 突出的一侧表示被挡土的一方 |
| 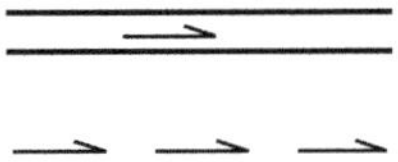 | 排水明沟 | 上图用于比例较大的图面；下图用于比例较小的图面 |
| 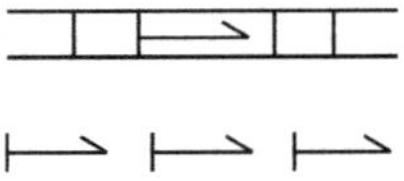 | 有盖的排水沟 | 上图用于比例较大的图面；下图用于比例较小的图面 |

| 图例 | 名称 | 说明 |
|---|---|---|
| | 雨水井 | |
| 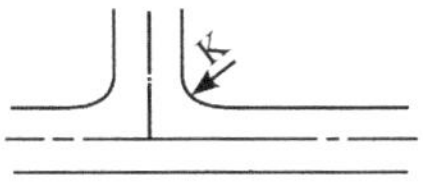 | 道路 | |
| 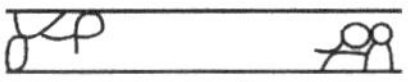 | 铺装路面 | |
|  | 台阶 | 箭头指向表示向上 |

（6）用地类型

| 图例 | 名称 | 说明 |
|---|---|---|
| 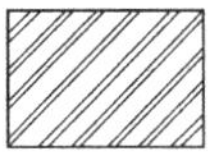 | 风景游览地 | |
| 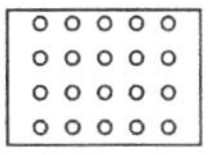 | 游憩、观赏绿地 | |
|  | 防护绿地 | |
| 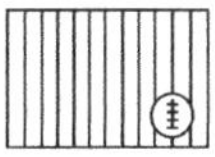 | 针叶林地 | 表示林地的线型图例中可插入GB7929－87的相应符号。需区分天然林地、人工林地时，可用细线界框表示天然林地，粗线界框表示人工林地 |
|  | 阔叶林地 | |

（7）建筑

| 图例 | 名称 | 说明 |
|---|---|---|
| | 规划的建筑 | 用粗实线表示 |
| 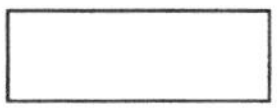 | 原有的建筑 | 用细实线表示 |
| | 坡屋顶建筑 | 包括瓦顶、石片顶、饰面砖顶等 |

7

（8）山石

| 图例 | 名称 | 说明 |
|---|---|---|
|   | 自然山石假山 |  |
|   | 人工塑石假山 |  |
| 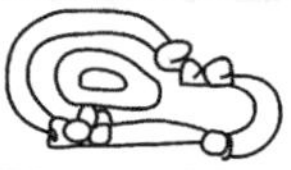  | 土石假山 | 包括"土包石"、"石包土"及土假山 |
|   | 独立景石 |  |

（9）水体

| 图例 | 名称 | 说明 |
|---|---|---|
|   | 自然型水体 |  |
| 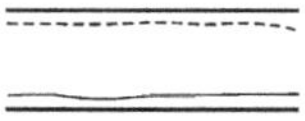  | 规则型水体 |  |
| 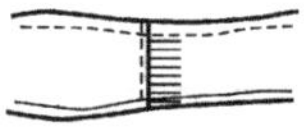  | 跌水、瀑布 |  |
| 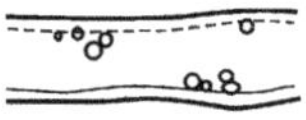  | 溪涧 |  |

（10）小品设施

| 图例 | 名称 | 说明 |
|---|---|---|
| 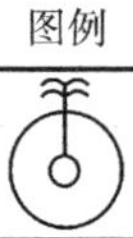  | 喷泉 |  |
|   | 雕塑 |  |
| 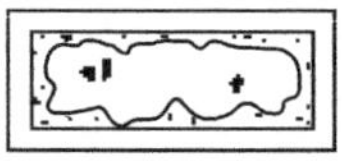  | 花台 | 仅表示位置，不表示具体形态，也可按具体的设计形体表示 |
| 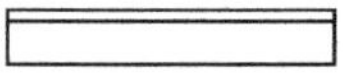  | 座凳 |  |
| 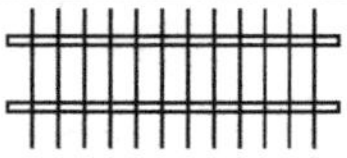  | 花架 |  |
| 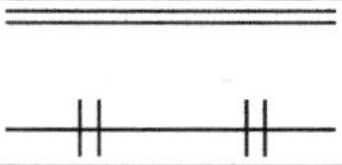  | 围墙 | 上图为实砌或镂空围墙<br>下图为栅栏或篱笆围墙 |

| 图例 | 名称 | 说明 |
|---|---|---|
|  | 栏杆 | 上图为非金属栏杆<br>下图为金属栏杆 |
|  | 园灯 | |
|  | 指示牌 | |
| 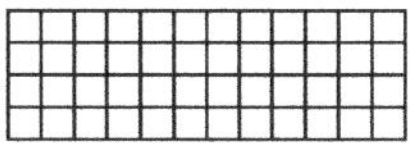 | 铺砌场地 | 也可依据设计形态表示 |
| 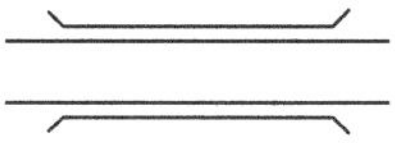 | 车行桥 | |
| 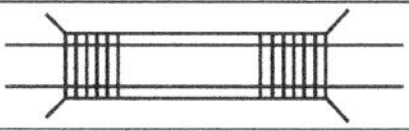 | 人行桥 | |
| 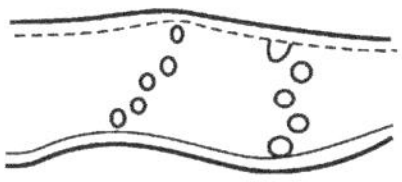 | 汀步 | |
| 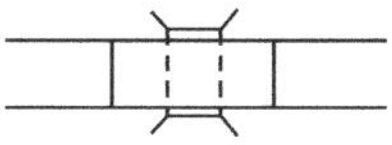 | 涵洞 | |
| 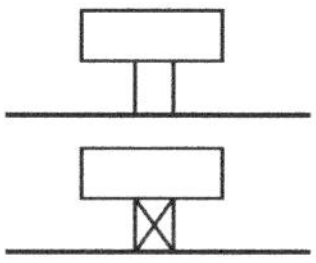 | 码头 | 上图为固定码头；下图为浮动码头 |
| 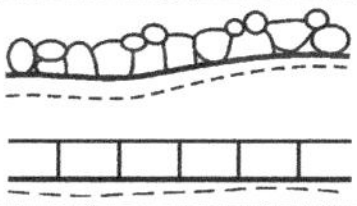 | 驳岸 | 上图为假山石自然式驳岸；下图为整形砌筑规则式驳岸 |

（11）植物

| 图例 | 名称 | 说明 |
|---|---|---|
|  | 落叶阔叶乔木 | 左边图例中，落叶乔木、灌木均不填斜线；常绿乔木、灌木加画45°细斜线。阔叶树的外围线用弧裂或圆形线；针叶树的外围线用锯齿形或斜刺形线。乔木外形成圆形；灌木外形成不规则形。乔木图例中粗线小圆表示现有乔木，细线小十字表示设计乔木。灌木图例中黑点表示种植位置。凡大片树林可省略图例中的小圆、小十字及黑点 |
| 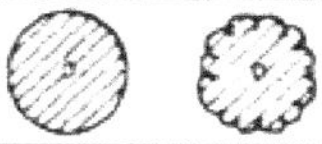 | 常绿阔叶乔木 | |
| 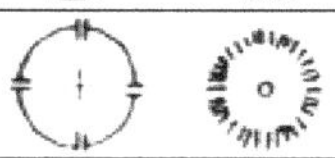 | 落叶针叶乔木 | |
| 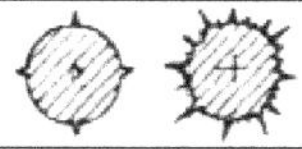 | 常绿针叶乔木 | |
|  | 落叶灌木 | |
|  | 常绿灌木 | |

9

| 图例 | 名称 | 说明 |
|---|---|---|
|   | 阔叶乔木疏林 |  |
|   | 针叶乔木疏林 | 常绿林或阔叶林根据图面表现的需要加或不加 45°细斜线 |
|   | 阔叶乔木密林 |  |
|   | 针叶乔木密林 |  |
| 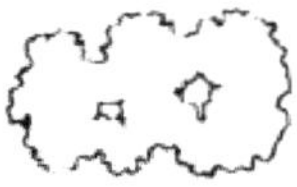  | 落叶灌木密林 |  |
|   | 落叶花灌木疏林 |  |
| 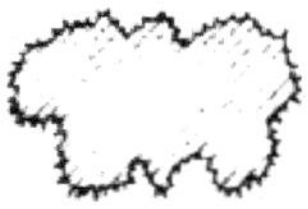  | 常绿灌木密林 |  |
| 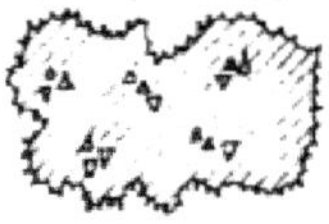  | 常绿花灌木密林 |  |
|  | 自然形绿篱 |  |
|   | 整形绿篱 |  |
|   | 镶边植物 |  |
|   | 一、二年生草本花卉 |  |

| 图例 | 名称 | 说明 |
|---|---|---|
|  | 多年生及宿根草本花卉 | |
| | 一般草皮 | |
|  | 缀花草皮 | |
|  | 整形树木 | |
|  | 棕榈植物 | |
| | 藤本植物 | |
|  | 水生植物 | |

## 第二节　竖向设计

竖向设计是指在一块场地上进行垂直于水平面方向的布置和处理。在景观设计中，场地的竖向设计就是景观中各个景点、各种设施及地貌等在高程上如何创造高低变化和协调统一的设计。

在景观项目设计中，原有基址的地形往往不能满足项目设计的要求或者部分地段与设计需达到的要求不符，所以在景观设计中需要做竖向设计。竖向设计的任务就是从最大限度地发挥景观场地综合功能出发，统筹安排各个景点、设施和地貌景观之间的关系，使地面以上的景观设施和地下设施之间、山水之间、景观场地内部与外部之间在高程上形成合理的关系。

竖向设计的任务是在分析修建地段地形条件的基础上，对原地形进行利用和改造，使它符合使用，适宜建筑布置和排水，达到功能合理、技术可行、造价经济和景观优美的要求。具体内容为研究地形的利用与改造考虑地面排水组织；确定建筑、道路、场地、绿地及其他设施的地面设计标高，并计算土方工程量。

## 一、竖向设计的内容

首先应做地形分析。

（1）高程系统

我国各城市采用的高程主要有两种不同的系统：

黄海高程系统——以青岛观潮站海平面作为零点的高程系统；

吴淞高程系统——以吴淞口观潮站海平面为零点的高程系统。

（2）等高线和坡度

① 等高线——测量地形图上表示地面高程相等的线，线上注有高程。

② 等高线平距（L）——地形图上两相邻等高线之间的垂直距离。

③ 等高线高距（H）——相邻等高线间的高程差。

一般地形图有用 0.5m、1.0m、2.0m、5m、10m、等。设计等高线高距常用 0.1m、0.2m、0.25m、0.5m 等，均视地形坡度及图纸比例不同而选用。

④ 设计等高线高距选用（单位：m）见表 2-1。

表 2-1

| 比例 \ 坡度 | <2% | 2~5% | >5% |
|---|---|---|---|
| 1：2000 | 0.25 | 0.50 | 1.00 |
| 1：1000 | 0.10 | 0.20 | 0.50 |
| 1：500 | 0.10 | 0.10 | 0.20 |

⑤ 坡度（I）——等高线高距与平距之比。

$$I = H/L（\%）$$

⑥ 地面坡度分级及使用见表 2-2。

表 2-2

| 分级 | 坡度 | 使用范围 |
|---|---|---|
| 平坡 | 0~2% | 建筑、道路布置不受地形坡度限制，可以随意安排，坡度小于3%时应注意排水组织 |
| 缓坡 | 2~5% | 建筑宜平行等高线或与之斜交布置，若垂直等高线，其长度不宜超过30~50m，否则需结合地形作错层、跌落等处理；非机动车道尽可能不垂直等高线布置，机动车道则可随意选线，地形起伏可使建筑及环境地景观丰富多彩 |
| 缓坡 | 5~10% | 建筑、道路最好平行等高线布置或与之斜交。若与等高线垂直或大角度斜交，建筑需结合地形设计，作跌落、错层处理。机动车道需限制其坡长 |
| 中坡 | 10~25% | 建筑应结合地形设计，道路要平行或与等高线斜交迂回上坡。布置较大面积的平坦场地，填、挖土方量甚大。人行道如与等高线作大角度斜交布置，也需做台阶 |
| 陡坡 | 25~50% | 施工不便，费用大，建筑必须结合地形个别设计，不宜大规模开发建设。在山地城市用地紧张时仍可使用 |
| 急坡 | >50% | 通常不宜用于居住区建设 |

⑦ 坡度与坡角换算见表2-3。

表2-3

| 坡度% | 坡角 | 坡度% | 坡角 | 坡度% | 坡角 |
|---|---|---|---|---|---|
| 1 | 0°34′ | 19 | 10°45′ | 37 | 20°18′ |
| 2 | 1°09′ | 20 | 11°19′ | 38 | 20°48′ |
| 3 | 1°43′ | 21 | 11°52′ | 39 | 21°18′ |
| 4 | 2°17′ | 22 | 12°24′ | 40 | 21°48′ |
| 5 | 2°52′ | 23 | 12°57′ | 41 | 22°18′ |
| 6 | 3°26′ | 24 | 13°30′ | 42 | 22°47′ |
| 7 | 4°0′ | 25 | 14°02′ | 43 | 23°16′ |
| 8 | 4°34′ | 26 | 14°34′ | 44 | 23°45′ |
| 9 | 5°09′ | 27 | 15°07′ | 45 | 24°14′ |
| 10 | 5°43′ | 28 | 15°39′ | 46 | 24°42′ |
| 11 | 6°17′ | 29 | 16°10′ | 47 | 25°10′ |
| 12 | 6°51′ | 30 | 16°42′ | 48 | 25°38′ |
| 13 | 21°18′ | 31 | 17°13′ | 49 | 26°06′ |
| 14 | 7°24′ | 32 | 17°45′ | 50 | 26°34′ |
| 15 | 8°32′ | 33 | 18°16′ | 55 | 28°48′ |
| 16 | 9°05′ | 34 | 18°47′ | 60 | 30°58′ |
| 17 | 9°39′ | 35 | 19°17′ | 65 | 33°01′ |
| 18 | 10°12′ | 36 | 19°48′ | 70 | 34°59′ |

地形的设计和整理是竖向设计的主要内容。地形是景观的骨架，景观的整体格局，包括各种自然与人工构筑物如山体、河流、湖泊、坡地、谷地和跌水、瀑布、泉水等地貌小品的设置，它们之间的相对位置、高低、大小、比例、尺度、外观形态、坡度的控制和高程关系等都要通过地形设计来解决。地形设计中应注意到不同的土质有不同的自然倾斜角（土壤的自然倾斜角，也叫安息角，是指土壤自然堆积，经沉落稳定后的表面与地平面所形成的夹角）。各种土壤的自然安息角见表2-4。山体的坡度不宜超过相应土壤的自然安息角，水体岸坡的设计也应该遵从相关的规范。

**土壤的自然安息角**　　　　　　　　　表2-4

| 土壤名称 | 土壤含水量（单位：°） | | | 土壤颗粒尺寸（mm） |
|---|---|---|---|---|
| | 干的 | 潮的 | 湿的 | |
| 砾石 | 40 | 40 | 35 | 2～20 |
| 卵石 | 35 | 45 | 25 | 20～200 |
| 粗砂 | 30 | 32 | 27 | 1～2 |
| 中砂 | 28 | 35 | 25 | 0.5～1 |
| 细砂 | 25 | 30 | 20 | 0.05～0.5 |
| 黏土 | 45 | 35 | 15 | <0.001～0.005 |
| 壤土 | 50 | 40 | 30 | |
| 腐质土 | 40 | 35 | 25 | |

（3）地形特征及其运用见表2-5。

表2-5

| 形态特征 | 性质 | 运用 |
|---|---|---|
| 平地 | 开朗、平稳宁静、多向 | 广场、大建筑群、运动场、学校、停车场的合适场地 |
| 凸地（土丘、山包） | 向上、开阔崇高、动感 | 理想的景观焦点和观赏景观的最佳处，建筑与活动场所 |
| 凹地 | 封闭、汇聚幽静、内向 | 露天观演、运动场地，水面、绿化休息场所 |
| 山脊 | 延伸、分隔动感、外向 | 道路、建筑布置的场地。脊的端部具有凸地的优点可供运用 |
| 山谷 | 延伸、动感内向、幽静 | 道路、水面、绿化 |

（4）地形在竖向设计中的作用

① 围合、限制、分隔空间——根据挖土或堆土的范围、高度可以制约空间的开敞或封闭程度、边缘范围及空间方向。

② 控制视野景观——可以有助于视线导向和限制视野，突出主要的景观，屏障丑陋物。

③ 改善小气候环境——影响风向，有利通风、防风，改善日照，起隔离噪声的作用。

④ 组织交通——引导和影响行走、行车的路线和速度。

⑤ 美学作用——使景观更丰富生动，有立体感，反映自然，加强建筑艺术表现力。阴影造成的效果具有雕塑感。

## 二、竖向设计基本原则

1. 满足各项用地的使用要求（修建、活动、交通、休息等）。

① 建筑：室内地坪高于室外地坪：住宅30~60cm，学校、医院45~90cm，多雨地区宜采用较大值。高层建筑、土质较差或填土地段还应考虑建筑沉降。

② 道路：机动车道纵坡一般≤6%，条件受限时可达9%，山区城市局部路段坡度可达12%。但坡度超过4%，必须限制其坡长：5~6%坡长≤600m；6~7%坡长≤400m；7~8%坡长≤300m；9%坡长≤150m。

非机动车道纵坡一般≤2%，条件受限时可达3%，但坡长应限制在50m以内；

桥梁引坡≤4%；

人行道纵坡以≤5%为宜，>8%行走费力，宜采用踏步阶梯；

交叉口纵坡≤2%，并保证主要交通平顺。

③ 广场、停车场：广场坡度以≥0.3%，≤3%为宜，0.5~1.5%最佳；儿童游戏场坡度0.3~2.5%；停车场坡度0.2~0.5%；运动场坡度0.2~0.5%。

④ 草坪、休息绿地：

坡度在0.3~10%。

2. 保证场地良好的排水。

力求使设计地形和坡度适合污水、雨水的排水组织和坡度要求，避免出现凹地。道路纵坡不小于 0.3%，地形条件限制难以达到时应做锯齿形街沟排水；建筑室内地坪标高应保证在沉降后仍高出室外地坪 15~30cm；室外地坪纵坡不得小于 0.3%，并且不得坡向建筑墙脚。

### 三、路面、广场、桥涵和其它铺装场地的设计

一般在图面上应该用等高线表示出道路（或广场）的纵横坡和坡向，道桥连接处及桥面标高。在小比例图纸中则用变坡点标高来表示道路的坡度和坡向。

在冬季多冰冻和积雪的严寒地区，为了安全，广场的纵坡一般应小于 7%，横坡小于 2%；停车场的最大坡度不大于 2.5%；一般景观场地中路面的坡度不宜超过 8%，超过则应设置台阶，台阶应集中设置。为了游人的行走安全，要避免设置单级台阶。另外，还要注意为了方便残障人士的游览，在台阶处设置无障碍通道。

### 四、建筑和其它景观小品

建筑和其它景观小品（如纪念碑、雕塑等）应标出其地坪标高及其与环境的高程关系。大比例图纸建筑应标注各角点标高。例如在坡地上的建筑，是随形就势还是设台筑屋。在水边上的建筑物或小品，则要标明其与水体的关系。

### 五、植物种植在高程上的要求

在规划过程中，景观项目的原有场地上可能会有一些具有保留价值的老树。其周围的地面如果需要根据设计加以调整（增高或降低），应在图纸上标注出保护老树的范围、地面标高和适当的工程措施。同时，不同植物对地下水的敏感程度不同，要注意种植植物和地下水的关系。水生植物种植中要考虑不同的水生植物对水深的要求不同，如荷花适宜种植在水深 0.6~1m 的水中。

### 六、排水设计

在地形设计的同时要考虑地面水的排除，合理地利用地形和道路组织排水。在通常情况下，景观项目中的无铺装地面的最小排水坡度为 1%，而铺装地面则为 5‰。在实际工作中，具体坡度的设计要根据土壤的性质和汇水区的大小、植被情况等因素来确定。

### 七、管道综合

景观场地中的各种管道（如供水、排水、电缆及天然气管道等）的布置，有时会出现交叉，在规划上必须按照一定的原则，统筹安排各种管道交叉处合理的高程关系，包括它们和地面构筑物或者景观植物的关系。

① 竖向设计应贯穿在规划设计的全过程。规划设计工作开始，首先对基地进行地形和环境分析，研究其利用和改造的可能性，用地的竖向处理和排水组织方案，结合场地规划结构、用地布局、道路和绿地系统组织、建筑群体布置以及公共设施的安排等作统筹的考虑。

② 规划总平面方案初步确定后，再深入进行用地的竖向高程设计。通常先根据四周道路的纵、横断面设计所提供的高程资料，进行场地内道路的竖向设计，在地形比较平

缓，简单的情况下，小区道路可以不必按城市道路纵断面设计的深度进行设计，只需按地形、排水及交通要求，确定其合适的坡度、坡长，定出主要控制点（交叉点、转折点、变坡点）的设计标高，并注意和四周城市道路高程的衔接。地形起伏变化较大的小区主要道路，则以深入做出纵断面设计为宜。

③ 根据建筑群布置及区内排水组织要求，考虑地形具体的竖向处理方案可以用设计等高线或者设计标高点来表达设计地形。

④ 根据地形的竖向设计方案和建筑的使用功能、经济、排水、防洪、美观等要求，确定室内地坪及室外场地的设计标高。

⑤ 计算土方工程量。如土方量过大，或者填、挖方不平衡，而土源或弃土有困难时则应调整、修改竖向设计。

⑥ 进行细部处理，包括边坡、挡土墙、台阶、排水明沟等的设计。

⑦ 竖向设计往往需要反复修改、调整，尤其是地形复杂起伏的基地，测量的地形图往往和实际地形有相当大的出入，需要在设计之前，仔细核对，而在施工中需要进行修改竖向设计的情况也是常有的事。

**八、竖向设计图的表现**

竖向设计图的内容及表现可以因地形复杂程度及设计要求的不同而异。如座标，若施工总平面图上已标示，则可省略。竖向设计图在表达室外设计地形时一般有以下几种方法。

设计标高法：在设计基地上标出足够的设计标高点，并辅以箭头表示地面坡向和排水方向。一般用于平地、地形平缓坡度小的地段，或保留自然地形为主和对室外场地要求不高的情况下应用，用设计标高法表达的竖向设计图，地面设计标高清楚明了。

设计等高线法：用设计标高和等高线分别表示建筑、道路、场地、绿地的设计标高和地形。此法便于土方量计算和选择建筑场地的设计标高；容易表达设计地形和原地形的关系和检查设计标高的正误，适合在地形起伏的丘陵地段应用。但设计等高线法表示的竖向设计图，图上设计等高线密布，施工时应用读图不够方便。为此，也可以在应用设计等高线法进行设计时，在完成地形设计，确定建筑标高后，根据设计等高线确定室外场地道路的主要控制点标高，在图上略去设计等高线而改用设计标高法的表示方法。

方格网法：将场地划分成方格网，网格大小根据地形复杂程度和设计要求而定。先运用设计等高线法设计地形，然后将各方格网点的设计标高标注在图上。此法特别适用于平整场地和广场、道路交叉口的竖向设计，也便于土方量计算。

1. 竖向设计的表达方法

（1）等高线法

等高线：等高线是一组垂直间距相等、平行于水平面的假想面与自然地貌相交切所得到的交线在平面上的投影。一般的地形测绘图都是用等高线或点标高表示的，在绘有原地形等高线的地图上用设计等高线进行地形改造或创作，在同一张图纸上便可表达原有地形、设计地形状况及公园的平面布置、各部分的高程关系。这样就方便了设计过程中进行方案比较及修改，也便于进一步的土方计算工作，因此，它是一种比较好的竖向设计方法，最适宜于自然山水景观工程的土方计算。

用设计等高线进行竖向设计时，经常要用到坡度公式：

$$I = H/L$$

这里 $I$ 表示坡度（％），$H$ 为高差（m），$L$ 为水平间距（m）。

以下是设计等高线在设计中的具体应用。

（a）陡坡变缓坡或缓坡改陡坡。等高线的疏密表示着地形的陡缓。在设计时，如果高差 $H$ 不变，可用改变等高线间距 $L$ 来减缓或增加地形的坡度（如图 2-1）。

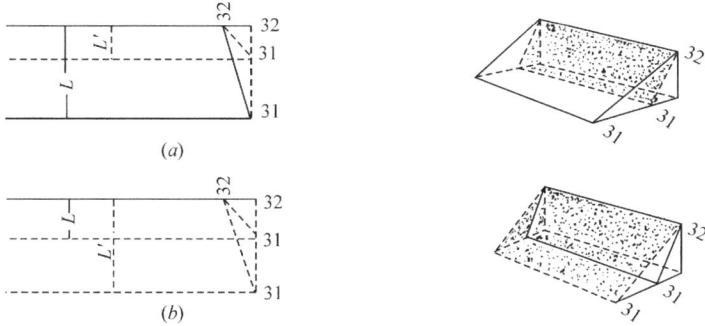

图 2-1　调节等高线的水平间距改变地形坡度

（b）平垫谷底。在景观设计和建造过程中，有些沟底地段需要垫平。平垫这类场地的设计可以用平直的设计等高线和拟平垫部分的同值等高线连接。其连接点就是不挖不填的点，也叫"零点"；这些相邻点的连线，也叫"零点线"，也就是垫土的范围。如果平垫工程不需按某一指定坡度进行，则设计时只需将拟平垫的范围，在图上大致框出，再以平直的同值等高线连接原地形等高线即可，一如前述做法。如要将沟谷部分依指定的坡度平整成场地时，则所设计的设计等高线应互相平行，间距相等（如图 2-2）。

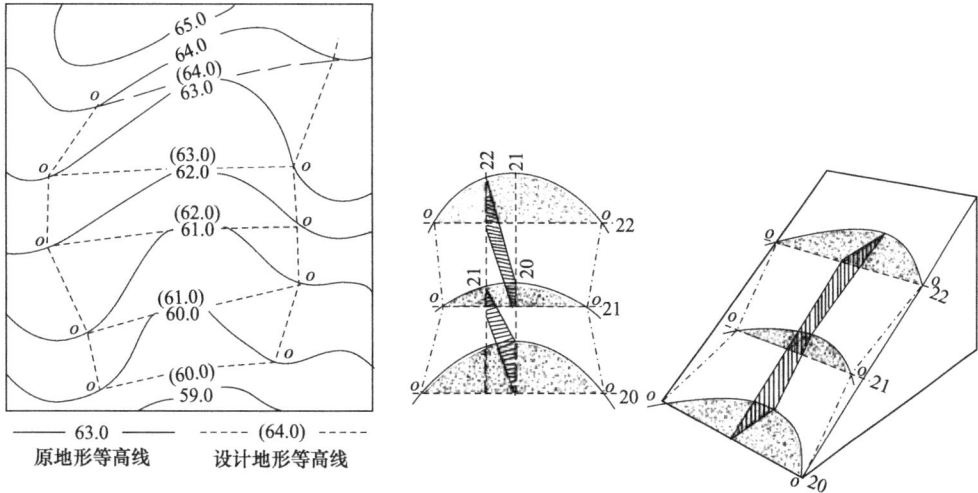

图 2-2　平垫谷底的等高线设计

（c）削平山脊。将山脊铲平的设计方法和平垫沟谷的方法相同，只是设计等高线所切割的原地形等高线方向正好相反，见图 2-3。

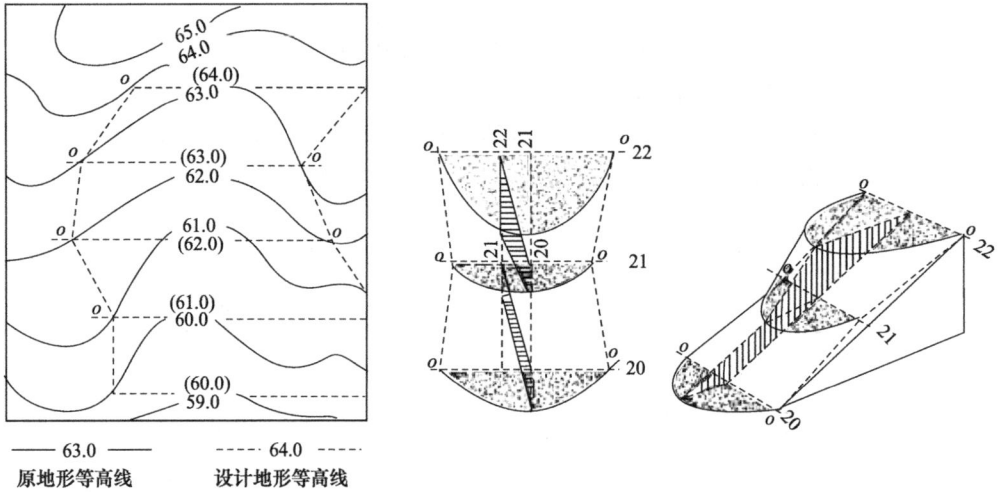

—— 63.0 ——　　原地形等高线　　- - - 64.0 - - -　　设计地形等高线

图 2-3　削平山脊的等高线设计

（d）平整场地。景观中的场地包括铺装的广场、建筑地坪及各种活动场地和较平缓的种植地段，如草坪、较宽的种植带等。非铺装场地对坡度的要求相对较松，目的主要是垫洼平凸，将坡度理顺，而地表坡度则任其自然起伏，只要排水通畅即可。铺装地面要求相对较为严格，各种场地因其使用功能不同而对坡度的要求各异。通常为了排水需要，最小坡度都>5‰，一般集散广场坡度在 1‰～7‰，足球场 3‰～4‰，篮球场 2‰～5‰，排球场 2‰～5‰，这类场地的排水坡度可以是沿长轴的两面坡或沿横轴的两面坡，也可以设计成四面坡，这取决于周围环境条件。一般铺装场地都采取规则的坡面（即同一坡度的坡面），见图 2-4。平整场地还可以使用方格网法。

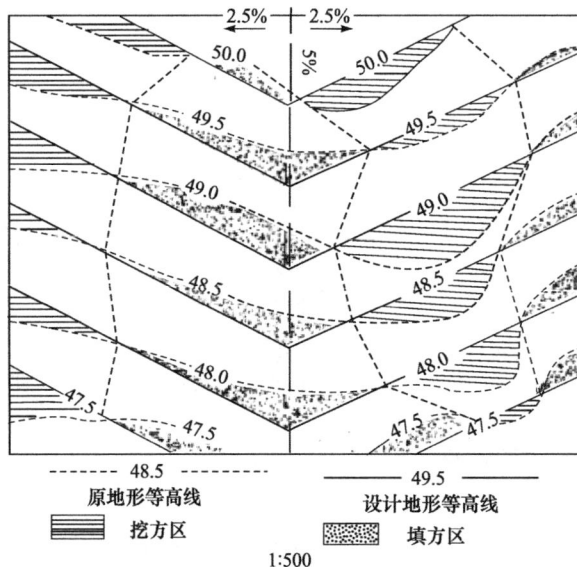

- - - - 48.5 - - - -　　原地形等高线　　—— 49.5 ——　　设计地形等高线
挖方区　　　　　填方区

1:500

图 2-4　整土方的等高线设计

18

（e）在景观道路设计等高线的计算和绘制园路的平面位置中，当纵、横坡度，转折点的位置及标高经设计确定后，便可按坡度公式确定设计等高线在图面上的位置、间距等，并处理好它与周围地形的竖向关系。

道路设计等高线的绘制方法，见图2-5。

图2-5中　$\Delta H$——路牙高度（m）；

　　　　　$i_1$——道路纵坡（%）；

　　　　　$i_2$——道路横坡（%）；

　　　　　$i_3$——人行道横坡（%）；

　　　　　$L_1$——人行道宽度（m）；

　　　　　$L_2$——道路中线至路牙的宽度（m）。

依据道路所设定的纵、横坡度及坡向、道路宽度、路拱形状及路牙高度、排水要求等，用坡度公式求取设计等高线的位置。

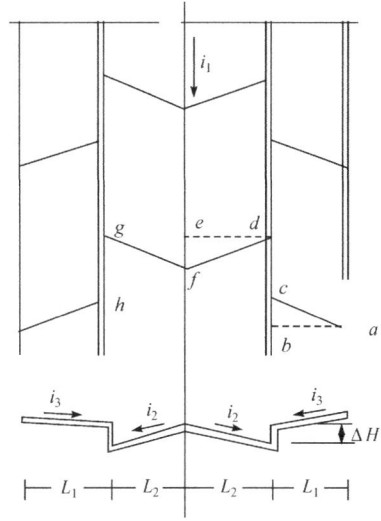

图2-5　道路等高线设计

设 $a$ 点地面的标高为 $Ha$，$Ha$ 也是该点的设计标高，求与 $Ha$ 同值的设计等高线在道路和人行道上的位置。

① 求 $b$ 点设计标高 $Hb$：

$$Hb = Ha - i_3 \times L_1 \ (m)$$

② 求与 $Ha$ 同值的设计等高线在人行道与路牙接合处的位置 $c$，$c$ 距 $b$ 为 $Lbc$（m）：

$$Lbc = (i_3/i_1) \times L_1 \ (m)$$

③ 求与 $Ha$ 同值的设计等高线在道路边沟上位置 $d$，$d$、$c$ 两点间距 $Lcd$：

$$L_{cd} = \frac{H_a - (H_c - \Delta H)}{i_1} \ (m)$$

$$H_c = H_a$$

$$L_{cd} = \frac{\Delta H}{i_1} \ (m)$$

④ 求与 $Ha$ 同值的设计等高线在路拱拱脊上的位置 $f$、$e$、$f$ 两点间距 $Lef$：

先过 $d$ 点作一直线使其垂直于道路中线（即路拱拱脊线）得 $e$，$e$ 点标高为

$$He = Ha + i_2 \times L_2 \ (m)$$

则 $Ha$ 在拱脊上得位置 $f_1$ 为距 $e$ 点 $Lef$（m）

$$L_{ef} = \frac{H_e - H_a}{i_1} = \frac{H_a + i_2 \times L_2 - H_a}{i_1}$$

$$= \frac{i_2}{i_1} \times L_2 \ (m)$$

同法可依次求得 $g$、$h$、$i$ 各点的位置，连接 $ac$，$df$，$fg$ 及 $hi$ 便是所求 $Ha$ 设计等高线在图上的位置，$cd$ 与 $gh$ 线因与路牙线重合，不必绘出。相邻设计等高线的位置，依据其等高差值，同法可求出。如果该段道路（含人行道）平直，宽度及纵横坡度不变，则其

设计等高线将互相平行，间距相等。反之，道路设计等高线也会因道路转弯、坡度起伏等变化而相应变化。图 2-6 是用设计等高线绘制的一段山道。图 2-7 是用设计等高线法绘制的一处街头小游园的竖向设计图。

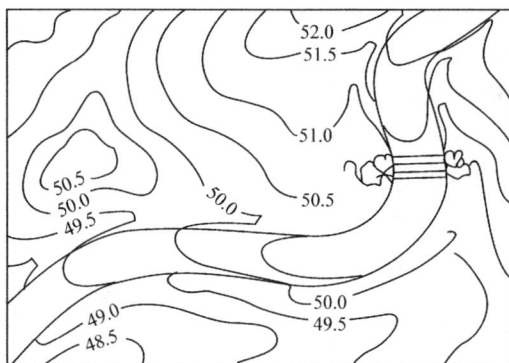

图 2-6　山道的等高线设计

（2）断面法

用许多断面表示原有地形和设计地形状况的方法。此法便于计算土方量。

应用断面法设计景观用地，首先要有较精确的地形图。

断面的取法可以沿所选定的轴线来取设计地段的横断面，断面间距视所要求精度而定；也可以在地形图上绘制方格网，方格边长可依设计精度确定，设计方法是在每一方格角点上，求出原地形标高，再根据设计意图求取该点的设计标高。各角点的原地形标高和设计标高进行比较，求得各点的施工标高，依据施工标高沿方格网的边线绘制出断面图。沿方格网长轴方向绘制的断面图叫纵断面图；沿其短轴方向绘制的断面图叫横断面图。图 2-8 是用上述方法绘制的某场地的竖向设计图。

从断面图上可以了解各方格点上的原地形标高和设计地形标高，这种表达方法便于土方量计算，也方便施工。其缺点是不能一目了然地显示出地形变化的趋势和地貌细节，另外这种方法在设计需要进行调整时，几乎需要重新设计和计算，比较麻烦，但在局部的竖向设计中，它还是一种常用的方法。

（3）模型法

模型法用于表现直观、具体的形象，但制作费工费时，投资较多，大模型不便搬动。如需要保存，还需专门的放置场所，制作方法在此不作详细介绍。

2. 竖向设计和土方工程量

竖向设计合理与否，不仅影响着整个景观效果和建成后的使用管理，而且还会直接影响着土方工程量以及景观工程的基建费用。一项好的竖向设计应该是以能充分体现设计意图为前提，而其土方工程量最少（或较少）的设计。

影响土方工程量的因素很多，主要有以下几方面：

（1）整个基址的竖向设计应遵循"因地制宜"这一至关重要的原则：公园地形设计应顺应自然，充分利用原有地形，宜山则山，宜水则水。《园冶》说："高阜可培，低方宜挖"。其意就是要因高堆山，就低凿水。要能因势利导地安排内容，设置景点。必要之处

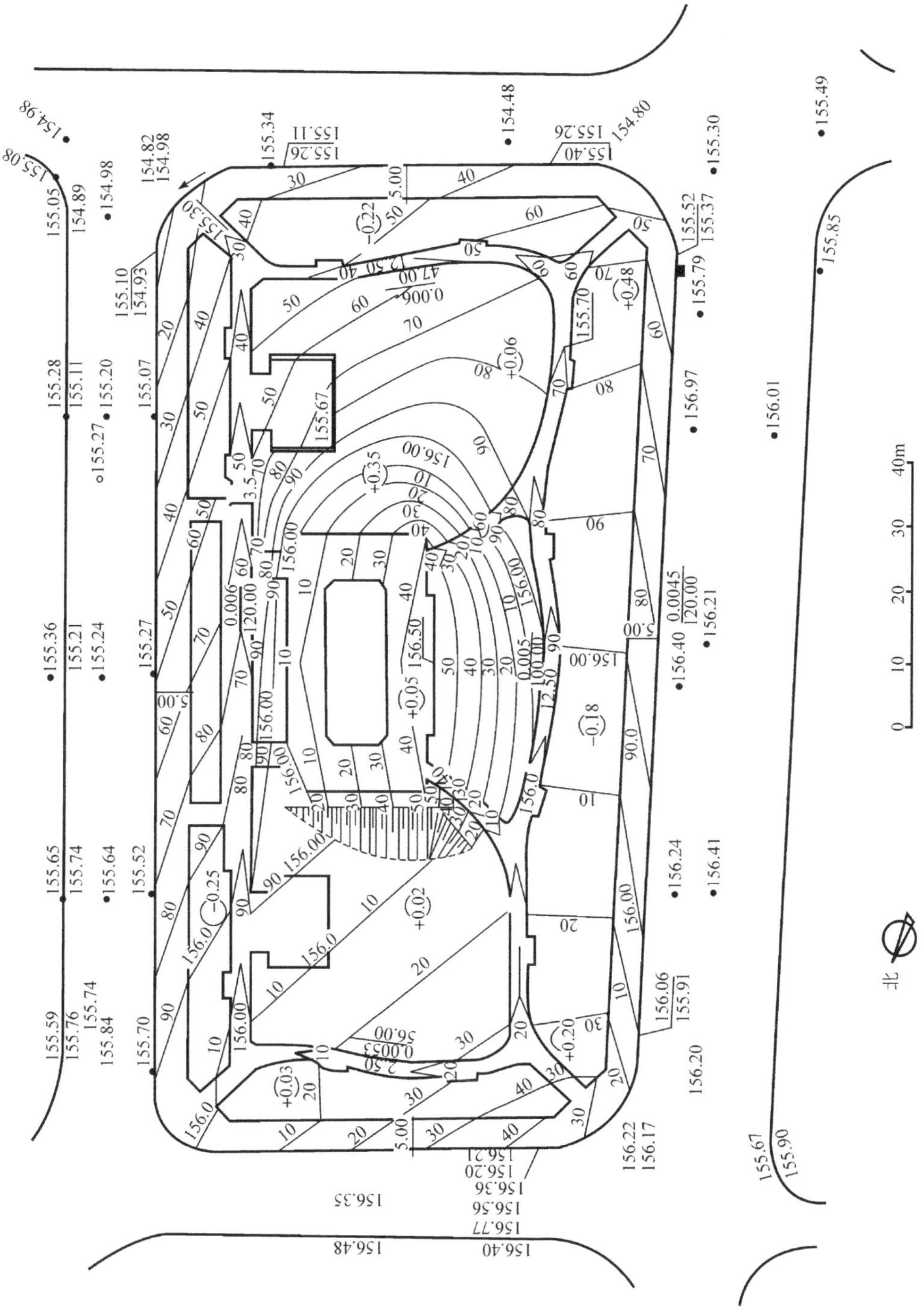

图2-7 某街头绿地景观的竖向设计

北

0 10 20 30 40m

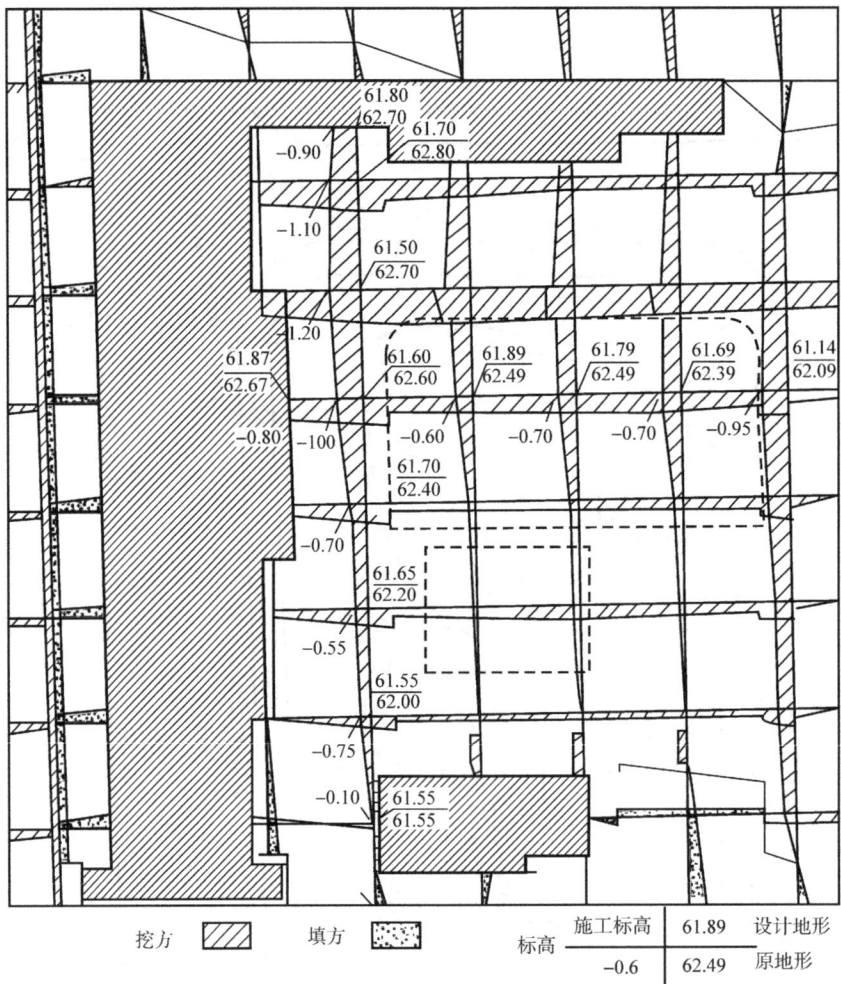

图 2-8　在方格网上按纵断面法所作的设计地形图（局部）

也可进行一些改造。这样做可以减少土方工程量，从而节约工力，降低基建费用。

（2）园林建筑和地形的结合情况。园林建筑、地坪的处理方式，以及建筑和其周围环境的联系，直接影响着土方工程，从图 2-9 看，（a）的土方工程量最大，（b）其次，而（d）又次，（c）最少。可见景观中的建筑如能紧密结合地形，建筑体型或组合能随形就势，就可以少动土方。北海公园的酣古堂，颐和园的画中游等都是建筑和地形结合的佳例。

（3）景观道路选线对土方工程量的影响。景观路路基一般有几种类型，见图 2-10。在山坡上修筑路基，大致有三种情况：a. 全挖式；b. 半挖半填式；c. 全填式。在沟谷低洼的潮湿地段或桥头引道等处，道路的路基需修成路堤（如图 2-10（e））；有时道路通过山口或陡峭地形，为了减少道路坡度，路基往往做成堑式路基（如图 2-10（d））。

景观道路除主路和部分次路因运输、养护车辆的行车需要，要求较平坦外，其余景观道路均可任其随地势蜿蜒起伏。有的甚至造奇设险以引人入胜，所以景观路设计的余地较

22

大。尤其是山道，应该在结合地形，利用地形、地势上多动脑筋，避免大挖大填，避免或减少出现图2-10中（a）、（c）、（d）、（e）的情况。道路选线除了满足其导游和交通目的外，还要考虑如何减少土方工程量。

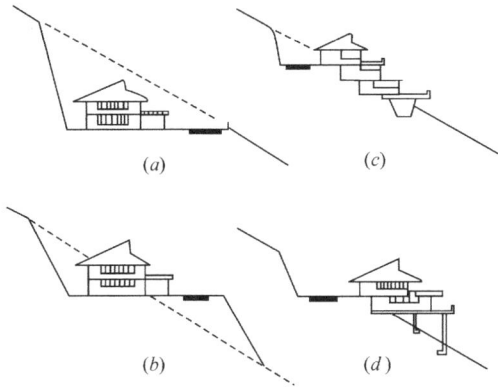

图2-9　建筑结合地形的几种类型

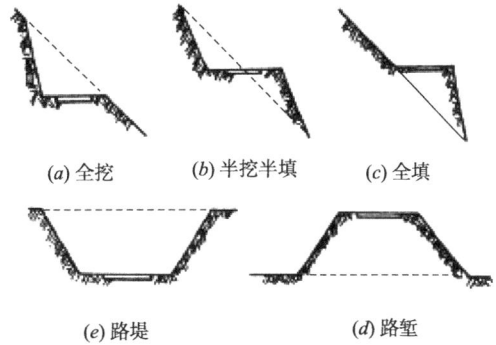

图2-10　道路结合地形的几种情况

（4）多搞小地形，少搞或不搞大规模的挖湖堆山。杭州植物园内小地形处理，就是这方面的佳例，见图2-11。

（5）缩短土方调配运距，减少搬运。前者是设计时需要解决的问题，即作土方调配图时，考虑周全，将调配运距缩到最短；而后者则属于施工管理问题，往往是因为运输道路不好或施工现场管理混乱等原因，卸土不到位，甚至卸错地方而造成的。

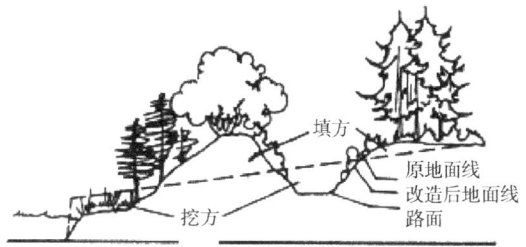

图2-11　用降低路面标高的方法丰富地形

（6）合理的管道布线和埋深，要避免逆坡埋管。

前面已提到，景观用地的竖向设计是景观总体设计的重要组成部分。它包含的内容很多，而其中又以地形设计最为重要。以下介绍二项地形设计佳例。

a. 杭州植物园山水园（图2-12）

山水园面积约 $4hm^2$，位于青龙山东北麓，是杭州植物园的一个局部，与"玉泉观鱼"景点浑然一体，地形自然多变，山明水秀。

在建园之前，这里是一处山洼地，洼处是几块不同高程的稻田，两侧为坡地，坡地上有排水谷涧和少量裸岩。玉泉泉水流入洼地，出谷而去。

山水园的地形设计本着因地制宜，顺应自然的原则，将山洼处高低不等的几块稻田整理成两个大小不等的上、下湖。两湖间以半岛分隔。这样处理虽不如处理成一个湖面开阔，但却使岸坡贴近水面，同时这样处理也减少了土方工程量，增加水面的层次，且由于两湖间有落差，水声潺潺，水景自然多趣。湖边地形基本上是利用原有坡地，局部略加整理，山间小路适当降低路面，余土置于路两侧坡地上以增加局部地形的起伏变化。山水园

23

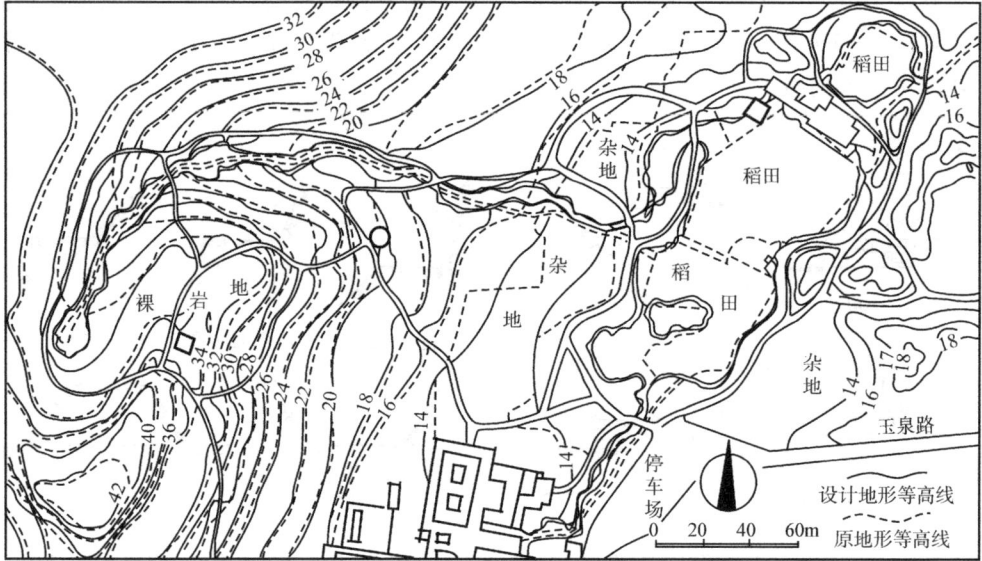

图 2-12　杭州植物园山水园地形设计

有二溪涧，一通玉泉，一通山涧，溪涧处理甚好，这两条溪涧把园中湖面和四周坡地、建筑有机地结合起来。

　　b. 上海天山公园（图 2-13）

　　早期的天山公园，南面是个大湖面，后因被体育部门占用，湖面被填平改做操场，湖上大桥大半被埋在土中。20 世纪 80 年代初，公园复归园林部门管理。在公园进行复建设计时，设计者本着既要改变现状，使地形符合造景和游人休息的功能要求，又不大动土方的基本设想，在原大桥南挖出一个作为荷花池的小水面，并使湮没土中的大桥显露出来，与荷花池南面相接的陆地则削成一处由南向北约成 5°倾斜的缓坡草地。草坡缓缓伸向荷池，地形自然和谐，水体和草坡连接，扩大了空间感。削坡的土方填筑于坡顶及两侧，形成岗阜地形，适当的分隔了空间，挖填土方基本上就地平衡。

　　3. 土方量的估算

　　土方量计算一般是根据附有原地形等高线设计地形来进行的，通过计算，可以修订设计图中不合理之处，使图纸更臻完善。另外土方量计算所得资料，也是基本建设投资预算和施工组织设计等项目的重要依据。所以土方量的计算在景观设计工作中，是不可少的。土方量的计算工作，就其要求精确的程度，可分为估算和计算。在规划阶段，土方量的计算无须过分精细，只作初步估计即可。而在作施工图时，土方工程量则要求比较精确。此处只介绍粗略估算土方的方法，至于较为精密的计算土方量的方法，可参考景观工程施工方面的资料。

　　景观设计中一般用求体积公式来估算土方体积，具体如下：

　　在景观施工过程中，不管是原地形或设计地形，经常会遇到一些类似锥体、棱台等几何形体的地形单体。这些地形单体的体积可用相近的几何体体积公式来计算，表 2-6 所列的公式可供选用。此法简便，但精度较差，一般情况下只能用于估算。

24

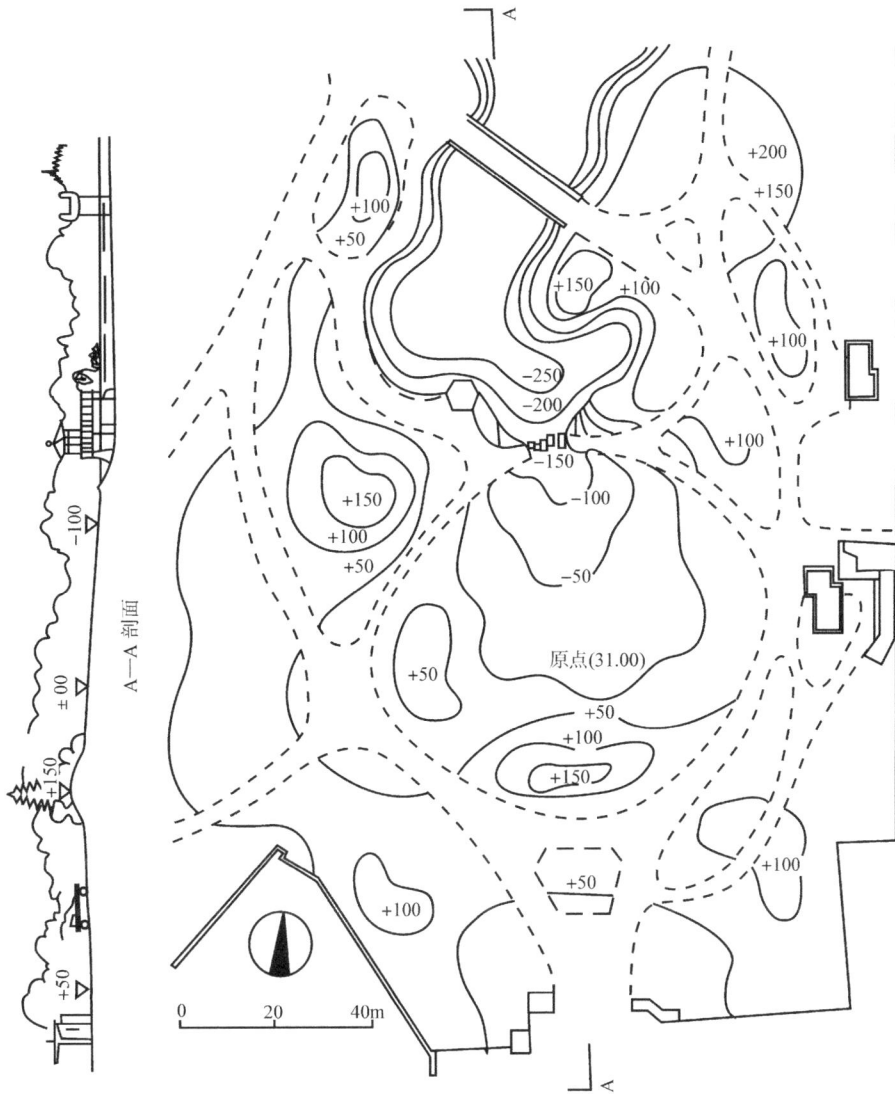

图 2-13　上海天山公园南部地形设计

几种几何体体积计算表　　　　　　　　　　　　　表 2-6

| 序号 | 几何体名称 | 几何体形状 | 体积 |
|---|---|---|---|
| 1 | 圆锥 |  | $V=\dfrac{1}{3}\pi r^2 h$ |
| 2 | 圆台 |  | $V=\dfrac{1}{3}\pi h\ (r_1^2+r_2^2+r_1 r_2)$ |

| 序号 | 几何体名称 | 几何体形状 | 体积 |
|---|---|---|---|
| 3 | 棱锥 | 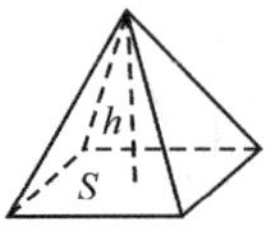 | $V=\dfrac{1}{3}S\cdot h$ |
| 4 | 棱台 | 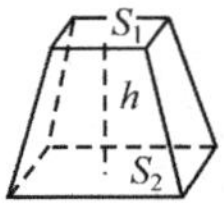 | $V=\dfrac{1}{3}h\ (S_1+S_2+\sqrt{S_1S_2})$ |
| 5 | 球缺 | 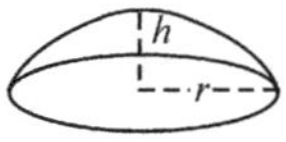 | $V=\dfrac{\pi h}{6}\ (h^2+3r^2)$ |

$V$——体积　$r$——半径　$S$——底面积　$h$——高　$r_1$，$r_2$——分别为上、下底半径　$S_1$，$S_2$——上、下底面积

# 第三节　道路与广场设计

道路作为一地点到达另一地点的纽带，在很大程度上方便了人们之间的交流与沟通。它设计的是否得当将直接影响着人们是否能得到最大化的信息流通。由于汽车工业的迅猛发展，现代城市对道路的依赖程度越来越大，原有的道路系统正面临着严峻的挑战。

在景观设计的过程中，当场地的方位、面积确定后，首先必须做的就是明确道路走向，而采用最快捷、最经济、最合理的道路关系，将会对整个场地的布置格局起着至关重要的作用。道路所涉及的面非常广。任何一种，从一地到另一地的地面交通方式所留下的轨迹，都可谓是道路，包括高速公路、城市干道、县级道路、镇级道路、乡间小道等，由于其涉面太广，在本节中重点针对城市中的道路景观以及场地内道路作为研究对象加以阐述。

## 一、道路设计

1. 道路的设计原则

1）必须在城市规划，特别是土地使用规划和道路系统规划图则的指导下进行；

2）要在经济合理的条件下，考虑道路建设的远近期结合、分期发展；

3）要满足交通量在一定规划期内的发展要求；

4）综合考虑道路的平面、纵断面线形、横断面布置，道路交叉口、各种道路附属设施、路面类型，满足行人及各种车辆行驶的技术要求；

5）应考虑与道路两侧的城市用地、房屋建筑和各种工程管线设施、街道景观的协调；

6）采用的各项技术标准应经济合理，避免采用极限标准。

2. 净空与限界

人和车辆在城市道路上通行要占有一定的通行断面，称为净空。为了保证交通的畅

通，避免发生交通事故，街道和道路构筑物为车辆和行人通行而提供的限制性空间，称为限界。

1）行人

净空要求：2.2m；净宽要求：0.75～1.0m。

2）自行车

净空要求2.2m；净宽要求：1.0m。

3）机动车

小汽车的净空要求为1.6m，公共汽车为3.0m，大货车（载货）为4.0m。

小汽车的净宽要求为2.0m，公共汽车为2.6m，大货车（载货）为3.0m。

4）道路桥洞通行限界

行人和自行车高度限界为2.5m，有时考虑非机动车桥洞在雨天通行公共汽车，其高度限界控制为3.5m；汽车高度限界为4.5m，超高汽车禁止在桥（洞）下通行。

5）铁路通行限界

高度限界：电力机车为6.5m，蒸汽和内燃机车为5.5m。

6）桥下通航净空限界

桥下通航净空限界主要取决于航道等级，并依此决定桥面的高程。

3. 道路网的规划

1）影响因素

（1）城市在区域中的位置；

（2）城市用地布局形态；

（3）城市交通运输系统。

2）基本要求

（1）满足用地布局的骨架要求；

（2）满足运输要求，与沿路开发协调结合；结构完整，分布均匀，可靠；密度和面积适应城市发展；利于分流，利于组织管理；对外交通联系方便；

（3）满足环境要求；

（4）满足布置管线要求（见图2-14）。

其中城市干道的适当距离为700～1100m，干道网密度2.8～1.8km/km²。大城市道路网密度以4.0～1.8km/km²为宜，放射路面积率以20％左右为宜。

3）道路分类

（1）按国标分类

快速路、主干路、次干路、支路。平面交叉口间距主干路为700～1100m，次干路为350～500m，支路为150～250m。

（2）按功能分类

交通性干道、生活性道路。

4）道路系统布局

干道网类型：方格网、环形放射、自由式、混合式。

道路衔接：低速让高速，次要让主要，生活性让交通性，并要适当分离。

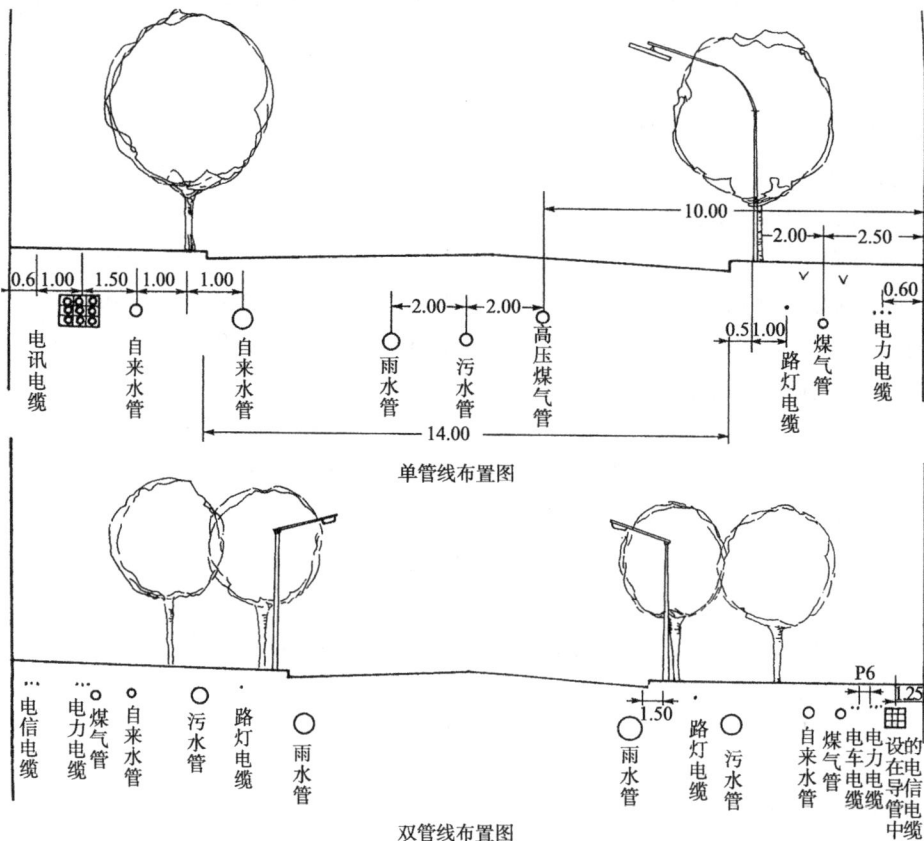

0.6  1.00  1.50  1.00  1.00

电讯电缆  自来水管  自来水管  雨水管  污水管  高压煤气管

2.00  2.00

14.00

10.00  2.00  2.50

0.51.00  路灯电缆  煤气管  电力电缆  0.60

单管线布置图

电信电缆  煤气管  电力电缆  自来水管  污水管  路灯电缆  雨水管

1.50  雨水管  路灯电缆  污水管  自来水管  煤气管  电车电缆  电力电缆  电信电缆  P6  1.25  设的电导管中缆

双管线布置图

图 2-14　管线布置示意图

4. 道路断面规划设计

城市道路横断面规划宽度称为路幅宽度，即规划的道路用地总宽度。由车行道、人行道、分隔带和绿地等部分组成（见图 2-15）。

1）机动车道设计

（1）车道宽度

宽度取决于通行车辆的车身宽度和车辆行驶中横向的必要安全距离，即车辆在行驶时摆动、偏移的宽度，以及车身与相邻车道或人行道边缘必要的安全间隙。安全间隙是与通车速度、路面质量、驾驶技术、交通秩序有关，可取为 1.0m～1.4m。

一般城市主干路小型车车道宽度选用 3.5m；大型车车道或混合行驶车道选用 3.75m；支路车道最窄不宜小于 3m，公路边停靠车辆的车道宽度为 2.5～3.0m。

（2）一条车道的通行能力

城市道路一条车道的小汽车理论通行能力为每车道 1800 辆/h。靠近中线的车道，其通行能力最大，右侧同向车道通行能力将依次有所折减，最右侧车道的通行能力最小。假定最靠近中线的一条车道的通行能力为 1，则同侧右方向第二条车道通行能力的折减系数约为 0.80～0.89。第三条车道的折减系数约为 0.65～0.78，第四条约为 0.50

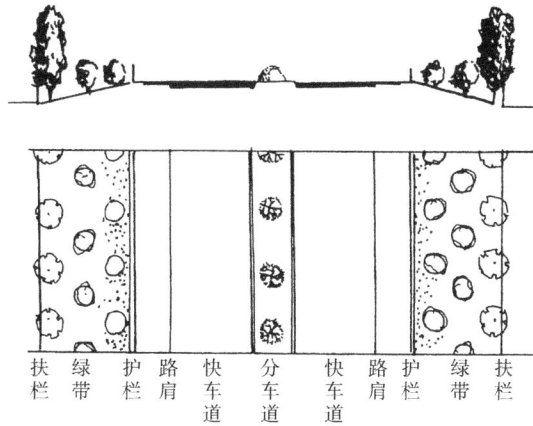

图 2-15 典型道路断面示意图

~0.65。

（3）机动车车行道宽度的确定

机动车车行道的宽度是各条机动车道宽度的总和。通常以规划确定的单向高峰小时交通量除以一条车道的通行能力，以确定单向所需机动车车道数乘以 2，再乘以一条车道的宽度，即得到机动车车行道的宽度。

2）应注意的问题

（1）车道宽度的相互调剂与相互搭配；对于双车道多用 7.5~8.0m；4 车道用 13~15m；6 车道用 19~22m。

（2）道路两个方向的车道数一般不宜超过 4~6 条，过多会引起行车紊乱、行人过路不便和驾驶人员操作的困难。

（3）技术规范规定两块板道路的单向机动车车道数不少于 2 条，4 块板道路的单向机动车道数至少为 2 条。一般情况，行驶公交车辆的一块板次干道，其单向行车道最小宽度应能停靠一辆公共汽车，通行一辆大型汽车，再考虑适当自行车道宽度即可。

3）非机动车道设计

（1）自行车道宽度的确定

一条自行车带的宽度为 1.5m，2 条自行车带的宽度为 2.5m，3 条自行车带的宽度为 3.5m，每增加一条车道宽度增加 1m；两辆自行车与一辆公共汽车或无轨电车的停站宽 5.5m。非机动车道要考虑最宽的车辆有超车的条件，同时还要考虑将来可能改为行驶机动车辆的车道，则以 6.0~7.0m 更妥。

（2）自行车道的通行能力

路面标线划分机动车道与非机动车道时，一条自行车带的通行能力，规范推荐值为 800~1000 辆/h。

（3）非机动车道在横断面上的布置

一般沿道路两侧对称布置在机动车道和人行道之间，为保证非机动车的安全及提高机动车车速，与机动车道之间划线设分隔带。（见图 2-16）。

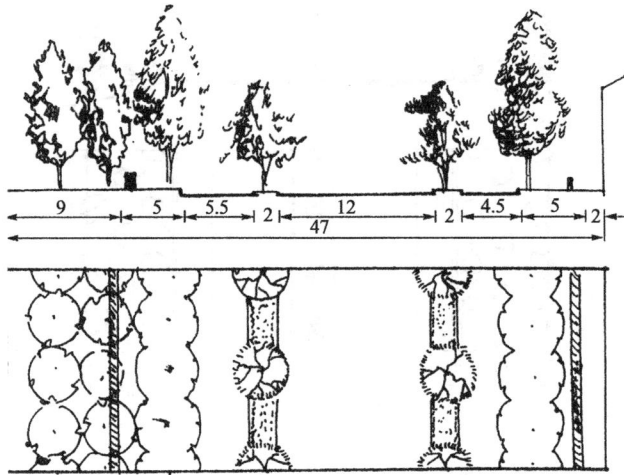

图 2-16 机动车道与非机动车道关系示意图

4）人行道设计

人行道的主要功能是为满足步行交通的需要，同时也用来布置道路附属设施（如杆线、邮筒、清洁箱与交通标志等）和绿化，有时还作为拓宽车行道的备用地。

（1）人行道宽度的确定方法

一个步行带宽度一般需要 0.75m，在火车站和大型商店附近及城市干道上则需要0.9m。通过能力一般为 800～1000 人/h。城市主干道上，单侧人行道步地带条数，一般不宜少于 6 条，次干道不宜少于 4 条，住宅区不宜少于 2 条。

人行道宽度要考虑埋设电力线、电信线以及给水管三种基本管线所需要的最小宽度（4.5m），加上绿化和路灯等最小占地（1.5m），共需要 6.0m 左右。

（2）人行道的布置

人行道通常在车行道两侧对称且等宽布置。在受到地形限制或有其它特殊情况时，可不必要对称等宽，按其具体情况灵活处理。人行道一般高出车行道 10cm～20cm，一般采用直线式斜坡，向路缘石方向倾斜。横坡坡度一般在 0.3％～3％ 范围内选择（见图2-17）。

5. 道路纵断面设计原则

1）设计要求

（1）线形平顺，设计坡度平缓，且坡段较长，起伏不宜频繁，在转坡处以较大半径的竖曲线衔接。

（2）路基稳定且土方基本平衡。

（3）尽可能与相交的道路、广场和沿路建筑物的出入口有平顺的衔接。

（4）道路及两侧街坊的排水良好。道路路缘石顶面应低于街坊地面标高及道路两侧建筑物的地坪标高。

（5）考虑沿线各种控制点的标高和坡度的要求。包括相交道路的中心线标高，主要地下建筑物的标高，与铁路交叉点的标高，以及河岸坡度、河流最高水位和桥涵立交的标高等。

2）设计

（1）最大纵坡考虑因素

通行的各种车辆的动力性能、道路等级、自然条件。

在混行的道路上，应根据非机动车的爬坡能力确定道路的最大纵坡。自行车道路的最大纵坡以 2.5% 为宜。

等级高的道路设计车速高，需要尽量采用平缓的纵坡。最大纵坡建议值：快速交通干道设计车速为 40～60km/h，最大纵坡为 3%～4%；主要及一般交通干道设计车速为 40～60km/h，最大纵坡为 3%～4%；次干道设计车速为 30km/h～40km/h，最大纵坡为 4%～6%；支路设计车速为 20km/h～25km/h，最大纵坡为 7%～8%。

对于地处平原城市，机动车道路的最大纵坡宜控制在 5% 以下。

（2）最小纵坡

最小纵向坡度与雨量大小、路面种类有关。

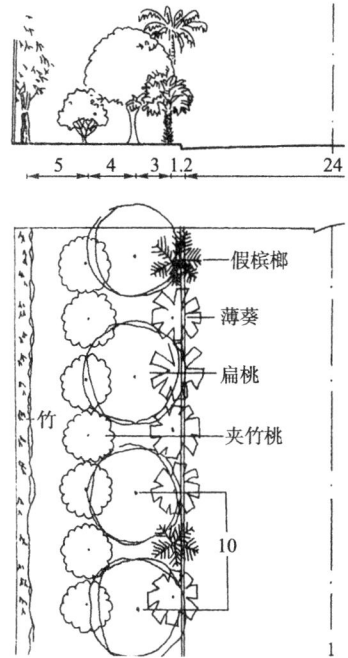

图 2-17　人行道布置示意图

路面越粗糙，最小纵坡越大，反之则可小些。如水泥混凝土路面、沥青路面、碎石路面等道路最小纵坡坡度可大于或等于 0.5%，在有困难时可大于或等于 0.3%。特殊困难路段，纵坡度小于 0.2% 时，应采取设锯齿形街沟或其他排水措施。

3）城市道路排水

形式：明式、暗式、混合式。

雨水管网布置原则：利用地形，分区就近排入水体，避免设置或少设泵站；雨水管应沿排水区低处布置，合理选择和布置出水口。

6. 道路交叉口规划设计

1）交叉口交通组织方式

（1）无交通管制：适用于交通量很小的道路交叉口。

（2）渠化交通：使用交通岛来组织不同方向车流分道行驶，适用于交通量较小的次要交叉口、异形交叉口和城市边缘地区的道路交叉口。在交通量很大的交叉口，配合信号灯组织渠化交通，有利于交叉口的交通秩序，增强交叉口的通行能力。

（3）交通指挥（信号灯控制或交通警察指挥）：常用于一般平面十字交叉口。

（4）立体交叉：适用于快速、有连续交通要求的大交通量交叉口。

交叉口按竖向位置可分为平面交叉与立体交叉两大基本类型。

2）平面交叉口设计

（1）形式：十字交叉、X形交叉、丁字形（T形）交叉、Y形交叉、多路交叉、环形交叉（见图 2-18）。

（2）转角半径：根据道路性质、横断面形式、车型、车速来确定（见图 2－19、表 2－7）。

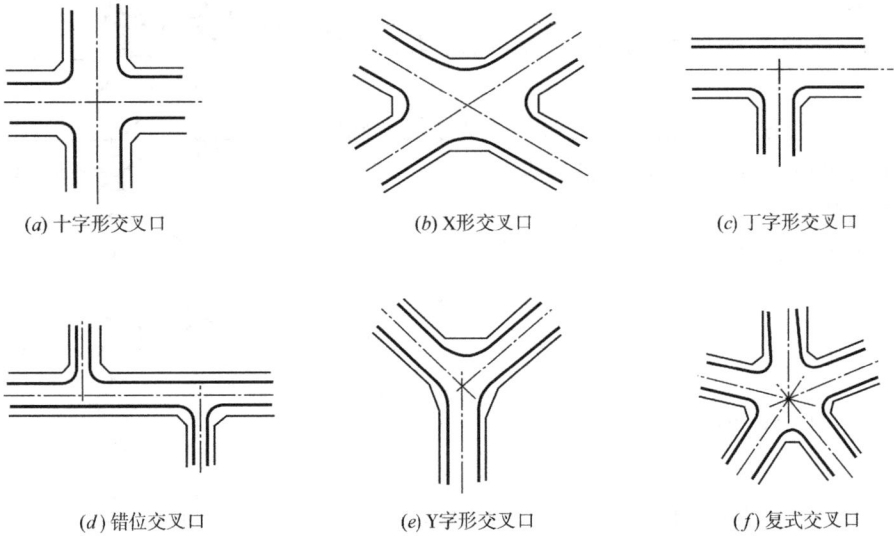

(a) 十字形交叉口　　　　　　　(b) X形交叉口　　　　　　　(c) 丁字形交叉口

(d) 错位交叉口　　　　　　　(e) Y字形交叉口　　　　　　　(f) 复式交叉口

图 2－18　道路交叉口的基本形式

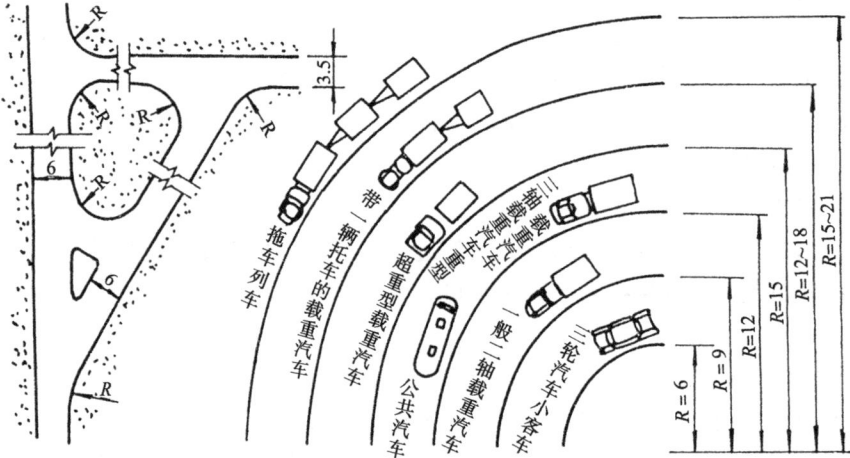

图 2－19　各种机动车转弯半径

交叉口转角半径　　　　　　　　　　　　　　　　　　　表 2－7

| 道路类型 | 主干路 | 次干路 | 支路 | 单位出入口 |
| --- | --- | --- | --- | --- |
| 交叉口设计车速（km/h） | 25～30 | 20～25 | 15～20 | 5～15 |
| 转角半径（m） | 15～20 | 8～10 | 5～8 | 3～5 |

（3）人行横道：人行横道的设置要考虑尽可能缩小交叉口面积，减少车辆通过交叉口的时间，提高交叉口通过效率，将人行横道设在转角曲线起点以内；要尽量与车行道垂直

设置，缩短行人横过车行道的时间，尽量靠近交叉口，缩小交叉区域。

人行横道宽度决定于单位时间内过路行人的数量及行人过路信号放行时间，通常选用的经验宽度为 4~10m，规范规定最小宽度为 4m。规范规定：机动车车道数 4 条或人行横道长度大于 30m 时，则应在道路中央设置安全岛（最小宽度为 1m）。当行车密度很大或车速很高，过街行人很多时，可考虑设立体人行过街设施，即人行地道或天桥。

（4）停止线：停止线在人行横道线外侧面 1~2m 处，以保证行人通过时的安全。

（5）交叉口拓宽：建议高峰小时一个信号周期进入交叉口左转车辆大于 3~4 辆时，增加左转专用车道。当进入交叉口的右转车辆多于 4 辆时，增设应转专用车道。增设车道的宽度，可比路段车道宽度缩窄 0.25m~0.5m，应不小于 3.0m；进口段长度一般 50m~75m。

## 二、广场设计

如果把道路比作"线"，广场比作线与线相交的"点"，那么道路与广场的组合就构成了城市的网格结构。"线"不可能无限延长；"点"也不可能无限地扩大，只有将线与点完美结合，才有可能构筑出丰富的景观效果。

在城市市区内，广场通常可用以组织集会、交通集散、居民游览休息等，还可以在广场上安排一些具有文化特征或纪念意义的建筑物或构筑物，供人们在休息和游览娱乐的同时得到文化和艺术的熏陶。

居住区内的广场环境常常围绕主要的公建设施布置，除交通集散、景观标志的作用外，主要为居民提供户外休闲和邻里交往的场所，应通过围合、覆盖（如亭、廊、花架、树荫……）、地表高差变化、地面铺装等手法进行必要的空间限定，辅以相应的活动、休息与交往设施，形成整洁、舒适、优美的环境。此外，某些大型公共建筑功能群中，室外场地除了为人群活动提供空间外，还应为货物提供室外存放空间，即杂物堆放场地。不同类型的广场具有不同的功能要求与空间特征。

1. 广场的分类

1）交通集散广场

交通集散广场主要解决人流、车流的交通集散，如影剧院、体育场、展览馆前的广场等，均起着交通集散的作用。这些广场中，有的偏重于解决人流的集散，有的偏重于解决车流、货流的集散，有的则对人、车、货流的集散均有较高要求。交通集散广场上的应对车流和人流很好地组织，以保证广场上的车辆和行人互不干扰、畅通无阻。广场上需有足够的停车面积、行车面积和行人活动面积，其大小根据广场上车辆及行人的数量决定。广场上建筑物的附近设置公共交通停靠站、汽车停车场时，其具体位置应与建筑物的出入口相协调，以免人、车混杂或交叉过多，使交通阻塞。例如德国达姆施塔特路易森广场，它是城市中的主要广场，也是城市中重要的交通中心，几乎所有的公共汽车和电车都在这里汇聚。电车轨道和公共车道沿着这些精致的几何线条和图案延伸，他们和广场在同一平面上，仅是在铺地上有细微的区别。为了方便人们候车，广场建造了几处轻盈的带透明屏风的候车亭，其基座是深蓝色的，与灯柱的颜色一致。广场主要轴线的四个角落是两行相交的树木形成绿化区，周围有商店和咖啡座，咖啡座延伸了广场并有室外服务设施。（见图 2-20、图 2-21、图 2-22、图 2-23）。

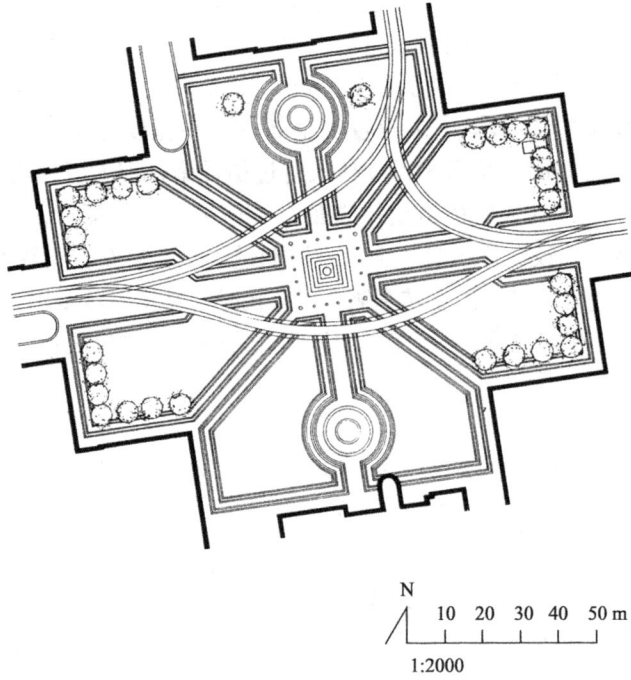

N

10  20  30  40  50 m

1:2000

图 2-20  德国路易森广场总平面图

图 2-21  德国路易森广场鸟瞰图

图 2-22　广场上的几何线条和图案

图 2-23　带透明屏风的候车亭

2）游憩集会广场

游憩集会广场主要为人们提供一个集会、休息、娱乐的室外活动空间，如市政府前的广场、行政办公建筑群中的广场等，均具有集会和游憩的作用。这些广场平时可供游览及一般的活动之用，需要时可供集会游行之用。因而广场上要有足够的集会游行面积，并能合理组织交通，保证集会游行时大量人流的迅速集散。广场上应有丰富的小环境和适当的空间划分，为人们平日里交往、娱乐提供尺寸适宜的室外空间。广场上还应有音响、路灯、垃圾箱、电话亭、适量的桌椅等相应的设施。例如西班牙巴塞罗那的克洛特公园，他是一个广场和社区的有趣组合，公园从原址上的旧厂房建筑中保存和重新吸取了一些新的元素，这成为他的独特之处和创造灵感的源泉（见图2-24、图2-25、图2-26、图2-27）。

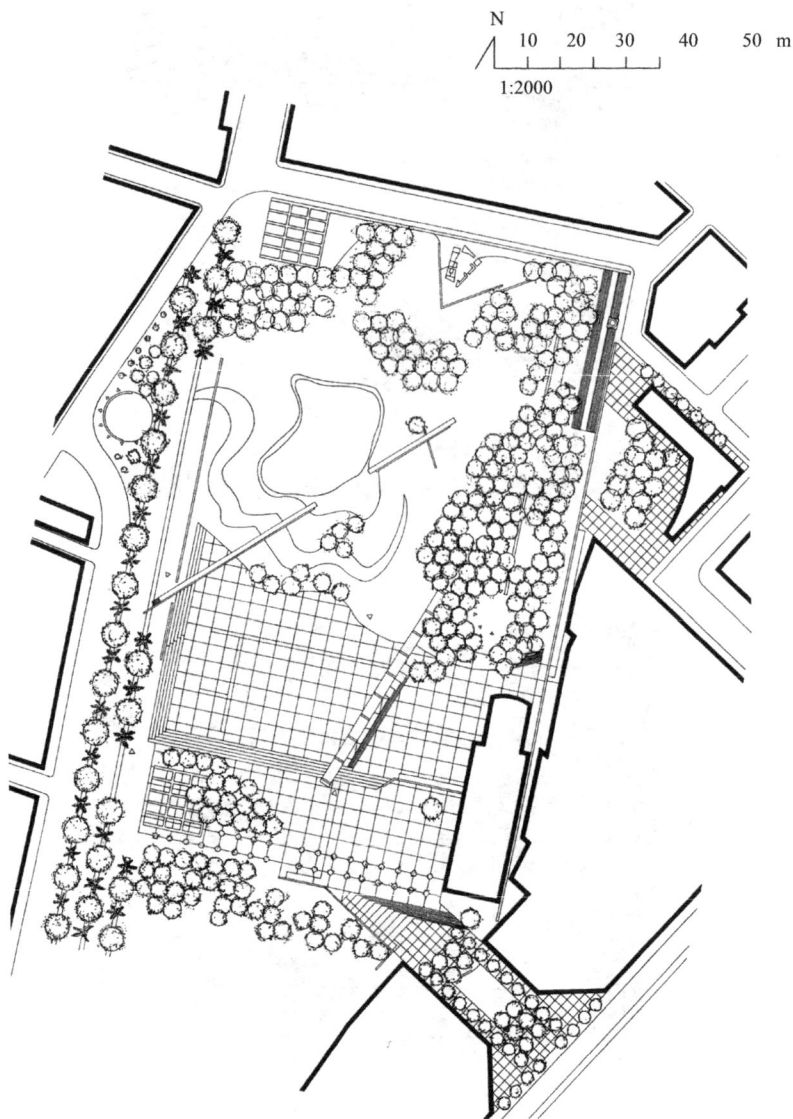

图2-24 巴塞罗那克洛特公园总平面图

图 2-25　巴塞罗那克洛特公园鸟瞰图

图 2-26　旧厂房中的新元素

3）文化广场

文化广场一般存在于城市较大规模的文化、娱乐活动中心建筑群中，常围绕文化宫（馆）、博物馆、展览馆等大型文化性公共建筑布置，以为人们提供一个文化氛围较浓的室外活动空间，人们在这种环境中主要从事与文化有关的某些娱乐、交往、学习等

图 2-27 克洛特公园中心廊道

活动，以公共性、社交性、外向性彼此相互关联为特征，如文艺演出、自发的群体活动等。文化广场是城市居民的重要行为场所，又称为市民广场；它虽然不如大型的游憩集会广场那样具有多功能、综合性和中心性的特点，但也是一定区域的活动中心，具有设置分散、服务便捷的特点，常是社区或某一社会群体的集中活动场所。广场上应配置相应的演出、观摩、展览设施及群体活动场地等，如露天舞台、台阶、音响、照明、展窗和具有相应艺术水平的雕塑等等。例如意大利吉贝利纳的吉贝利纳公共空间，在海拔较高、干燥的西西里平原中部，吉贝利纳的城市广场就像在旋涡般的热浪中升起的海市蜃楼一样，优美的尺度，硕大的空间，使它们像一个个正在等待盛大的演出的舞台。这种城市空间序列试图在几乎是市郊的地区创造出一种聚合性的城市格调和统一的特色（见图 2-28、图 2-29、图 2-30、图 2-31、图 2-32、图 2-33）。

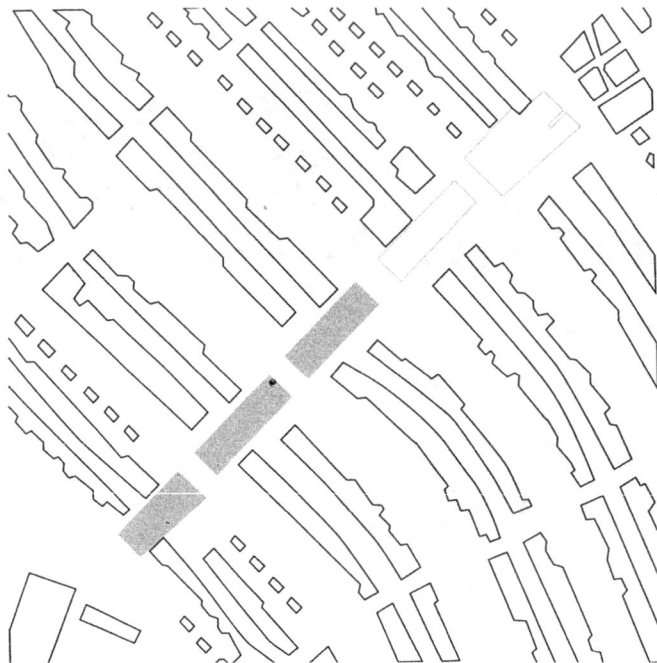

图 2-28 意大利吉贝利纳城市广场与周边环境示意图

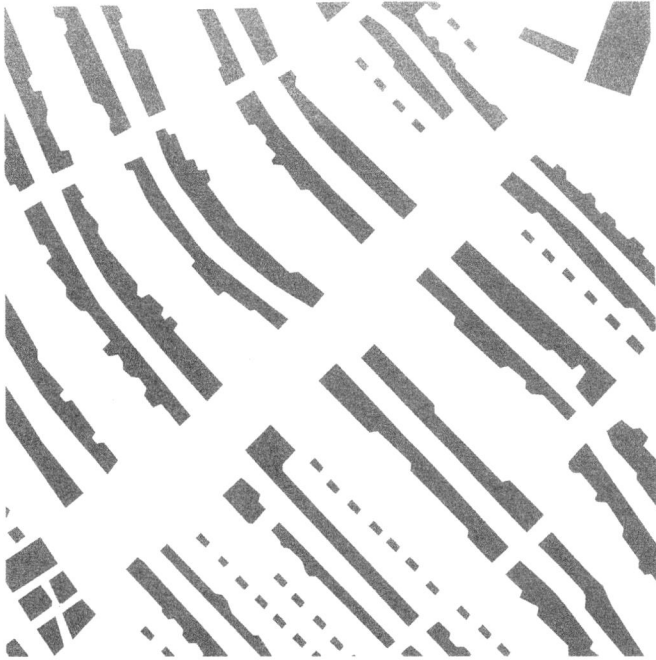

图 2-29　广场位于城市中的空间序列图

图 2-30　吉贝利纳广场鸟瞰图

图 2-31　方格的有序排列

图 2-32　广场侧面厚实的回廊

图 2-33 广场的文化属性决定的对称样式

4）纪念性广场

纪念性广场是具有特殊纪念意义的广场，如解放纪念碑、抗洪抢险纪念碑，或历史文物、烈士塑像等；此外，围绕艺术或历史价值较高的建筑、设施等形成的建筑广场也属于纪念性广场。纪念性广场应有特殊的纪念意义，提醒人们牢记一些值得纪念的事或人。因此广场上除了要具有一些有意义的构件外，还应有供人们休息、活动的相应设施，如桌椅、垃圾箱、灯光、展板等。这些广场宜保持环境安静，防止过多车流入内。对这些广场的比例、尺度、空间组织以及观赏时的视线、视角等要详加考虑。

纪念性广场要突出纪念主题，其空间与设施的主题、品格、环境配置等要与所纪念的内容相协调，创造与主题一致的环境氛围，用相应的象征、标志、碑记、馆堂等施教手段，强化其感染力与纪念意义，产生更大的社会效益。但同时应兼顾现代城市广场的多样化、复合型功能要求；不能因过分强调纪念性广场的特殊性，片面追求庄严、肃穆的气氛，缺少怡人的尺度与设施，而忽视广场的休息交往功能。例如法国巴黎的旺多姆广场，它的地面由漂亮的浅色花岗石铺成，其上有闪亮的钢柱以组织车流和行人，改建内容包括建一个庞大的地下停车场，虽然改建时选用了现代的建筑材料，但该设计仍对场地上的历史传统给予了尊重（见图 2-34、图 2-35、图 2-36）。

2. 广场的比例尺度

1）广场的比例

广场的比例有较多的内涵，包括广场的用地形状、各边的长度尺寸及比例、广场的大小与广场上建筑的体量之比、广场上各个组成部分之间相应的比例关系、广场的整个组成内容与周围环境，如地形、城市道路以及其他建筑群等的相互关系等。广场上的比例关系

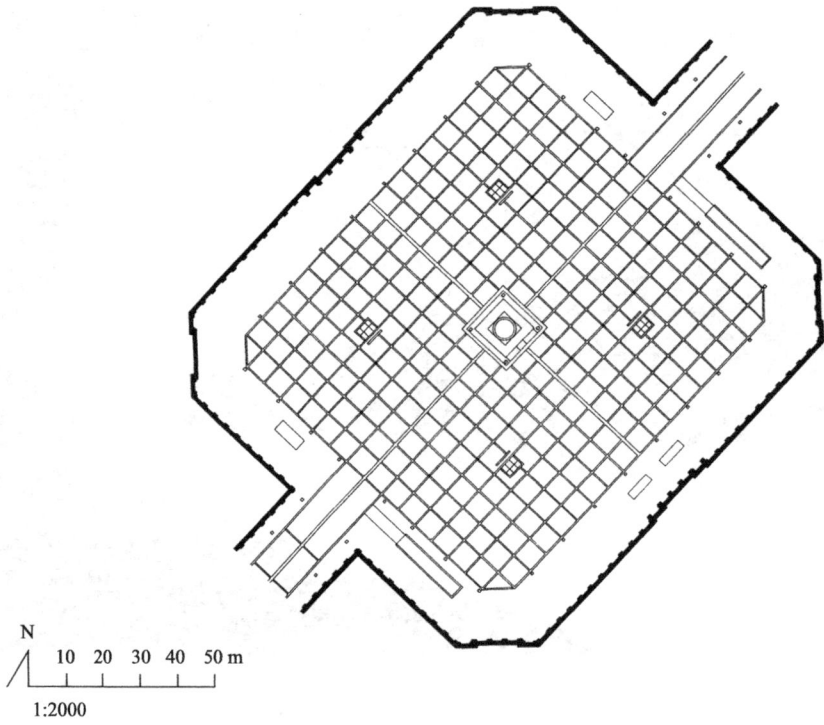

图 2-34　法国旺多姆广场总平面图

图 2-35　法国旺多姆广场鸟瞰

图 2-36 广场中心的纪念柱

不是固定不变的，可以根据人们的感受来进行具体的设计。

为防止广场的比例失调，美国一些城市规定：城市广场的长宽比不得大于 3：1，并至少有 70％面积位于同一高程内，并不得少于 70m²，以避免广场面积零散；街坊内的广场应有足够宽度，最少 12m，以使阳光能直射到地坪上，产生舒适感等等。

2）广场的尺度

广场的尺度应根据广场的功能要求、广场的规模与人们的活动要求而定。大广场中的组成部分应有较大的尺度，小广场中的组成部分应有较小的尺度。一个满足美感要求的广场，应是既足够大，能产生开阔感使人放松，又足够小，能取得封闭而使人有安全感。若广场过大而与建筑界面无必要的关联，则给人的印象模糊，难于形成一个有形的、可感知的空间，大而空、散而乱，缺乏吸引力，这时须采取相应措施缩小其空间。广场上踏步、石阶、人行道的宽度，则应根据人的活动要求确定，车行道宽度、停车场面积等要符合人和交通工具的尺度要求。

作为人们休闲、交往和群体活动的文化广场，尺度是由其共享功能、视觉要求和心理因素综合考虑的，其长、宽一般应控制在 20～30m 左右较为适合。

3. 广场绿化和铺装

（1）广场的绿化

广场上设置绿化特别是艺术水平较高的绿化，不仅能增加广场的表现力，还具有一定的功能作用，如对环境的美化、对空气的净化、对小气候的调节、对噪声的阻隔等。在规则形广场中多采用规则式的绿化布置，在非规则形的广场中多采用自由式的绿化布置，而在靠近建筑物的地方宜采用规则式的绿化布置。绿化布置应不遮挡主要视线、不妨碍交通，并与建筑物共同组成优美的景观。具体的广场绿化配置，可参见第五节绿化设计。

（2）广场的地面铺装

广场的地面要根据不同要求铺装，可采用石板、石块、面砖、混凝土块等镶嵌拼装成各种图案花纹，以丰富广场空间的表现力，但同时应满足排水的坡度要求（应在0.3%～3%，尤以0.5%～2%为宜），能顺利地解决场地的问题。有时因铺装材料、施工技术和艺术处理等的要求，广场地面上须划分网格或各式图案，亦可增强广场的尺度感。铺装材料的图案应与广场上的建筑物密切配合，起到引导、衬托的作用。在广场的主要建筑物和构筑物前，可以作重点处理，以示一般与特殊之别。

# 第四节　停车场设计

汽车是现代社会的重要交通运输工具之一，随着社会经济的发展已大量进入到城市和乡村。在我国，汽车正以极快的发展速度进入家庭，1994年全国汽车保有量约700万辆，私人汽车保有量约4万辆。2004年汽车保有量约2750万辆，预计2010年可达5000万辆，未来的5～15年间汽车将会大规模进入家庭。目前，城市的公共停车场变得拥挤，尤其在城市的中心地区，停车已成为难以解决的问题，将依靠修建大量停车场予以有效解决（见图2-37）

图2-37　节约占地的垂直式停车场

所谓停车场，顾名思义是指专供各种车辆（包括机动车和非机动车）停放的露天场所或室内场所。可以设想，若无固定的车辆停放地点，势必形成车辆沿路随意停放，既影响交通又有碍观瞻，并往往容易引发交通事故，造成不必要的人身伤亡和经济损失，给人们的日常生活和国家经济建设带来影响。因此，车辆需要停车场，正如人们需要住房和休息场所一样。

我国还是个自行车大国，目前在城市中的人均拥有量已达 0.6 台/人（见图 2-38）。因此，自行车停车场的建设，对改善城市交通秩序和环境状况，也有着极大的关系，本节也将针对停车场的设计进行阐述。

图 2-38　人流高峰的情景

### 一、机动车停车场

1. 停车场的设计原则

1）符合城市规划与交通管理的要求

停车场设置应符合城市规划与道路交通管理部门的要求，便于交通组织和各种不同性质车辆的使用。

2）出入口应避开城市主要干道及其交叉口

停车场的出入口宜分开设置，并应面向次要干道，尽量远离交叉口，避免造成交叉口处交通组织的混乱和影响主要干道的交通。

3）针对停车场的性质、特点和车种，选用不同的设计指标

由于车辆种类、型号繁多，停车场的设计参数应以高峰停车时间所占比重最大的车型为主。对于难以确定停车对象的公共停车场，其设计应以当量小汽车为依据；对于停车对象明确的专业停车场或特殊停车场，应以实际车型参数作为设计依据。

4）分区明确、交通流线顺畅，并满足其自身的技术要求

停车场内不同性质及种类的车辆宜分别设置停车区域；其通道一般采用单向行驶路线，避免相互交叉，并与出入口的行驶方向一致，使进出场车辆尽量减少对干道上交通的影响。

为了便于使用和管理，机动车停车场内必须按照《道路交通标志和划线标准（GB5768—85）》设置交通标志、施划交通标线，标明通道、车辆路线走向、交通标志、标线和交通安全设施等，以便于识别。也可以采用彩色路面铺装、彩色指示灯等作为标志，指示停车位置和行驶通道的范围。

停车场地的坡度应保证车辆在车场内不发生滑溜和并满足场地的排水要求，一般在3%～5%之间。

5）必须综合考虑场内的各种工程及附属设施

停车场的设计必须综合考虑场内的路面结构、绿化、照明、排水，以及根据停车场的不同性质设置附属设施（见图2-39）。

图2-39　夜间的停车场

6）因地制宜、留有余地

设计停车场时，应结合用地条件和车辆的性质，选定不同的技术指标，以近期为主，并为远期的发展留余地（见图2-40）。

图2-40　车位的设置应考虑长期发展

## 2. 停车场的设计参数（见表2-8）

**机动车停车场设计参数**    表 2-8

| 车型 / 停车方式 | 项目 | 垂直通道方向的停车带宽（m） | | | | | 平行通道方向的停车带长（m） | | | | |
|---|---|---|---|---|---|---|---|---|---|---|---|
| 分类 | | 一 | 二 | 三 | 四 | 五 | 一 | 二 | 三 | 四 | 五 |
| 平行 | 前进停车 | 2.6 | 2.8 | 3.5 | 3.5 | 3.6 | 5.2 | 7.0 | 12.7 | 16.0 | 22.0 |
| 斜列式 30° | 前进停车 | 3.2 | 4.2 | 6.4 | 8.0 | 11.0 | 5.2 | 5.6 | 7.6 | 7.0 | 7.6 |
| 斜列式 45° | 前进停车 | 3.9 | 5.2 | 8.1 | 10.4 | 14.7 | 3.7 | 4.9 | 4.9 | 4.9 | 4.9 |
| 斜列式 60° | 前进停车 | 4.3 | 5.5 | 9.3 | 12.1 | 17.3 | 3.8 | 3.2 | 4.0 | 4.0 | 4.0 |
| 斜列式 60° | 后退停车 | 4.3 | 5.9 | 9.3 | 12.1 | 17.3 | 3.0 | 3.2 | 4.0 | 4.0 | 4.0 |
| 垂直式 | 前进停车 | 4.2 | 6.0 | 9.7 | 13.0 | 29.0 | 2.6 | 2.8 | 3.5 | 3.5 | 3.5 |
| 垂直式 | 后退停车 | 4.2 | 6.0 | 9.7 | 13.0 | 19.0 | 2.6 | 2.8 | 3.5 | 3.5 | 3.5 |

| 车型分类 / 停车方式 | 项目 | 通道宽（m） | | | | | 单位车面积（m²） | | | | |
|---|---|---|---|---|---|---|---|---|---|---|---|
| | | 一 | 二 | 三 | 四 | 五 | 一 | 二 | 三 | 四 | 五 |
| 平行 | 前进停车 | 3.8 | 4.0 | 4.5 | 4.5 | 5.0 | 21.3 | 33.6 | 73.0 | 92.0 | 132.0 |
| 斜列式 30° | 前进停车 | 3.0 | 4.0 | 5.0 | 5.0 | 6.0 | 24.4 | 34.7 | 32.3 | 76.1 | 78.0 |
| 斜列式 45° | 前进停车 | 3.0 | 4.0 | 6.0 | 6.8 | 7.0 | 23.0 | 28.6 | 53.2 | 67.4 | 89.2 |
| 斜列式 60° | 前进停车 | 4.0 | 5.0 | 5.0 | 9.5 | 10.6 | 19.1 | 26.9 | 53.2 | 67.4 | 89.2 |
| 斜列式 60° | 后退停车 | 3.5 | 4.5 | 6.5 | 7.3 | 8.0 | 18.2 | 26.1 | 56.2 | 62.9 | 85.2 |
| 垂直式 | 前进停车 | 6.0 | 5.5 | 10.0 | 13.6 | 19.0 | 18.7 | 30.1 | 51.5 | 68.3 | 99.8 |
| 垂直式 | 后退停车 | 4.2 | 6.0 | 9.7 | 13.0 | 19.0 | 16.4 | 25.2 | 50.0 | 68.3 | 99.8 |

注：车型分类：一类指微型汽车；二类小型汽车；三类指中型汽车；四类指大型汽车；五类指铰接车。

## 3. 大中型民用建筑停车位标准参数见表2-9。

**大中型民用建筑停车位标准**    表 2-9

| 序号 | 建筑类别 | | 计算单位 | 机动车停车位 | 自行车停车位 |
|---|---|---|---|---|---|
| 1 | 旅馆 | 一类 | 每套客房 | 0.3 | — |
| | | 二类 | 每套客房 | 0.2 | — |
| | | 三类 | 每套客房 | 0.1 | — |
| 2 | 外国居民公寓 | | 每套客房 | 1 | — |
| 3 | 办公 | 外贸商业办公楼 | 1000m² | 4.5~6.5 | — |
| | | 其他办公楼 | 1000m² | 2.5~4.5 | 20 |
| 4 | 饭店 | 特级 | 1000m² | 15 | 30 |
| | | 一级 | 1000m² | 7.5 | 40 |

| 序号 | 建筑类别 | | 计算单位 | 机动车停车位 | 自行车停车位 |
|---|---|---|---|---|---|
| 5 | 商业 | 一类（面积＞1 万 m²） | 1000m² | 2.5 | 40 |
| | | 二类（面积＜1 万 m²） | 1000m² | 2.0 | 40 |
| 6 | 购物中心 | | 1000m² | 3.9～5.8 | — |
| 7 | 医院 | | 1000m² | 2.0～3.0 | 15～25 |
| 8 | 展览馆 | | 1000m² | 2.5～4.0 | 45 |
| 9 | 电影院 | | 100 座 | 3.5 | 45 |
| 10 | 剧院 | | 100 座 | 3～10 | 45 |
| 11 | 体育场馆 | 大型场＞15000 座 大型馆＞4000 座 | 100 座 | 2.5～3.5 | 45 |
| | | 小型场＜15000 座 小型馆＜4000 座 | 100 座 | 1.0～2.0 | — |
| 12 | 会议中心 | | 100 座 | 3.0～3.5 | |
| 13 | 学校 | 中学 | 100 学生 | 0.5～0.8 | 80～100 |
| | | 小学 | 100 学生 | 0.4～0.6 | |
| 14 | 幼儿园 | | 100m² | 0.15～0.2 | — |
| 15 | 住宅 | 高档 | 每户 | 1 | 1～2 |
| | | 普通 | 每户 | 0.5 | 2～3 |

4. 机动车在停车场内的排列方式见表 2 - 10。

**小型机动车排列方式**　　　　　　　　　　　表 2 - 10

| 小型汽车排列方式 | 停车场内 100M 停车带 所能停放的 汽车数（辆） | 每个车位所 占用地面积 （m²） | 小型汽车排列方式 | 停车场内 100M 停车带 所能停放的 汽车数（辆） | 每个车位所 占用地面积 （m²） |
|---|---|---|---|---|---|
| 平行 | 18 | 30.5 | 30° | 29 | 28.5 |
| | 36 | 28 | | 58 | 22.5 |
| 45° | 21 | 37 | 60° | 39 | 26.2 |
| | 42 | 28.8 | | 78 | 19.8 |

| 小型汽车排列方式 | 停车场内100M停车带所能停放的汽车数（辆） | 每个车位所占用地面积（m²） | 小型汽车排列方式 | 停车场内100M停车带所能停放的汽车数（辆） | 每个车位所占用地面积（m²） |
|---|---|---|---|---|---|
| 90° | 45 | 25.8 | | | |
| | 90 | 18 | | | |

5. 路边停车位的基本形式见图 2-41、图 2-42。

路边停车位的设计，往往要考虑停车与人行道之间的关系问题，要能恰如其份的停车，以不影响行人的通行。图 2-41 中采用了较为经济合理的布局方式。

6. 室外机械式立体停车，可节省用地，提高存车容积率。

升降横移类停车采用以载车板升降或横移的机械式停车，两层或多层，可升降横移，存取方便见图 2-43。

垂直循环停车系垂直方向做循环运动的停车系统，室外采用开敞式，下部出车见图2-44。

7. 停车场的防火间距。

停车场按防火类别分为四类（见表 2-11）。

停车场防火分类　　　　　　　　　　　　　　　　表 2-11

| 名称 | 防火类别 | | | |
|---|---|---|---|---|
| | Ⅰ | Ⅱ | Ⅲ | Ⅳ |
| 停车库 | >300 辆 | 151~150 辆 | 51~150 辆 | ≤50 辆 |
| 修车库 | >15 车位 | 6~15 车位 | 3~5 车位 | ≤2 车位 |
| 停车场 | >400 辆 | 251~400 辆 | 101~250 辆 | ≤100 辆 |

停车场之间及其与其他建筑物之间的防火间距，与停车场及相邻建筑物的耐火等级有关。一般地下停车库的耐火等级应为一级；防火分类为Ⅰ、Ⅱ、Ⅲ类的停车库、修车库，其耐火等级不应低于二级；重要停车库和危险品运输车的停车库、修车库，其耐火等级不应低于二级。防火分类为Ⅳ类的停车库、修车库，其耐火等级不应低于三级（见表2-12）。

平行停车方式

车位　车位
车间距

停车带
通道或
停车带
停车带
绿带

垂直停车方式

绿带
停车带
通道
停车带

(a) 45° 停车

停车带
通道
停车带

(b) 60° 停车

停车带
通道
停车带

(c) 30° 停车

斜列停车方式

(a) 前进停车、后退发车

(b) 后退停车、前进发车

(c) 前进停车、前进发车

车辆行驶方式

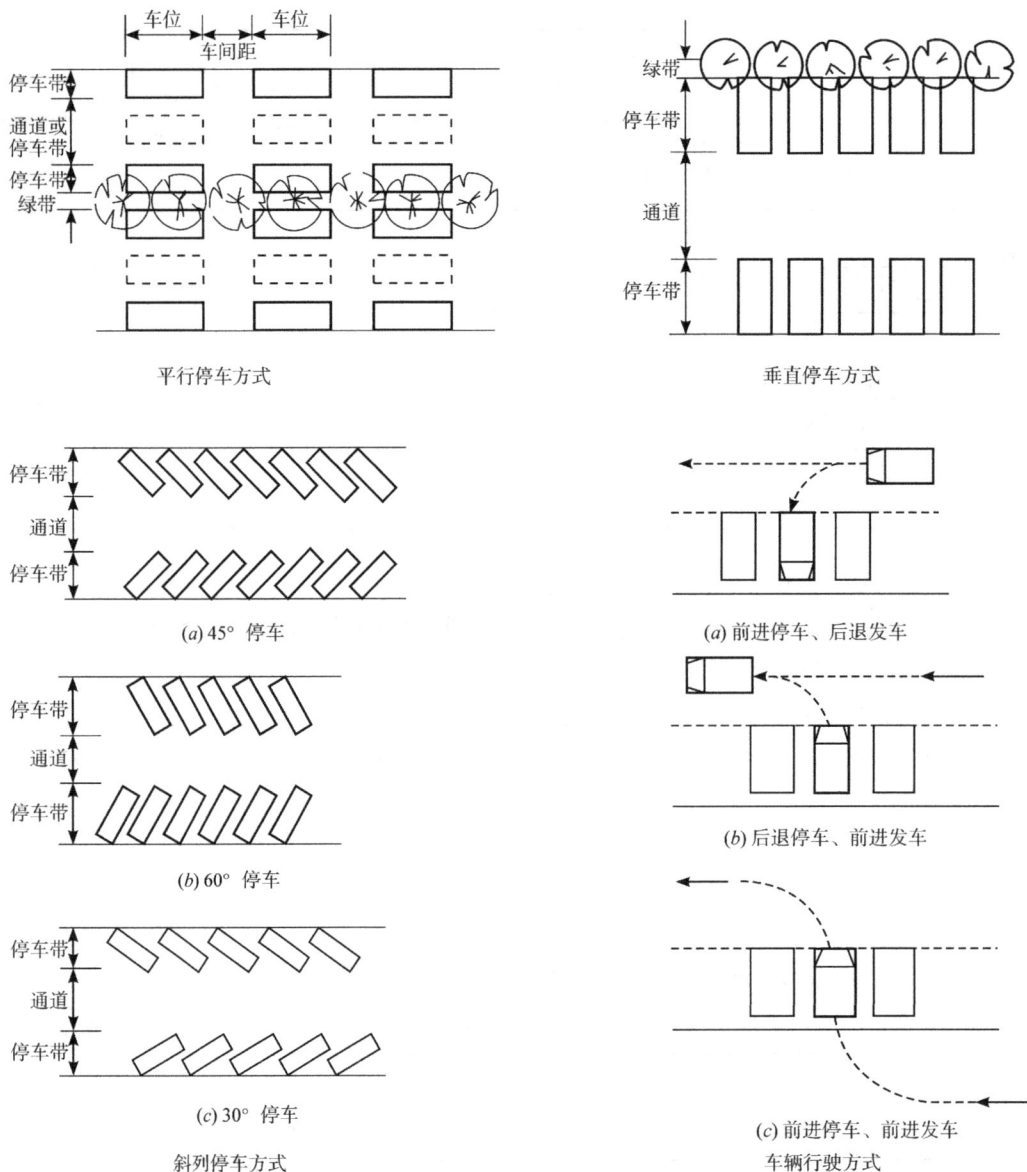

图 2－41　路边停车位的基本形式

**汽车场（库）的防火间距**　　表 2－12

| 防火间距（m） | | 建筑物的名称和耐火等级 | | |
| --- | --- | --- | --- | --- |
| | | 停车库、修车库、厂房、车库、民用建筑 | | |
| 汽车场（库）及耐火等级 | | 一、二级 | 三级 | 四级 |
| 停车库 | 一、二级 | 10 | 12 | 14 |
| 修车库 | 三级 | 12 | 14 | 16 |
| 停车场 | | 6 | 8 | 10 |

注：汽车库与其他建筑的防火间距详见《高层民用建筑设计防火规范》、《汽车库设计防火规范》、《城市煤气设计规范》及《建筑设计防火规范》等。

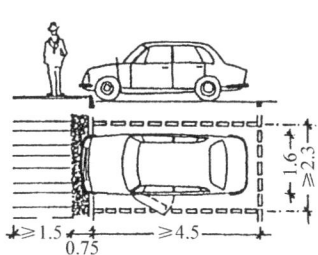

路边停车与人行道的关系

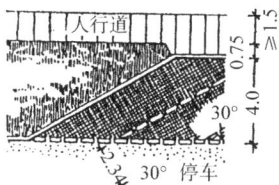

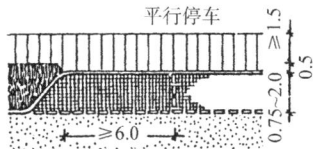

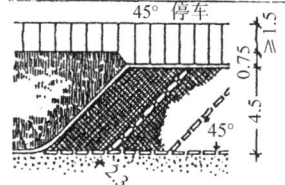

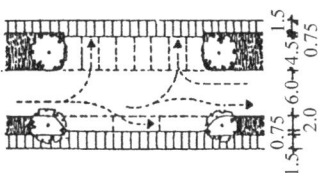

平行停车

30° 停车

45° 停车

人行道

90° 停车

60° 停车

通道与停车位尺寸

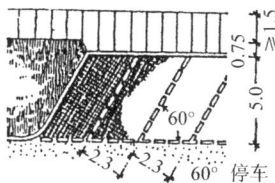

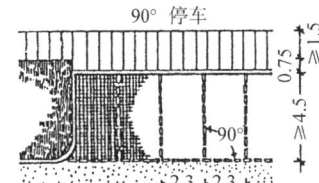

各种路边停车的基本形式与尺寸 (小型客车)

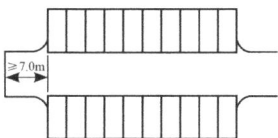

袋形停车场示例

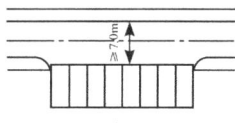

A) 垂直式停车

入口　车道　出口

B) 平行式停车

路边停车示例

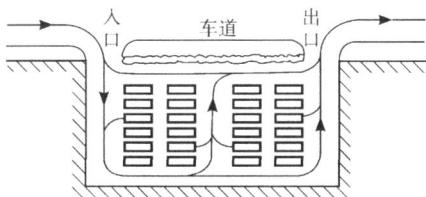

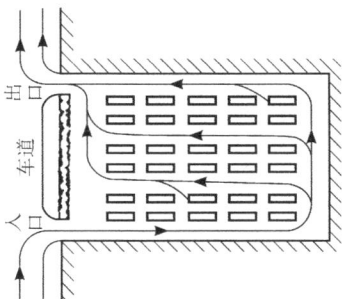

(a) 港湾式停车场 (车辆垂直通道的布置)

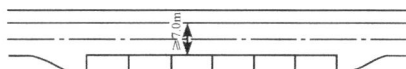

出口

车道

入口

(b) 港湾式停车场 (车辆平行通道的布置)

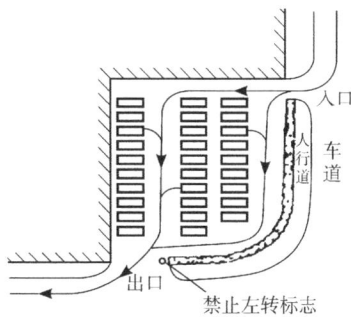

入口

车道

人行道

出口

禁止左转标志

(c) 转角部的港湾式停车场

图 2-42　干道边停车场布置示例

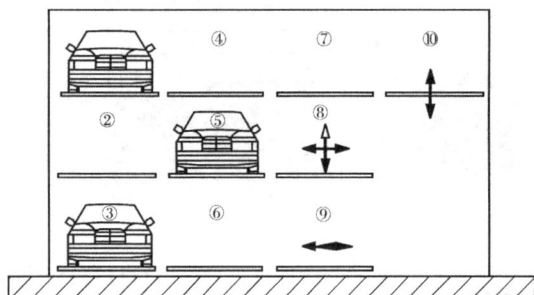

图 2-43 升降横移式停车

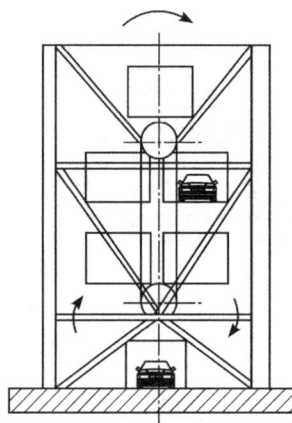

图 2-44 垂直循环式停车

## 二、非机动停车场

### 1) 设计原则

**布局要求**

自行车停车场一般应设在道路红线以外，不宜设在交叉口附近。公共建筑配建的自行车停车场，应就近布置以方便停放。大型集会场所的停车场应在其四周分散设置，使各个方向的来车，均能就近停放，避免穿越干道，也不影响集会场所的出入口。

企业、学校等单位职工，学生内部专用的自行车停车场，应布置在场地内相对独立地地段上，宜采用封闭式管理，避免对城市干道产生干扰，并靠近场地主要出入口以方便使用。其车位指标应按不小于本单位人数的 30％ 配置。

城市中心区人员密集地段，自行车停车场宜分散多处布置，尽量利用人流稀少的小街小巷或临时闲置的小块用地，避免占用人行道、隔离带等设施，以减少对交通的干扰。也可利用公共建筑前、后退道路红线的空余地段作自行车停车用地（见图 2-45、图 2-46）。

图 2-45 建筑前停放自行车

图 2-46　公共停车棚

居住区内自行车的存放设施，应尽量利用地下室或利用住宅间距独立建造。自行车库一般宜布置在组团的主要出入口或生活服务中心附近，建筑层数以 1~3 层为宜。自行车库管理应由居委会统一管理，纳入社区服务的内容，除存放自行车外还可存放轮椅、儿童车、摩托车等，还可与分放牛奶与公用电话等项业务一并安排（见图 2-47）。

图 2-47　路边定点停车区

2）出入口设置

自行车停车场出入口一般至少设 1 个（500 个车位以上时不得少于 2 个）。出入口的宽度应满足两辆车同时推行进出的要求，一般为 2.5～3.5m。自行车停车场出口的流线不应与机动车流线交叉，并应与城市道路顺向衔接。

出入口应布置在车辆较少的次要干道，以减少对城市道路交通的不利影响。规模较大的自行车停车场，其入口附近应设置一定的缓冲空间。

3）交通组织

停车场内交通流线应当明确，尽可能采用单向行驶的路线，以使行走方向一致，线路尽量不交叉，并设有显著的标志，方便存、取车。

场内停车应分区、分组放置，矩形停车场可分成 15～20m 长的区段，每段应设一个出入口；1500 个车位以上的停车场，应分组设置，每组设 500 个停车位，并应各设有一个对外出入口。

分场次活动的娱乐场所的人流，散场、入场几乎同时进行，自行车公共停车场就要能纳两场观众的停车，并宜分成甲乙 2 个场地，各有独立的出入口，以避免因取、存车交替的混乱，疏散速度也比单一设置的停车场大大加快。

4）其他设施

自行车停车场应尽可能进行硬质铺装，一般宜采用较经济的路面结构材料，如混凝土方砖、简易沥青路面、石灰处理土等等，满足平整、结实、防火的要求。场内地面坡度宜 ≤4%，最小坡度为 0.3%。

停车区宜设有防雨、防晒的车棚和便于存放、管理的存车支架等设施以及其他必备的照明、交通标志等设施。

多层停车库或地下停车库一般应设置供自行车推行的斜坡，斜坡的宽度不小于 2.0m。

5）设计参数

车型尺寸

自行车的种类、型号很多，主要分为常用自行车和特殊自行车两大类。常用自行车一般包括标定车、轻便车、小型车等，其中标定车与轻便车又分男车和女车。特殊自行车是为特殊需要而生产的自车，如赛车、双座车、运输车、母子车等等。目前我国生产的自行车基本属常用自行车，主要按车轮圈径大小划分，主要车型有 28 型、26 型、20 型三种见表 2-13。此外，也有少量的赛车等特殊车种。

自行车的车型尺寸

表 2-13

| 类型 \ 指标 | 车长（mm） | 车高（mm） | 车宽（mm） | 自行车停放车位尺寸（m） |
|---|---|---|---|---|
| 28 型 | 1940 | 1150 | | |
| 26 型 | 1820 | 1000 | 520～600 | 2.0×0.6 |
| 20 型 | 1470 | 1000 | | |

6）停放方式及参数

自行车的停放以出入方便为原则，主要停放形式有斜列式和垂直式两种。平面布置可按场地条件采用单排或双排排列见图 2-48，停车位的具体参数详见表 2-14。

斜列式

垂直式

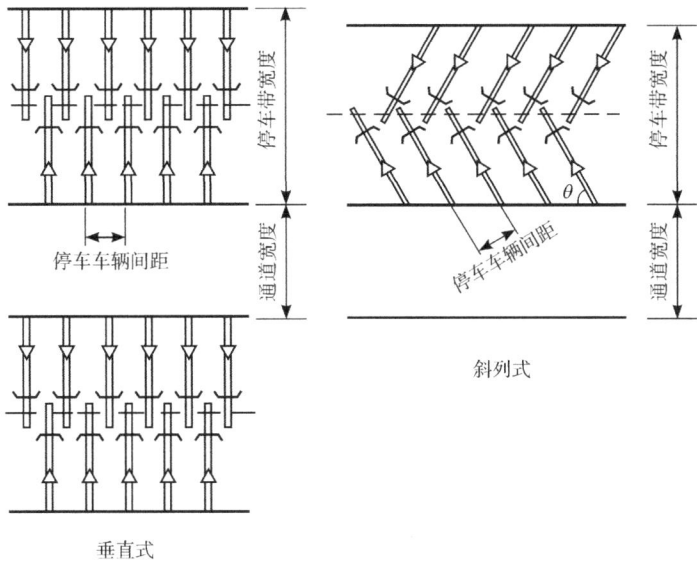

(a) 自行车双排的停车方式

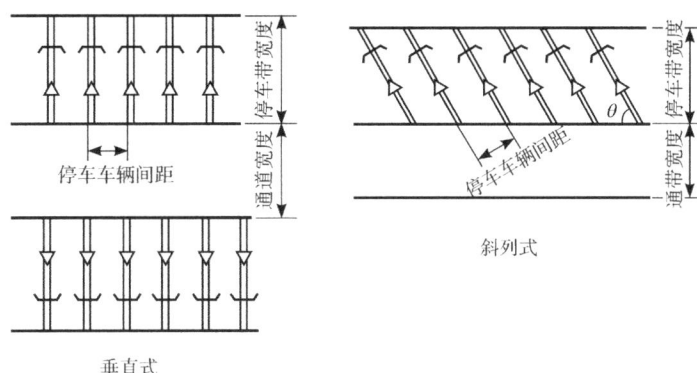

斜列式

垂直式

(b) 自行车单排的停车方式

图 2-48 自行车停放方式

**自行车停车带宽度及通道宽度**                 表 2-14

| 停放方式 | | 停车带宽度（m） | | 停放车辆间距（m） | 通道宽度（m） | | 备注 |
|---|---|---|---|---|---|---|---|
| | | 单排停车 | 双排停车 | | 一侧停车 | 两侧停车 | |
| 斜列式 | 30° | 1.00 | 1.60 | 0.50 | 1.20 | 2.00 | |
| | 45° | 1.40 | 2.26 | 0.50 | 1.20 | 2.00 | |
| | 60° | 1.70 | 2.77 | 0.50 | 1.50 | 2.60 | |
| 垂直式 | | 2.00 | 3.20 | 0.70 | 1.50 | 2.60 | |

为节省停车用地，自行车的停放还可充分利用竖向空间，布置成高低错位，相对悬挂等形式（见图 2-49）。

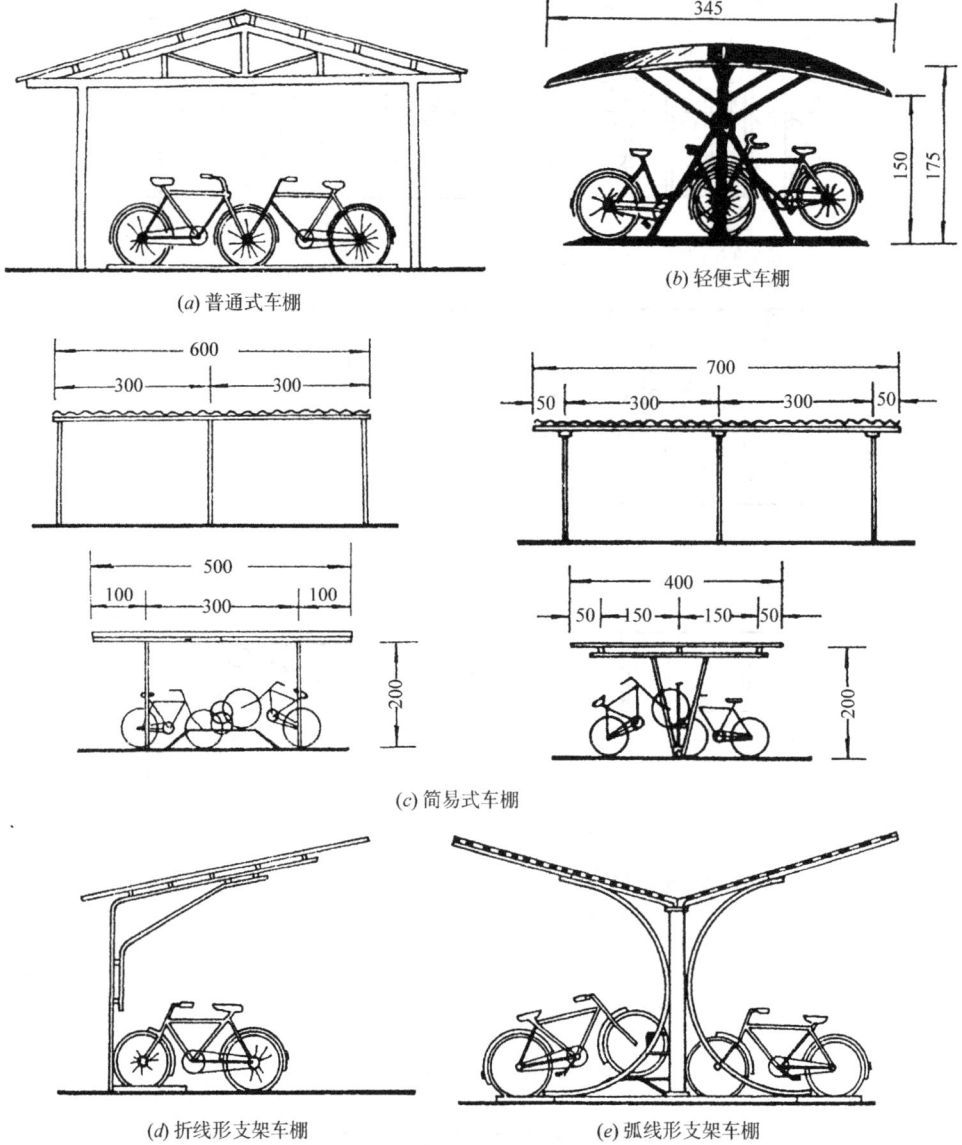

(a) 普通式车棚

(b) 轻便式车棚

(c) 简易式车棚

(d) 折线形支架车棚

(e) 弧线形支架车棚

图 2-49  自行车停放形式

# 第五节  绿 化 设 计

**一、道路空间的绿化**

1. 道路绿化设计的原则

第一以乔木为主，乔木、灌木、地被植物合理配置，充分发挥防护、覆盖、丰富景观层次等功能作用。

第二保证道路行车安全，在道路交叉口视距三角形范围内和弯道内侧的规定范围内种植的树木不可影响驾驶员的视线通透；在其外侧的树木沿边缘整齐连续栽植，预告道路线形变化，引导驾驶员行车视线。绿化树木不得进入车辆运行空间。

第三树木等绿色植物的配置既要与市政公用设施相协调，又要有植物生长的立地条件和生长空间。因此，应统一规划、合理安排街道绿化与交通、市政规划。

第四根据本地区的气候、土壤、环境条件，选择适合本地区生长的树木，多种类、多层次地配置，以保持稳定的绿化成果。

第五街道绿化建设既要重视近期效果，又要有长期观点，从规划开始就应该对原有的树木，特别是古树名木加以保护。

2. 绿化设计的前期调查

要搞好街道绿化设计，首先应根据任务书的要求，进行道路性质、现场结构和自然条件的调查，并绘出现状图。

1）街道性质的调查

调查该街道在城市中的地位及今后的发展情况，车流量、人流量及流向，街道两旁主要建筑物的性质及对绿化的要求。

2）道路现场和结构调查

调查道路的形式、路面结构、排水及雨水口位置、市政工程设施（如杆线、地下管网、深井等位置）、人行横道、车站、红绿灯、警亭等。

3）自然条件的调查

调查道路两旁植树绿化处的土壤酸碱度（pH）、肥力、厚度及纵向各段差异；旧路基和旧建筑基础的特殊情况；地下水位、现有树木花草生长情况；气温、日照和风的情况。

另外，还要进行投资费用、苗木供应、技术力量、设备情况的调查。

3. 道路绿化的内容

1）以提高景观为目的的绿化

栽植具有自然树形的树木改善景观，将外观不太美观的场所及建筑物隐蔽起来，或是为了保护个人隐私，阻止行人视线进入内部私人空间，除此之外，还可以防止汽车尾气。另外，对于道路两旁无序的广告牌等影响景观的杂物，可以通过道路两旁的树木，给人统一的感觉。在道路与周边自然环境及隧道口等人工建筑物之间栽植树木，使道路、自然环境、人工建筑物融为一体，创造出良好的景观。

2）以保护生活环境为目的的绿化

栽植树木对道路及沿途建筑物具有防风、防雪、防雾、防止飞沙、防火等功能。另外，为了保护沿途居民的生活，利用树木的吸声、隔声及使声音的传播途径绕射的作用，达到减轻噪声和缓解噪声的目的，通过树木对大气中 $CO_2$ 和 $NO_2$ 等气体污染物的吸收和对粉末污染物的吸附来净化空气，缓解因机动车造成的大气污染。

3）以交通安全为目的的绿化

沿道路的线形有规则地进行道路绿化，可以帮助机动车驾驶员辨清道路的地形和线形，中央隔离带的树木可以遮蔽对面机动车前灯的光线，防止眩光，起到安全的作用。用低矮树木进行密植，还可以缓和车辆冲出道路时的冲击力。

```
                                              ┌─── 引导视线
                                 ┌── 引导功能 ─┤
                                 │            └─── 线形预报
                                 │                 ┌─── 适应明暗
                                 │                 ├─── 遮光
                    ┌─ 安全驾驶功能 ┼── 防止事故功能 ┤
                    │            │                 ├─── 防止行人入内
                    │            │                 └─── 缓冲
                    │            │            ┌─── 绿荫
                    │            └── 促进休息 ─┤
                    │                         └─── 休息
                    │                         ┌─── 遮蔽
                    │            ┌── 调整景观功能 ┤
                    │            │            └─── 协调景观
       绿化功能 ─────┼── 景观功能 ─┤            ┌─── 强调
                    │            │            ├─── 眺望
                    │            └── 展示景观功能 ┤
                    │                         └─── 标志
                    │                         ┌─── 防灾
                    │            ┌── 防止灾害功能 ┤
                    │            │            └─── 保护坡面
                    └─ 环境保护功能 ┤            ┌─── 协调自然环境
                                 └── 协调环境功能 ┤
                                              └─── 协调生活环境
```

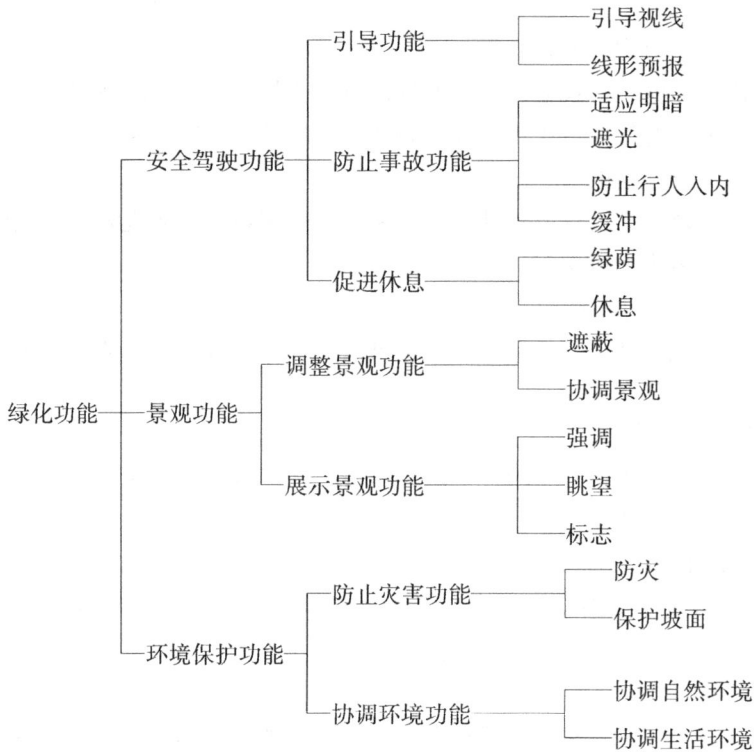

另外，栽植低矮树木和篱笆，可将步行者和自行车与机动车分离开，防止乱穿马路和在马路上停留。

4. 绿化特征和注意事项

1) 绿化特征

(1) 绿化空间

道路绿化空间给城市生活带来了方便和安全，增添了湿润和闲适的感觉。

道路的绿化与公园、河流的绿化一样都是城市环境的重要环节。为了扩大绿化量，在人行道、中央隔离带、交叉点、交通岛、隔声壁、高架道路尽量设计绿地，根据居民生活多样性的要求，建造一个充满绿色情趣的城市，提高人们的生活质量。

(2) 绿化期

绿化期根据其目的对象空间的特性，可分为短期（临时性的绿化）、中期（持续数年的绿化）、长期（永久性的绿化）等多种。

(3) 使用的植物种类

用于绿化的植物包括所有1年生和2年生的草本类植物、宿根植物、球根植物等各类植物。另外，木本类的灌木和一部分藤类植物也可以利用。主要使用那些植物种子能在市面上容易得到的种类。

特别是道路绿化应选择对机动车尾气等大气污染物抵抗性强的植物，建筑物遮荫处则应选择耐荫的植物。

（4）养护管理

道路环境并不是植物生长的良好环境，栽植后的养护管理应尽量满足植物的生长要求。

根据道路的绿化形态、植物的种类和数量、栽植场所的形状、管理水平等，结合实际采取切实可行的管理方法。

2）绿化中的主要注意事项

绿化中的重要注意事项包括栽植基盘的修整、植物种类的选择以及养生管理要点。

（1）修整栽植基盘

道路的绿化场所几乎都存在着生长地面小、土壤条件恶劣、干燥、大气环境恶劣、被交通或行人踩压等特有的问题。在这样恶劣的环境条件下，栽植植物很容易发生生长障碍。因此，事先要对载植基盘进行调查（土壤结构、保水性、干燥程度、透水性、肥力、排水性等），必要时还需对栽植地的构造及土壤进行改良。

（2）植物种类的选择

选择合适的植物种子（耐寒性、耐旱性、耐阴性、对大气污染抵抗能力以及株高、植物展度、花色、开花期、草型等），确定播种量和播种时期。

（3）养生管理

主要进行除草、灌水等管理。

5. 树木株行距的确定

1）株行距要根据树冠及苗木树龄（苗木规格）的大小来确定（见表2-15）。

2）要考虑树木生长的速度。一般在道路上种植的树木30～50年后就需要改新，其壮龄期只有10～20年。

3）需要考虑其他因素，如交通、市容，在一些重要建筑前不宜遮挡过多，株距应加大，或不种行道树，以显示出建筑的全貌。

4）需要考虑经济因素，初始期的较小的株距种植，几年后间移，作培养大规格苗木的措施，以节约用地。

乔木与灌木种植株距表　　　　　　　　　　　　　　　表2-15

| 树木种类 | | 种植株距（m） | | | |
|---|---|---|---|---|---|
| | | 游步道行列树 | 植篱 | 行距 | 观赏防护林带 |
| 乔木 | 阳性树种 | 4～8 | | | 3～6 |
| | 阴性树种 | 4～8 | 1～2 | | 2～5 |
| | 树丛 | 0.5以上 | | 0.5以上 | 0.5以上 |
| 灌木 | 高大灌木 | | 0.5～1.0 | 0.5～0.7 | 0.5～1.5 |
| | 中高灌木 | | 0.4～0.6 | 0.4～0.6 | 0.5～1.0 |
| | 矮小灌木 | | 0.25～0.35 | 0.25～0.3 | 0.5～1.0 |

6. 种植树木与建筑、构筑物的水平间距见表 2-16。

种植树木与建筑、构筑物水平间距　　　　　　　　表 2-16

| 名称 | 至中心最小间距（m） | | 名称 | 至中心最小间距（m） | |
|---|---|---|---|---|---|
| | 乔木 | 灌木 | | 乔木 | 灌木 |
| 有窗建筑物外墙 | 3.0 | 1.5 | 冷动塔 | 高的 1.5 倍 | 不限 |
| 无窗建筑物外墙 | 2.0 | 1.5 | 体育用场地 | 3.0 | 3.0 |
| 道路侧面外缘、挡土墙脚、陡坡 | 1.0 | 0.5 | 排水用明沟边缘 | 1.0 | 0.5 |
| | | | 厂内铁路中心线 | 4.0 | 3.0 |
| 人行道边 | 0.75 | 0.5 | 窄轨铁路中心线 | 3.0 | 2.0 |
| 高 2cm 以下的围墙 | 1.0 | 0.75 | 一般铁路中心线 | 8.0 | 4.0 |
| 天桥、线桥的柱及架线塔、电线杆的中心 | 2.0 | 不限 | 邮筒、路牌、车站标志 | 1.2 | 1.2 |
| | | | 警亭 | 3.0 | 2.0 |
| 冷却池的外缘 | 40.0 | | 测量水准点 | 2.0 | 1.0 |

7. 种植树木与地下工程管道水平间距见表 2-17。

种植树木与地下工程管道水平间距　　　　　　　　表 2-17

| 名称 | 至中心最小间距（m） | | 名称 | 至中心最小间距（m） | |
|---|---|---|---|---|---|
| | 乔木 | 灌木 | | 乔木 | 灌木 |
| 给水管、闸井 | 1.5 | 不限 | 煤气管、探井 | 1.5 | 1.5 |
| 污水管、寸水管、探井 | 1.0 | 不限 | 乙炔氧气管 | 2.0 | 2.0 |
| 电力电缆、探井 | 1.5 | | 压缩空气管 | 2.0 | 1.0 |
| 热力管 | 2.0 | 1.0 | 石油管 | 1.5 | 1.0 |
| 弱电电缆沟，电力、电信杆 | 2.0 | | 天然瓦斯管 | 1.2 | 1.2 |
| 路灯电杆 | 2.0 | | 排水盲沟 | 1.0 | |
| 消防笼头 | 1.2 | 1.2 | | | |

8. 树种特性见表 2-18。

树 种 特 征　　　　　　　　表 2-18

| 栽植地 | 环境条件 | 空间特性 | 树种特性 |
|---|---|---|---|
| • 人行道 | • 土壤干燥<br>• 土壤肥力低<br>• 高浓度的大气污染<br>• 噪声<br>• 步行者践踏<br>• 水泥、沥青的反射 | • 栽植空间受到制约（因建筑物、住宅、道路的信号灯、路标等上、侧、下方都受到制约）<br>• 构成街道的景观、形象 | • 耐旱性<br>• 耐瘠薄性<br>• 对大气污染有一定的抵抗能力<br>• 遮蔽效应<br>• 耐修剪，生长慢<br>• 观赏性 |
| • 中央分离带 | • 高浓度的大气污染<br>• 土壤干燥，碱性化<br>• 土壤肥力低<br>• 水泥、沥青的反射 | • 栽植空间受到制约（因道路的信号灯、路标等受到制约，有时不能让枝叶向则方伸展）<br>• 构成街道的景观、形象 | • 对大气污染有关一定的抵抗能力<br>• 耐瘠薄性<br>• 耐修剪，生长慢<br>• 观赏性 |

| 栽植地 | 环境条件 | 空间特性 | 树种特性 |
|---|---|---|---|
| • 斜面 | • 高浓度的大气污染<br>• 土壤干燥，碱性化<br>• 土壤的侵蚀、塌方 | • 增加城市绿地<br>• 提高城市景观<br>• 开旷空间 | • 对大气污染有一定的抵抗能力<br>• 生长快<br>• 耐瘠薄性（特别是初期） |
| • 交叉点，交通岛 | • 高浓度的大气污染<br>• 温度上升和干燥<br>• 强风<br>• 土壤肥力低 | • 需要确保透视性<br>• 窄小的栽植空间<br>• 城市景观上的重点 | • 对大气污染有一定的抵抗能力<br>• 耐旱性<br>• 耐风性<br>• 耐瘠薄性<br>• 耐修剪，生长慢<br>• 观赏性 |
| • 隔声壁等墙壁 | • 日照条件的制约<br>• 强风<br>• 干燥、过湿等水分条件不安定<br>• 高浓度的大气污染 | • 垂直方向宽、水平方向窄<br>• 增加城市绿地<br>• 提高城市景观<br>• 种植植物防止隔音壁的反射光<br>• 种植植物防止壁面老化 | • 耐阴性<br>• 耐风性<br>• 耐旱性<br>• 对大气污染有一定的抵抗能力<br>• 攀缘性（藤类植物）<br>• 观赏性 |
| • 环境设施带 | • 高浓度的大气污染 | • 具有隔断噪声，减轻振动、尾气、粉尘等高浓度的大气污染，对环境起到保护作用<br>• 具有分离车道和人行道的作用<br>• 城市中间大的绿化空间 | • 对大气污染有一定的抵抗能力（特别是要求靠近道路的植物有这种能力） |
| • 人行过街天桥 | • 高浓度的在气污染<br>• 温度上升和干燥<br>• 强风 | • 人行过街天桥上是人工基面，桥下部因桥柱、桥梁遮荫<br>• 窄小的栽植空间<br>• 城市景观的重点 | • 对大气污染有一定的抵抗能力<br>• 耐旱性<br>• 耐风性<br>• 耐阴性<br>• 耐瘠薄性<br>• 耐修剪，生长慢<br>• 观赏性 |
| • 步行平屋顶 | • 高浓度的大气污染<br>• 温度上升和干燥<br>• 强风<br>• 建筑物遮荫 | • 人工基面<br>• 窄小的栽植空间<br>• 构成城市景观形象 | • 对大气污染有一定的抵抗能力<br>• 耐旱性<br>• 耐风性<br>• 耐阴性<br>• 耐瘠薄性<br>• 耐修剪，生长慢<br>• 观赏性 |
| • 高架桥下 | • 土壤不良<br>• 日照不足<br>• 高浓度的大气污染<br>• 雨水、地下水被隔断<br>• 步行者的践踏 | • 空间窄而长，可增加绿化量<br>• 有压迫感的空间 | • 耐瘠薄性<br>• 耐阴性<br>• 对大气有一定的抵抗能力<br>• 耐旱性<br>• 遮蔽效果 |

| 栽植地 | 环境条件 | 空间特性 | 树种特性 |
|---|---|---|---|
| • 停车场 | • 高浓度的大气污染<br>• 土壤干燥，碱性化<br>• 水泥、沥青的反射 | • 大气污染物的排放源<br>• 宝贵的开旷空间<br>• 增加城市绿化量 | • 对大气污染有一定的抵抗能力<br>• 耐旱性<br>• 观赏性 |
| • 沿路铺设的空地 | • 高浓度的大气污染<br>• 噪声<br>• 土壤干燥，碱性化<br>• 步行者的践踏 | • 构成城市景观形象<br>• 构成交流的场所<br>• 生活空间的一部分 | • 对大气污染有一定的抵抗能力<br>• 减噪声效果<br>• 遮蔽效果<br>• 耐旱性<br>• 观赏性 |

## 二、居住区的绿化

1. 设计前的调查

1）开发居住区总体规划的调查

应从地质、土壤、水系、植被、植物和动物生态等方面进行调查。特别是新市区大型居住区中应把生长茂盛的树林当成特定区域保存。

2）具体规划过程的调查

为了设计、施工、管理的需要，还应加强植被调查，并解决如下问题：

（1）住宅区内外的自然山林绿地可否利用？

（2）在住宅区内外对防灾、安全和景观方面有用的树木是否可以保存？

（3）如何对优良大树、老树进行移植利用？

（4）居住环境绿化的可能性。

3）设计过程的调查

这是以绘制施工图为目的的调查，要得出实际的距离尺寸和具体的树木管理经费预算等。

4）原有树木移植的调查

从即将采伐的树林中选出可以移植的树木以及如何定植、假植的调查。

5）现有树木保存的调查

树木管理的步骤取决于开发住宅区时整地工程、开工时间、工程期限和竣工后树木开始新的利用期限等。在这一连串的调查中，应分别对现有树木进行必要的管理。

6）树木的采伐利用和补植调查

这是为了利用居住区内的树木而进行的苗木调查。调查内容有树种、树高、郁闭度、密度、树形、生长势等。

居住区绿地规划设计前的调查内容如表2-19所示。

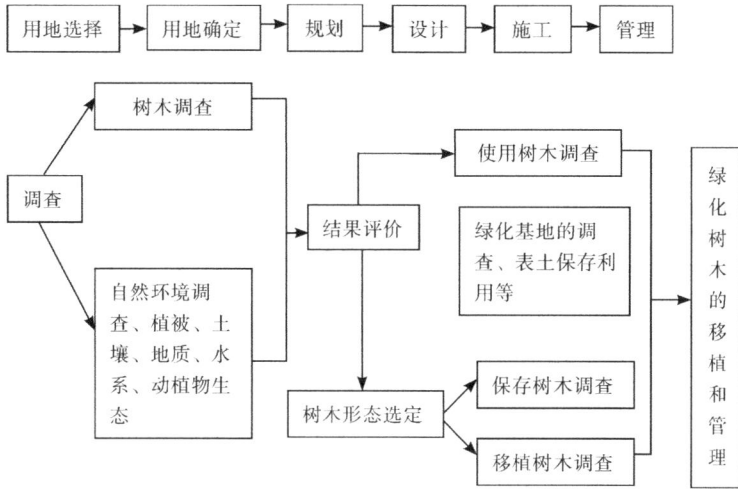

2. 居住区绿地标准

据有关资料表明，一个城市中居住和生活用地约占 50%。居住区绿地规划面积应占总用地的 30% 以上，平均每人 5～8m²。绿化覆盖率达到 50% 以上时，才能充分发挥其生态效益。

1）居住区内绿地率　居住区内绿地应符合：一切可绿化的用地应绿化，并宜发展垂直绿化；宅间绿地应精心规划与设计，其面积的计算办法应符合有关规定；绿地率，新区建设不应低于 30%，旧区改造不宜低于 25%。

2）居住区内公共绿地的总指标　应根据居住人口规模分别达到：组团不小于 0.5m²/人，小区（含组团）不小于 1m²/人；居住区不小于 1.5m²/人，并应根据居住区规划组织、结构、类型统一安排，灵活使用。旧区改造可酌情降低，但不得低于相应指标的 50%。

新建居住小区绿化面积应占总用地面积的 30% 以上，辟有休息活动园地；改造旧居住区绿化面积应不少于总用地面积的 25%；全市园林式居住区应占 60% 以上；居住区园林绿化养护管理资金落实，措施得当，绿化种植维护落实，设施保持完整。

3）设置防护林带　在有污染的工厂与居住区之间应设置不同宽度的卫生防护林带。其标准宽度分为 1000m（一级）、500m（二级）、300m（三级）、100m（四级）、50m（五级）。

4）居住区内的公共绿地　应根据居住区不同的规划组织结构、类型、设置相应的中心公共绿地，包括居住区公园（居住区级）、小游园（小区级）和组团绿地（组团级），以及儿童游戏场和其他的块状、带状公共绿地等。各级中心公共绿地设置内容、要求和规模见表 2－20。

**各级中心公共绿地设置内容、要求及规模**　表 2－20

| 中心绿地名称 | 设置内容 | 要求 | 最小规模（ha） |
| --- | --- | --- | --- |
| 居住区公园 | 花木草坪、坛水面、凉亭、小卖茶座、老幼设施、雕塑、停车场地和铺装地面等 | 园内布局应有明确的功能划分 | 1.0 |

| 中心绿地名称 | 设置内容 | 要求 | 最小规模（ha） |
|---|---|---|---|
| 小游园 | 花木草坪、花坛、水面、雕塑、儿童设施和铺装地面等 | 园内布局应有一定的功能划分 | 0.4 |
| 组团绿地 | 花木草坪、桌椅、简易儿童设施等 | 灵活布局 | 0.04 |

居住区内公共绿地至少应有一个边与相应级别的道路相邻，绿化面积（含水面）不宜小于 70%，带状绿地宽度应大于 8m，带状、块状、绿地应大于 400m²，便于居民休憩、散步和交往之用，宜采用开敞式，以绿篱或其他通透式院墙栏杆作分隔；组团绿地的设置应满足有不少于 1/3 的绿地面积在标准的建筑日照阴影线范围之外的要求，且宜设置儿童游戏设施和适于成人游憩活动的设施，其中院落式组团绿地的设置还应同时满足表 2-21 中的各项要求。

院落式组团绿地设置规定　　　　　　　　表 2-21

| 封闭型绿地 | | 开敞型绿地 | |
|---|---|---|---|
| 南侧多层楼 | 南层高层楼 | 南侧多层楼 | 南侧高层楼 |
| $L \geqslant 1.5L_2$ | $L \geqslant 1.5L_2$ | $L \geqslant 1.5L_2$ | $L \geqslant 1.5L_2$ |
| $L_2 \geqslant 30m$ | $L_2 \geqslant 50m$ | $L_2 \geqslant 30m$ | $L_2 \geqslant 50m$ |
| $S_1 \geqslant 800m^2$ | $S_1 \geqslant 1800m^2$ | $S_1 \geqslant 500m^2$ | $S_1 \geqslant 1200m^2$ |
| $S_2 \geqslant 1000m^2$ | $S_2 \geqslant 2000m^2$ | $S_2 \geqslant 600m^2$ | $S_2 \geqslant 1400m^2$ |

注：L—南北两楼正面间距（m）；$L_2$—当地住宅的标准日照间距（m）；$S_1$—北侧为多层楼的组团绿地面积（m²）；$S_2$—北侧为高层楼的组团绿地面积（m²）。其他块状、带状公共绿地应同时满足宽度不小于 8m、面积不小于 400m² 的要求。

3. 居住区绿地规划的原则

1）统一规划原则　居住区绿地规划首先要在居住总图规划阶段统一规划。要求均匀分布在居住区域小区内部，使绿地指标、功能得到平衡，方便居民使用。如居住区规模大或离城市公园绿地较远，则可集中较大面积的公共绿地，再与各组群的小块公共绿地、宅旁绿地、专用绿地相结合，形成合理的绿地系统。如居住区面积小或离城市公园、山林较近，则在居住区结合建筑组群，分散布置一些小块绿地。也可将低层公共建筑如幼儿园、少年活动室等集中布置，使其周围绿地与宅旁、道路连成一体，创造较大的绿地空间。

2）因地制宜原则　充分利用原自然条件，因地制宜地利用地形、原有树木、建筑，节约投资。如在高低起伏较复杂的地形上，可以在土壤层厚肥沃的地段创造绿地；如在较平坦的地形上，绿地则要均匀分布。

3）环境美化原则　要注意环境的美化，务求在不同季节、时间、天气下都有景可观，并能有组织分隔空间，改善环境卫生与微气候。其内部设施应布局紧凑。出入口位置要考虑人流方向，要有不同的休息活动空间，以满足不同年龄居民休息的需要。

4) 布局协调原则　居住区绿地的布局与该区的建筑布局关系紧密，可根据建筑群组合的不同，布置小块公共绿地，以方便居民就近使用。

三、专用绿地分类与规划设计要点（见表 2－22）。

专用绿地分类与规划设计　　　　表 2－22

| 设计要点<br>类型 | 绿化与环境<br>空间关系 | 环境措施 | 环境感受 | 设施构成 | 树种选择 |
|---|---|---|---|---|---|
| 医疗卫生<br>如：医院门诊 | 半开敞的空间与自然环境（植物、地形、水面）相结合，有良好隔条件 | 加强环境保护，防止噪声、空气污染、保证良好的自然条件 | 安静、和谐，使人消除恐惧和紧张感。阳光充足、环境优美，适宜病员休息、散步 | 树木、花坛、草坪、条椅无障碍设施，道路无台阶，宜采用缓坡道，路面平滑 | 宜选用树冠大、遮荫效果好、病虫害少的乔木、中草药或具有杀菌作用的植物 |
| 文化体育<br>如：电影院、文化馆、运动场、青少年之家 | 形成开敞空间，各建筑设施呈幅射状与广场绿地相连，使绿地广场成为人流集散的中心 | 绿化应有利于组织人流和车流，同时要避免遭受破坏，为居民提供短时间休息的场所 | 用绿化来强调公共建筑的个性，形成亲切、热烈的交往场所 | 设有照明设施、条凳、果皮箱、广告牌。路面要平滑，以坡代替台阶，设置公用电话、公共厕所 | 宜用生长迅速、健壮、挺拔、树冠整齐的乔木为主。运动场上的草皮应是耐修剪、耐践踏、生长期长的草类 |
| 商业、饮食、服务<br>如百货商店、副食菜店、饭店、书店等 | 构成建筑群内的步行道及居民交往的公共开敞空间。绿化应点缀并加强其商业气氛 | 防止恶劣气候、噪声及废气排放对环境的影响；人、车、分离，避免相互干扰 | 由不同空间构成的环境是连续的，从各种设施中可以分辨出自己所处的设置和要去的方向 | 具有连续性的有特征标记的设施、树木、花池、条凳、果皮箱、电话亭、广告牌等 | 应根据地下管线埋置深度，选择深根性树种，根据树木与架空线的距离选择不同树冠的树种 |
| 教育<br>如：托幼、小学、中学 | 构成不同大小的围合空间，建筑物与绿化、庭园相结合，形成有机统一、开敞而富有变化的活动空间 | 形成连续的绿色道，并布置草坪及文体活动场，创造由闹到静的过渡，开辟室外学习园地 | 形成轻松、活泼、幽雅、宁静的气氛，有利学习、休息及文娱活动 | 游戏场及游戏设备、操场、沙坑、生物实验园、体育设施坐椅或石桌凳、休息亭廊等 | 结合生物园设置菜园、果园、小动物饲养园地，选用生长健壮、病虫害少、管理简便的树种 |
| 行政管理<br>如：居委会、街道办事处、房管所 | 以乔灌木将各孤立的建筑有机地结合起来，构成连续围合的的绿色前庭 | 利用绿化来弥补和协调各建筑之间的尺度、形式、色彩上的不足，并缓和噪声及灰尘对办公的影响 | 形成安静、卫生、优美、具有良好小气候条件的工作环境，有利于提高工作效率 | 设有简单的文体设施和宣传画廊、报栏，以活跃居民业余文化生活 | 栽植庭荫，我种果树，树下可种植耐荫经济植物。利用灌木、绿篱围成院落 |

65

| 类型＼设计要点 | 绿化与环境空间关系 | 环境措施 | 环境感受 | 设施构成 | 树种选择 |
|---|---|---|---|---|---|
| **其他**<br>如：垃圾站、锅炉房、车库 | 构成封闭的围合空间，以利于阻止粉尘向外扩散，并利用植物作屏障阻隔视线 | 消除噪声、灰尘、废气排放对周围环境的影响，能迅速排除地面水，加强环境保护 | 内院具有封闭感，且不影响院外的景观 | 露天堆场（如煤、渣等）、运输车、围墙、树篱、藤蔓 | 选用对有害物质抗性强、能吸收有害物质的树种。枝叶茂密、叶面多毛的灌木。墙面屋顶用爬蔓植物绿化 |

## 四、园林植物分类

园林植物按生态习性及外部形态分类见表2-23。

**按生态习性及外部形态分类**　　　　　　　　　　　　　　表 2-23

| 种类 | 特点 | 子类及其特征 | | 种类 | 特点 | 子类及其特征 |
|---|---|---|---|---|---|---|
| 乔木 | 体形高大（在5m以上），主干明显，分枝点高 | 按高矮分 | 1. 大乔木：20m以上（如松树、云杉树）<br>2. 中乔木：10～20m（如槐树）<br>3. 小乔木：5～10m（如山桃树） | 竹类 | 干木质浑圆，中空有节，皮翠绿色，花不常见，一旦开花，大多数于开花后全株死亡 | 1. 散生型竹（如毛竹、紫竹、疏节竹）<br>2. 丛生型竹（如凤凰竹、撑篙竹、龙头竹）<br>3. 复轴混生型竹（如苦竹、茶秆竹、箬竹） |
| | | 按落叶状态分 | 1. 常绿乔木：①阔叶常绿乔木（如广玉兰、樟树）②针叶常绿乔木（如马尾松、冷杉）<br>2. 落叶乔木：①阔叶落叶乔木（如白桦、赤杨）②针叶落叶乔木（如水杉、金钱松） | 花卉 | 姿态优美，花色艳丽，花香郁馥，是具有观赏价值的草本和木草植物。但通常多指草本植物而言 | 1. 一年生花卉：春季播种，当年开花（如鸡冠花、万寿菊）<br>2. 二年生花卉：秋季播种，次年春天开花（如金盏花、七里香）<br>3. 多年生花卉（或称宿根花卉）：草木花卉，一次栽能多年连续生存，年年开花（芍药、萱草）<br>4. 球根花卉：花卉的茎或根肥大，成球状或鳞片状（如大丽花、晚香玉）<br>5. 水生花卉：生于水中，其根或伸入泥中，或游浮于水中（如荷花、玉莲、浮萍） |
| 灌木 | 树体矮小（在5m以下），没有明显主干，多呈丛生状态，或自基部分枝 | 按高矮分 | 1. 大灌木：2m以上（如木兰、海桐）<br>2. 中灌木：1～2m（如一品红、太平花、麻叶绣球）<br>3. 小灌木：1m以下（如金丝梅、茉莉、六月雪） | | | |
| | | 按落叶状态分 | 1. 常绿灌木（如千头柏、低柏、丝兰）<br>2. 落叶灌木（如玫瑰、丁香） | | | |
| 藤木 | 依靠其特殊器官（吸盘或卷须）或靠蔓延作用依附于其他植物体上 | 1. 常绿藤本（如龙须藤、茉莉、长春藤）<br>2. 落叶藤本（如紫藤、凌霄、葡萄） | | 草本植物 | 低矮的草本植物，用覆盖地面 | （如野牛草，小羊胡子草、狗牙根、结缕草） |

**五、观赏树木分类**见表2-24。

观赏树木分类　　　　　　　　　　　　　　　　　　　　　　　　　　　　　表2-24

| 种类 | 特征 | 子类 | | 树种 |
|---|---|---|---|---|
| 林木类 | 供园林观赏之林木，并非艳葩嘉果，而为单纯无色相，以构成葱茏之林，区别于林业生产之林木，用于公园之局部，模仿自然，构成林貌 | 针叶类 | • 常绿树<br>• 落叶树 | 白皮松、马尾松、云南松、油松、赤松、红松、华山松、姬小松、黑松、黄山松、火炬松、湿地松、铁坚松、雪松、银杉、柳杉、南洋杉、圆柏、金松、铁杉、云杉、冷杉、杉木、侧柏、柏木、福建柏、红杉、扁柏、花柏、罗汉松、水杉、金钱松、落叶松、落羽杉、水松 |
| | | 阔叶类 | • 常绿树<br>• 落叶树 | 楠木类、青冈栎、石栎、苦槠、乌冈栎、木荷、千金榆、白桦、槲树、麻栎、水青冈、赤杨、榛树、黄檗、八角枫、油桐 |
| | | 竹类 | • 散生型<br>• 丛生型<br>• 复轴混生型 | 紫竹、方竹、人面竹、毛竹、淡竹、刚竹、桂竹、美竹、疏节竹、佛肚竹、凤凰竹、撑篙竹、青皮竹、龙头竹、粉箪竹、慈竹、箬竹、茶秆竹、苦竹、矮竹 |
| 花木类 | 称"观花赏木"或"花树"，其观赏价值在于花，花木树必有艳丽清香之花冠，开花之际不惟妖艳夺目，而且芬芳扑鼻，是园林构成要素 | 常绿树类 | | 桂花、山茶、杜鹃花、瑞香、夹竹桃、广玉兰、白兰花、含笑花、木槿、栀子花、金丝桃、楝木、六月雪、珠豆、香水花、香茉莉、金露花、仙丹花、桃金娘、夜香树、大头茶、茶梅、石笔木、山月桂、刺桂、石斑木、冬红、树兰、硬骨、凌霄 |
| | | 落叶树类 | | 牡丹、梅、桃、杏、海棠、紫薇、木芙蓉、石榴、樱花、蜡梅、夏蜡梅、玉兰、紫荆、绣球花、锦带花、八仙花、棣棠花、绣线菊、月季、山梅花、溲疏、月季、玫瑰、紫茎、金丝梅、蜡瓣花、吊钟花、珙桐、厚朴、丁香、迎春、李、梨、金钟花、醉鱼草、赪桐、木槿、朱槿、省沽油、缅栀子、玉丫果、阿勃勒、梯姑、刺桐、糯米花、玉铃花、金雀花、蓝花楹、黄刺玫、马缨丹、流苏树、狗牙花、鸡麻、榆叶梅、郁李、文冠果、四照花、野茉莉、厚壳树 |
| 果木类 | 称观果树或果树，以观赏为目的，果石美观而不重味，其珍果艳葩兼列入花木类之中 | 常绿树类 | | 枇杷、杨梅、柑橘、香橼、金橘、荔枝、南天竹、平地木、天竺桂、火棘、冬青、枸民用工业、茵芋、桃叶珊瑚、黄皮、番荔枝、番石榴、人心果、油橄榄 |
| | | 落叶树类 | | 樱桃、木瓜、苹果、花红、柿、花楸、山楂子、栾树、虎刺、无花果、野鸦椿、枸杞、小檗、胡桃、枣、栗、枸橘、山楂、杨桃、蜡烛树、海桐状假柴龙树、山椒、紫珠、荚蒾 |
| 叶木类 | 称观叶树或叶木，其树木观赏价值在于叶，而叶之观赏价值在于形与色。叶形奇异，枝叶密生，叶色丰富，适于装饰及隐蔽之用 | 常绿树类 | | 海桐、珊瑚树、大叶黄杨、黄杨、石楠、厚皮香、十大功劳、交让木、波罗树、茶、八角金盘、波绿冬青、细叶冬青、蚊母树、印度橡皮树、女贞、星千年木、变叶木、红背桂、乌药、五叶金叶、月桂 |
| | | 落叶树类 | | 槭、枫树、七叶树、连香树、檫树、野漆树、黄栌、乌桕、黄连木、刺楸、无患子、香椿、红椿、垂柳、一品红、山麻杆、山丁木、伊桐、青英叶、紫叶李、接骨木、丝棉木、苏铁、棕竹、芭蕉、丝兰、龙舌兰 |

续表

| 种类 | 特征 | 子类 | 树种 |
| --- | --- | --- | --- |
| 荫木类 | 称绿荫树木或荫树，须选择其树叶茂密、树形挺秀、树冠整齐、花果香艳、树叶秋凋，而不常绿者（热带地区除外） | 常绿树类 | 桉树、橄榄、樟、榕、银桦树、檬果、蒲桃、石栗、秋枫树、河梨勒、相思树、木麻黄、白树、胡同、红豆树、昆栏树 |
| | | 落叶树类 | 鹅掌楸、喜树、灯台树、银杏、悬铃木、白杨、白蜡树、梧桐、泡桐、榉、榔榆、朴、槐、刺槐、楝、臭椿、枫杨、复叶槭、合欢、凤凰木、水青树、桦、椴树、羊蹄甲、高丽槐、木棉树、菩提树、山核桃、伯乐树、领春木、羽叶泡花树、马尾树、幌伞枫、青檀、糙叶树、杜仲 |
| | | 特种树类 | 椰子、孔雀椰子、槟榔、棕榈、蒲葵、长叶刺葵、番木瓜 |
| 蔓木类 | 蔓性树木或藤木，其观赏部分随其种类而有不同。惟以其蔓，形态相似。蔓木攀附于墙壁、花架、花格等 | 常绿树类 | 蔷薇、红苞藤、朝日藤、大黄蝉花、黄缨络花、莺爪花、箭头藤、非洲碎鱼草、常绿黎豆藤、茉莉、常春藤、五味子、络石、薜荔、金银花、野人瓜、鸡血藤 |
| | | 落叶树类 | 紫藤、木香、凌霄、地锦、葡萄、木通、串果藤、两番莲、紫花藤、搭刺、大血藤、无须藤、猕猴桃、云南羊蹄甲、铁线莲 |

## 六、植物色彩观赏（见表 2－25）。

**植物色彩观赏** **表 2－25**

| 观赏部位 | 特点 | 树种 |
| --- | --- | --- |
| 花 | 树花与草花，其性不同，前者为立体美，后者为平面美。开花期间，草花较能持久，且供造园之用。一般以团状群植为好 | 1. 白色　如广玉兰、木莲、白兰花（白缅桂）、栀子、山茶、牡丹、绣球花、六月雪、桂花（银桂）、珍珠花、木槿、桃、梅、李、梨、杜鹃花、蔷薇、月季、紫薇（银薇）、樱花、木瓜、夹竹桃、胡枝子、山合欢、刺槐、枸榾、八角金盘、丁香、樱桃等<br>2. 红色　如山茶、牡丹、垂丝海棠、桃、梅、杏、杜鹃花、蔷薇、月季、合欢、石榴、夹竹桃、紫薇、胡枝子、锦带花、朱槿、柽柳、樱花、木棉等<br>3. 黄色　如棣棠、连翘、迎春、桂花（金桂）、牡丹、杜鹃花、金丝桃、金丝梅、蜡梅、金缕梅、瑞香、樱花、蔷薇、月季、黄玉兰（黄缅桂）、缅栀子（印度素馨）等<br>4. 紫色　如紫藤、杜鹃花、木槿、木兰、玫瑰、蔷薇、紫薇、紫荆、瑞香、泡桐、楸、梓、紫珠、丁香、羊蹄甲等 |
| 果 | 用于观赏的树果，重色而不重味。树果色彩以红紫为贵，黄色次之。果实成熟在盛夏及秋凉之际 | 1. 红色　如南天竹、苹果、桃、李、杨梅、荔枝、山楂、珊瑚树、天竺桂、葡萄、冬青、枸榾、平地木、橘、柿、樱桃、枸杞、桃叶珊瑚、石榴、广玉兰、冬青、竽、花红、花楸树、黄连木、栾、荚、虎刺、榆叶梅、郁李、小檗等<br>2. 黄色　如柚、金橘、佛手柑、枇杷、梨、枣、银杏、无患子、楝、木瓜、无花果、枸橘、柿（甘柿）、葡萄、梅、杏、李、番石榴、香蕉、番木瓜、檬果等<br>3. 黑色　如女贞、樟、桂花等 |

| 观赏部位 | 特点 | 树种 |
| --- | --- | --- |
| 叶簇及树冠 | 皆为植物叶然色深浅各有不同，常绿阔叶树之叶呈浓绿色调，针叶树及落叶树则以中绿或淡绿色为伴，落叶树色彩在四季中变化强烈，即是其美所在 | 1. 叶之为淡绿或中绿色者　如柳、槭、樱花、悬铃木、白杨、白兰花、鹅掌楸、玉兰、紫藤、泡桐、竹、芭蕉、朴榉、紫薇、梅、桃、木兰、七叶树、刺槐、胡枝子等<br>2. 叶之为浓绿或深绿者　如松类、雪松、柳杉、榧、冬青、女贞、厚皮香、黄桷树、榕、八角金盘、山茶、桃叶珊瑚、栀子、黄杨、黄爪龙树、广玉兰、枸椤、夹竹桃、枇杷、南天竹、桂花、棕榈、棕竹等<br>3. 叶之为淡红色者　如槭类、梧桐、紫薇、石榴、桂花、檫、香椿、石楠、扇骨木、南天竹、厚皮香、喜树、黄连木等<br>兹列举具有红叶美之各种树类如次：<br>（1）叶之为红色或紫色者　如槭类、枫香、樱花、漆、黄连木、樟、榉、栌、柿、花楸树、桃叶卫矛、丝棉木、乌桕、杜鹃花、七叶树、地锦、四照花、盐肤木、槲、野鸦椿、月季、石扇、扇骨木、扶芳藤等<br>（2）叶之为黄色或橙黄色者　如赤杨、鹅掌楸、悬铃木、银杏、白杨、柳、紫薇、梧桐、无患子、菩提树、刺揪、厚朴、榆榉、紫藤、灯台树、玉铃花、桦木、石榴、落叶松、金钱松、落羽松、水杉、棣棠、杜鹃花、槭等 |
| 树干 | 树干色彩除少数特殊者外普通均为粗糙之褐色。但树干色彩与树体整体和谐 | 1. 白色或灰白色者　如白桦、白皮松、白杨、山茶、榉、朴、悬铃木等<br>2. 绿色者　如梧桐、桃叶珊瑚、槐、棣棠、竹等<br>3. 赤褐色者　如马尾松、杉、赤松、紫薇、番石榴、木瓜等<br>4. 灰褐色者　如银杏、冷杉等<br>5. 紫色者　如紫竹、斑竹等<br>6. 黄色者　如黄金间碧玉竹、黄枯竹等 |

# 第三章　景观项目设计的深度要求

## 第一节　概念设计

进入一个项目最初设计阶段需要从一个很好的切入点着手，即准确地把握项目的中心问题，系统化地展开思路，以唤起适宜的形式。一般来说，工程设计有三个目的：满足功能、创造效益和表现有力的艺术形式。由此目的产生意图，设计意图是先导因素，表达意图是整体设计进程的重要环节。这就要求设计师能提示一种最简捷的表达手段——设计概念草图。设计概念草图对于设计师自身起着分析思考问题的作用，对于观者是设计意图的表达方式，宗旨在于交流。

设计概念草图的信息交流包含着三个层面指向以及图面深度与设计阶段的限定。每个层面有着各自不同的表达图形。其一是设计师自我体验的层面，是设计思考时所用的图像，简约而有探索性，演变而不带结论性；其二是设计师行内研究的层面，所用的是抽象图形以提交讨论，从而激发和展开新思路；其三设计师与业主交流的层面。图像要求符合沟通对象在可接受程度的范围内作出相应深度的设计概念草图，强调直观性、粗线条，能多向发展，供业主选择，特别注意要把业主引向项目中的实质性问题上来讨论。本节主要是在设计概念草图表达的定义、作用、内容、图形及构想与方法等方面进行系统的展开表述，供景观设计专业人士参考。

1. 定义

设计概念草图是将专业知识与视觉图形作交织性的表达，为深刻了解项目中的实质问题提供分析、思考、讨论、沟通的图面，并具有极为简明的视觉图形和文字说明。

2. 作用

设计概念草图是用于项目设计最初阶段的预设计和估量设计，同时又是创造性思维的发散方式和对问题产生系统的构想并使之形象化，是快捷表达设计意图的交流媒介。

3. 内容

设计概念草图的表达内容是按项目本身问题的特征划分的。针对项目中反映的各种不同问题相应的产生不同内容草图，旨在将设计方向明确化。具体内容如下：

1）反映功能方面的设计概念草图

景观设计是对场地的深化设计，很多项目是针对因原有场地使用性质的改变所产生的功能方面的问题，因此项目设计即是通过适宜的形式和技术手段来解决的这些问题。应用设计概念草图手段将围绕着使用功能的中心问题展开思考。其中有关场地内的功能分区、交通流线、空间使用方式、人数容量、布局特点等诸方面的问题进行研究。这一类概念草图的表达多采用较为抽象的设计符号集合在图面并配合文字数据、口述等综合形式（图3-1）。

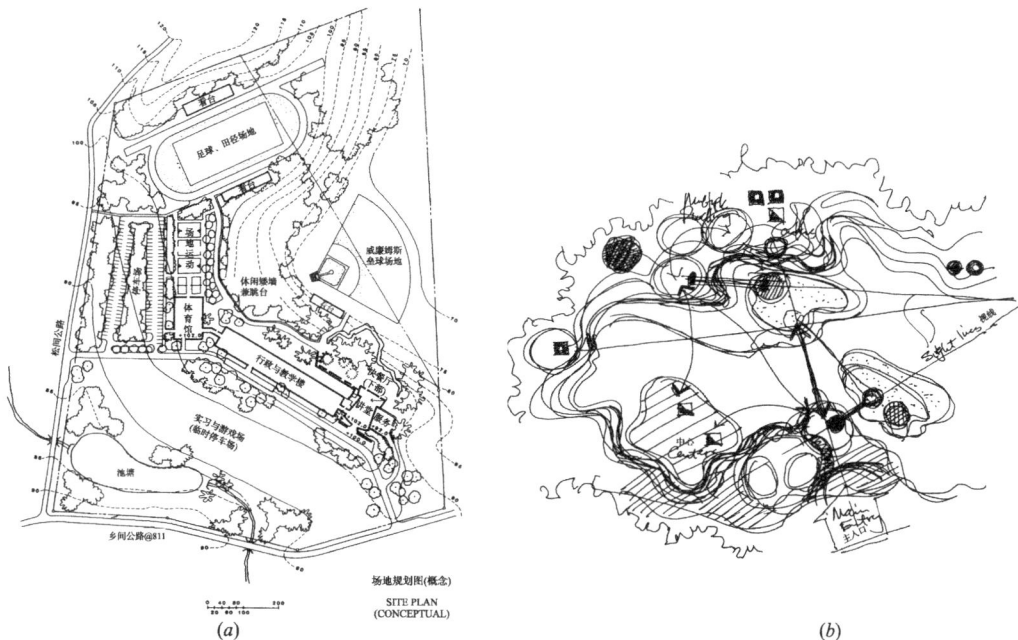

图 3-1　反映功能的概念草图

左图中主要划分各功能区域的分布，并用较抽象的图形样式来勾出大致的用地范围，同时加以简洁的文字说明；而
右图中则采用了更为概念的表达只为反映各功能之间的关系，及区域间的通达性。此类功能性的草图主要侧重研究
布局合理性的问题。

2）反映空间方面的设计概念草图

景观的空间设计属于限定设计。应结合原有场地的现状进行空间界面的思考，要求设计师理解场地的空间构成现状，结合使用要求采用因地制宜的方式并尽可能的克服原场地缺陷，将不利的场地形式创改出独特的艺术效果。空间创意是景观设计最主要的组成部分，它即涵盖功能因素又具有艺术表现力，设计概念草图易于表现空间创意并可形成引人注目的画面。其表达方法非常丰富。表现原则要求明确概括，有尺度感，直观可读，平剖面分析与文字说明相结合（图 3-2）。

3）反映形式方面的设计概念草图

景观设计的构成除了空间和功能要素外，场地的风格样式是视觉艺术的语言，这包含着设计师与业主审美观交流的中心议题，因此要求设计概念草图表达具有准确的写实性和说服力，必要时辅助以成形的实物场景照片，背景文化说明，在同一项目内提供多种形式以供比较。对于美的选择往往是整个项目设计过程中既关键又困扰的阶段，有时是最愉快的阶段，这里面因素很多，审美趣味相投或相反这是一个方面，有感染力的交流技巧是一个方面，最主要还是依赖设计师自身具备的想像力与描绘能力，特别要注意对设计深度把握（图 3-3）。

4）反映高程关系面的设计概念草图

高程设计在景观设计中具有重大的意义，特别是在前期的概念设计中。高程设计也就是我们通常在设计过程中所绘制的场地大剖面，它反映了场地内各个物体之间的关系，建

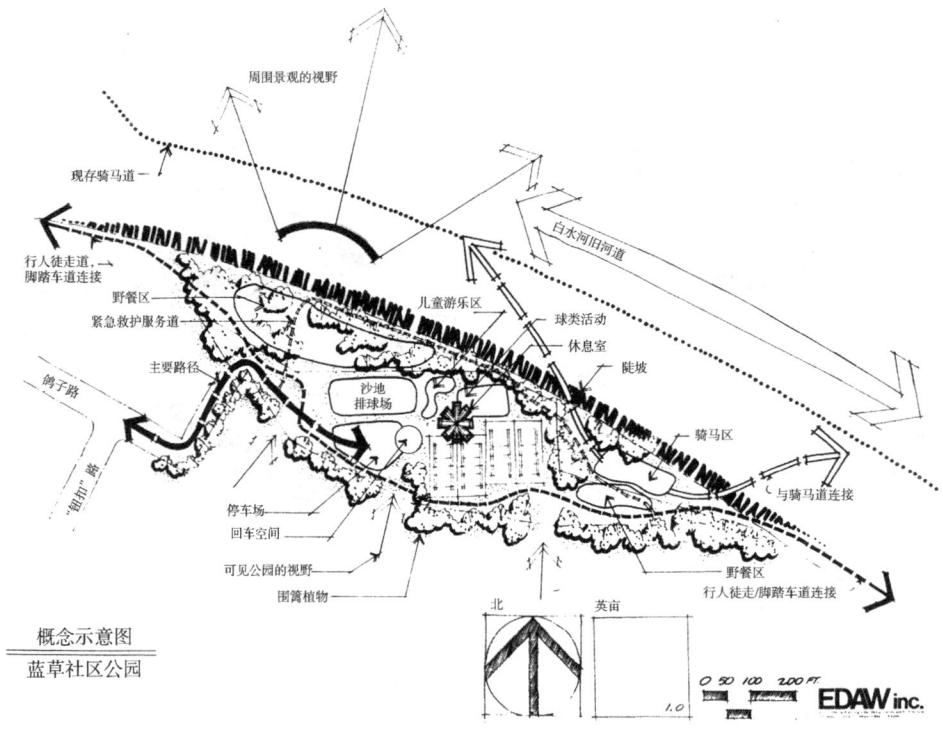

图 3-2 反映空间的概念草图

此图中是将空间与视线的关系结合在一起研究，空间的处理，可将人的视线放开或压缩，从而使人产生不同的心理感受。图中采用了内外两条空间结构，对外面向河面，视线开阔；内侧羊肠小道，曲径通幽。空间方面的概念草图，主要是研究视线随空间的变化而引起不同的心理感受的问题。

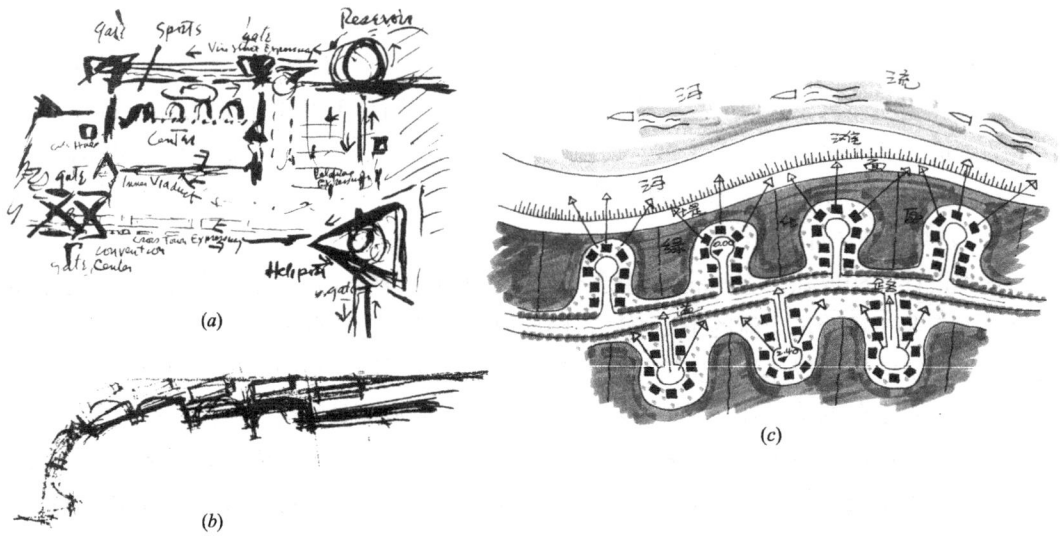

图 3-3 反映形式的概念草图

(a) 图中主要是通过极为抽象几何图形的不同分布和图形之间的相互组合来辅助设计师对形体的思考。(b) 图中用概括的图形来表达设计师在对形式方面的思考过程，设计师往往是通过这类图形来拓展发散性的思维。(c) 图中则是用较为具象的布局图形方式来说明道路、村庄、农田之间的构成关系、弧线与多曲线的融合。

72

筑物与道路，道路与停车场，停车场与花坛等一系列的关系问题，有助于设计师对整个场地的纵向关系有非常直观的了解和分析，这也是对现状的深入认识的过程，是由二维向三维转变的过程，是设计师由模糊的意想向直观的了解转变的过程（参见图3-4）。

5）反映技术方面的设计概念草图

目前艺术与科学同步进入了人类生活的方方面面，景观设计日益趋向科学的智能化、工业化、绿色生态化。这意味着设计师要不断的学习、了解相关门类的科学概念，努力将其转化到本专业中来。要提高行业的先进程度必须提高设计的技术含量。景观设计是为了提高人的生活质量，景观环境反映着人的文明生活的程度，因此把技术因素升华为美学元素和文化因素，设计师要具有把握双重概念结合的能力。技术方面的设计概念草图表达即包含正确的技术依据，又具有艺术形式的美感。技术可以涉及到景观设计的多个方面，以种植技术为例，现在所谈论的种植并非仅限于地面之上，由于新技术的运用，可在屋顶平台种植，在日本的一博览会上甚至植物已可植于房屋的表面，这类新技术的产生，打破了原有的设计方式，更是改变了人们传统的思维模式。

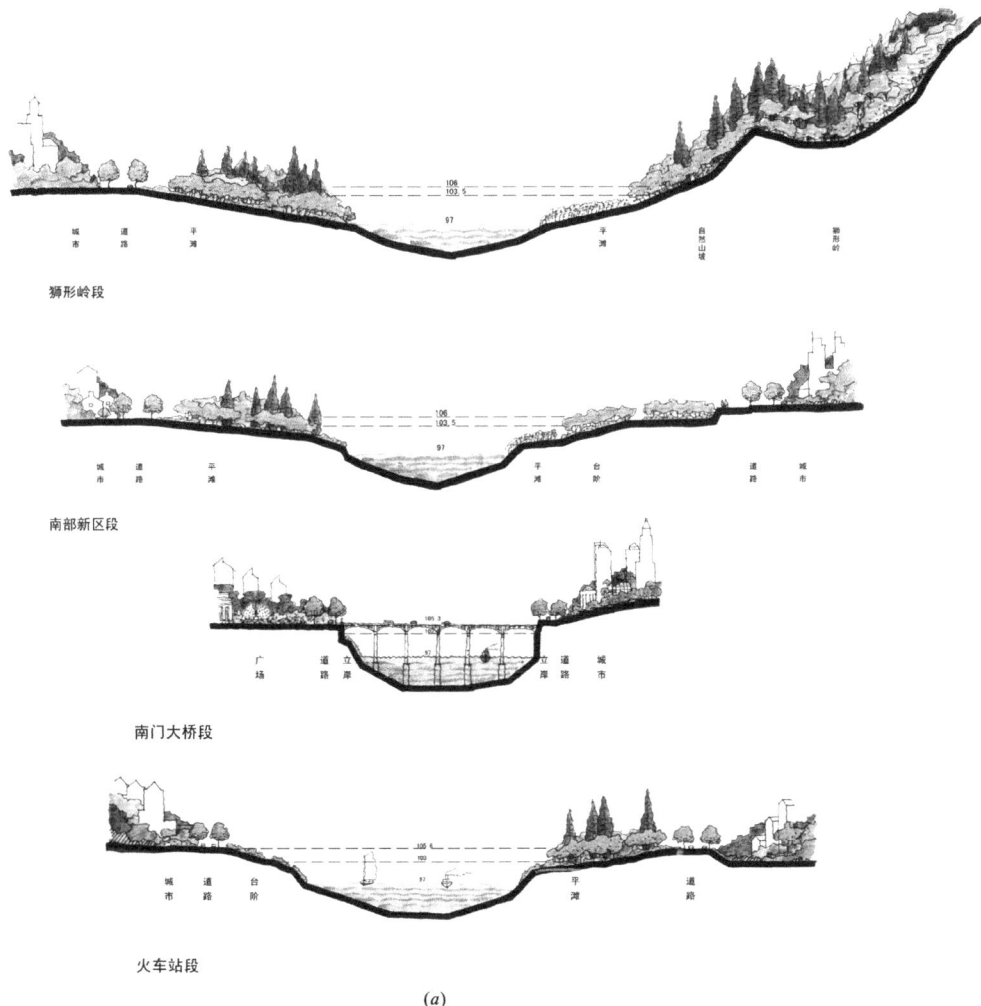

(a)

图3-4 反映高程的概念草图（一）

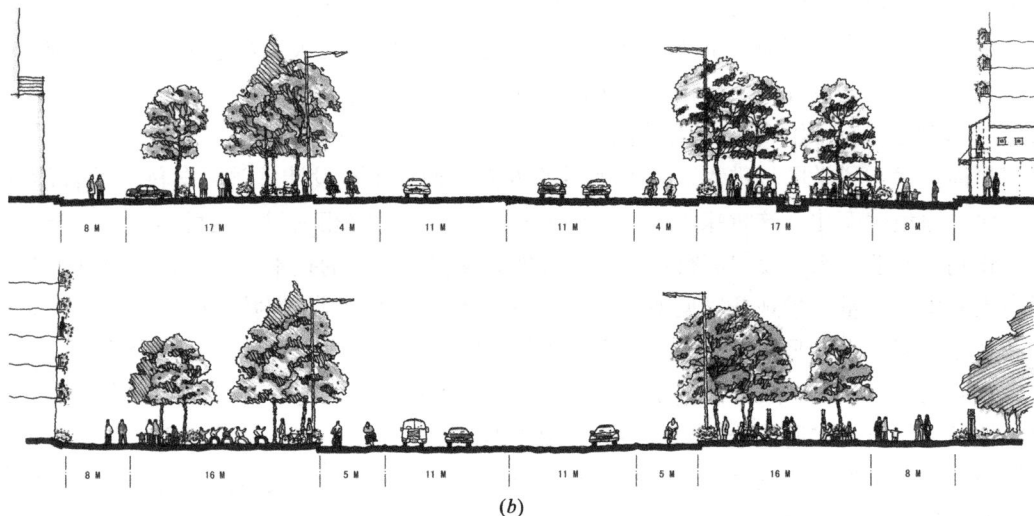

(b)

图 3-4  反映高程的概念草图（二）

图 a 中用高程关系面的概念草图来反映各物体间的空间关系。此图是黄龙滩水利发电厂厂区内的断面图，由于项目位于山区，因此在对空间的认识上，就必须通过对高程的分析，而不能仅限于平面图。图 b 中是赣州红旗大道道路景观的断面示意图，高程关系不复杂，主要是表达建筑与人行道、人行道与休闲区、休闲区与道路之间的关系，以及它们之间相互处在同一断面中所营造的气氛。

4. 图形

设计概念草图的表达图形是按交流需要划分的。现有的三种图形在项目设计中有着不同层面上交流的作用，包括了从感觉到概念，抽象到具体，象征到现实，个人到公众的行业内外可接受的惯例图形，主要有具象图形、抽象图形、象征图形。

1）具象图形：设计概念草图具象图形的表达特征用途。

（1）用具体描绘的手法直观的表达设计意图（图 3-5）。

（2）将设计师构想变成生动的情景化表达（图 3-6）。

（3）将设计图的平、立、剖深化为直观的画面表达（图 3-7）。

（4）引用与设计项目相似的实物、图片、画面支持意图表达（图 3-8）。

（5）运用各个视点、角度描绘空间与物体做验证表达（图 3-9）。

2）抽象图形：设计概念草图抽象图形的表达特征用途。

（1）设计进程是由模糊向明确的系统变化过程，在开始使用的往往是以草图的形式在进行，由于想法的不确定性，画面只是一些个人体验的脑、眼、手交流的随意符号，它仅作用于个思考的演化，是在萌生新设想，寻找火花的记录（图 3-10）。

（2）用于专业交流的设计语言是在专业内部形成的，它约定的一套有明确指认意义又高度抽象的图形，作为用设计交流的符号表达系列（图 3-11）。

（3）高度抽象的概念图形在设计过程中有着框架关系的可变性，单元体多重指向性，多种含意的表达功能（图 3-12）。

3）象征图形：设计概念草图象征图形的表达特征用途。

74

(a)

(b)

(c)

图 3-5  具体描绘手法

图 3-5 中用具体描绘的手法，对赣州红旗大道上三处主要的节点进行了详尽的描绘，使人对道路景观有了整体直观的了解，特别是整体气氛更具感染力。

(a)

(b)

图 3-6 情景化表达

图 3-6 中用流畅的线条，描绘出兴建于武汉东湖边的渡假村的景观效果，置身于其中的情景表达带有情感的渲染，也会使观者融入设计师的情感之中。

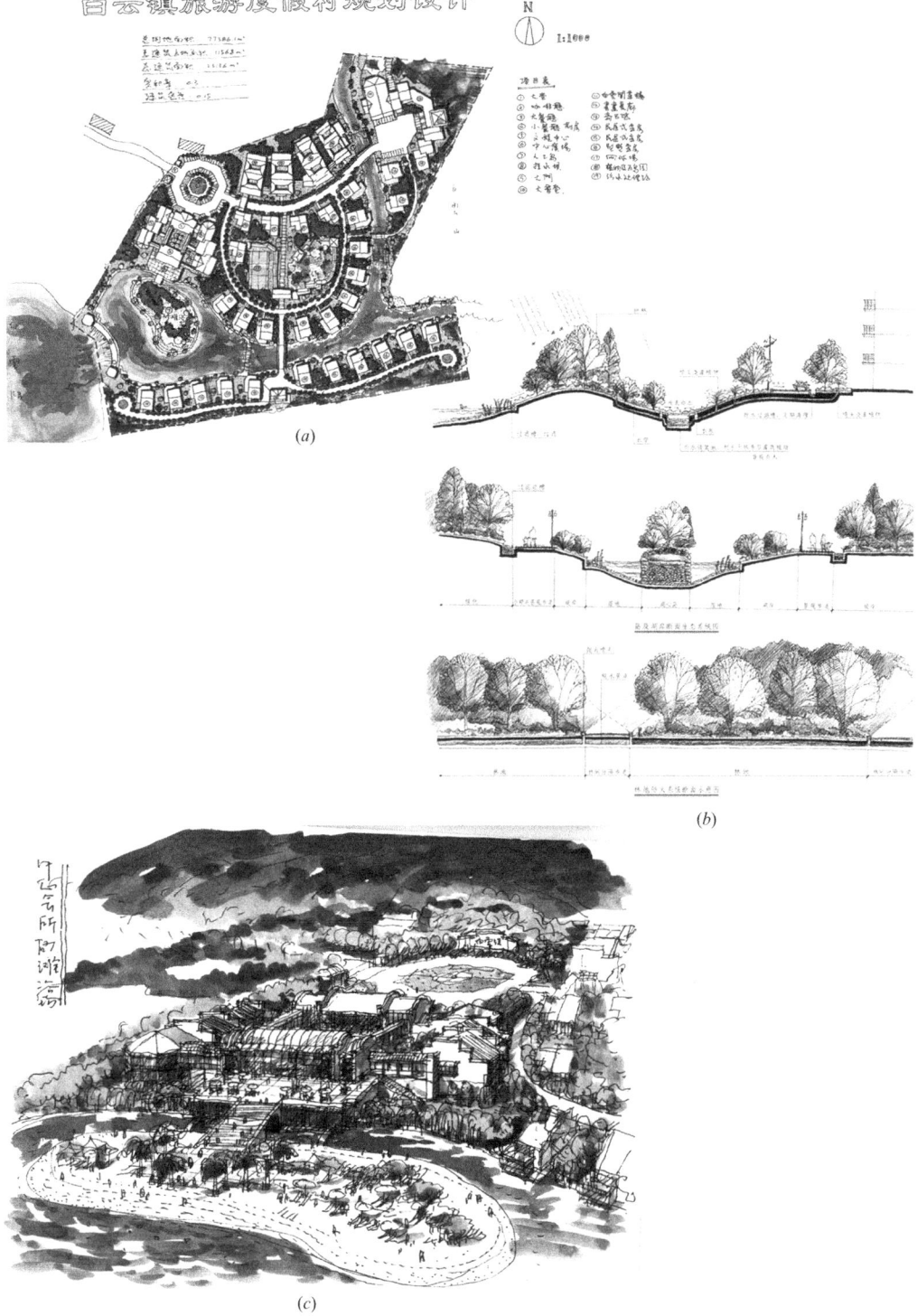

图 3-7 平、立、剖方式表达

图 3-7是白云镇旅游度假村的规划设计。作为前期的概念设计并非仅用一张总平面就能说明问题，需要通过立面、剖面、透视等多种表达方式的综合利用，建立整体的主局观才能完成的。

*(a)*

*(b)*

图 3-8  以实物、图片方式表达

图 3-8 选用的是一建筑内庭的景观照片。在前期设计中，许多业主对手绘的概念图不能完全理解，这时就应选出与设计图相类似的实景照片作为参考，帮助理解。在与业主沟通时这也是一种非常重要的方式。

象征的艺术形式是以文化和心理动机为先导指定的符号系统，象征图形在景观设计专业中占有特定的位置。由于在本专业中文化艺术因素占有主导地位，景观空间界面形态被带上文化风格深刻的烙印。老的象征和新的象征形式主义风格反映在设计概念中较为常见。为此本节专业的划分了这类图形为传统的象征和当代的象征。

（1）传统的象征手法的图形

众所周知象征主义在西方的、东方的其他各类景观形式符号各有其独自的文化含意。用象征手法和历史文脉的概念做设计是上世纪 80 年代国际盛行的模式，90 年代则在中国盛行（参见图 3-13）。

78

图 3-9　多视角验证表达

图 3-9 是珞瑜宾馆的建筑及景观改造工程。此前已谈及多图纸的综合利用问题，而这里主要是要通过多视点的描绘来表达设计想法，许多情况下，某一视角效果好，而不一定另一视角也就好，只有通过多角度反复的论证，才能获得多维的、空间的可靠结论。

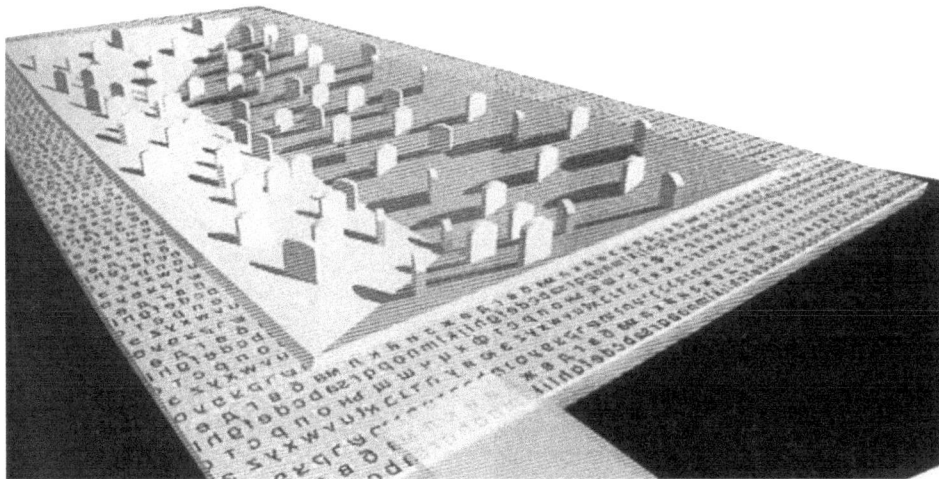

图 3-10　模糊性抽象

图 3-10 中，设计师将自己的想法转化为模型，而制作模型的过程，就是一个思考的过程，其中随着设计深度的不断推进，想法或是逐渐深入或是转变，或是产生出新的东西，虽有着一定的不可预见性但可使人的思想更为开拓。

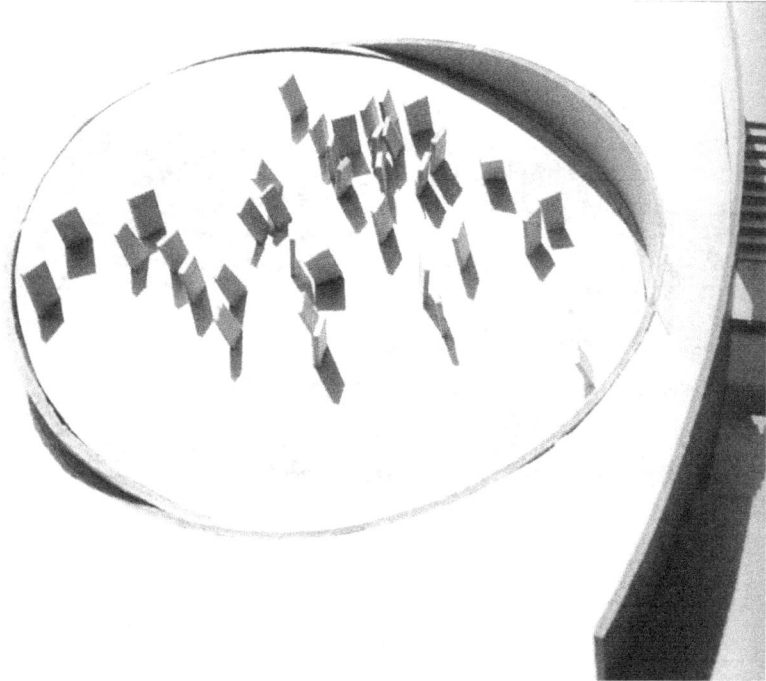

图 3-11　专业交流式抽象

图 3-11 中，除了帮助设计师自身思考以外，展出的最初模型也是同专业人员相互交流的一个载体。同一形体的展现，不同的设计师，会有不同想法，这种非趋同想法的碰撞，就会有新概念产生的可能性。

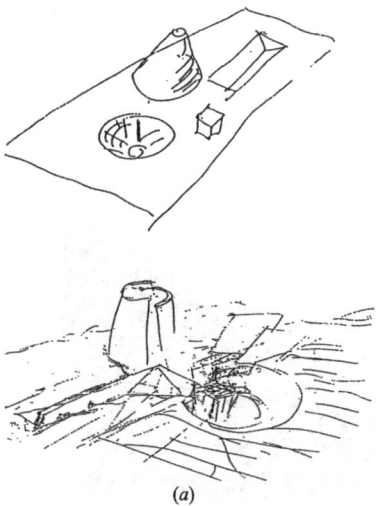

(a)　　　　　　　　　　　　　　　　　(b)

图 3-12　多重指向性抽象

图 3-12 中左边抽象图形仅是设计师模糊的一个想法、一个框架，或是一种发展方向，最终的结果还需要一个深化、演化的过程。

(a)

(b)

图 3-13　传统的象征手法

传统手法的运用主要是关注在何种环境中用怎样的表达方法。图 3-13 中为一渡假圣地水池景观,运用了当地的文化内涵加入现代的表现手法,让人来感受传统文脉。

(2) 当代象征手法的图形

　　每个时代都产生新的审美主流方式,引导着一个时代的设计文化,它来源于整个社会文化背景,国际交流背景,生产技术水平的综合背景在物质上的体现。正如当代的设计主流风格是数字化为统领的审美思潮,包含有人性化的、生态化的、走向太空的等等理想色彩。虽然设计的过程是物质技术与文化形式并重的过程,但是在追求新理想环境的途径中,从象征主义形式出发是一条快捷的设计之路 (参见图 3-14)。

(a)

(b)

(c)

图 3-14　当代象征手法

象征手法的表达更具绘画感，艺术的感染力更强，它是现实的叙述，更是情感的展现，在图3-14中表现更为突出。

（3）符号象征与颜色象征的图形（见图3-15）

5. 构想与方法

设计概念的构想是用视觉图形进行思考的过程。思维需要意象，意象中又包含着思维，把看不见的变成看得见的，思考、眼看、手画、表达、交流，在这种摸索的行为中产生创造的火花，有可能将进行很多的轮回。这历程艰辛、兴奋、模糊、奥妙。很多人试图探求一条有规律的艺术创作之路，结果发现那比艺术创作本身更为艰难。项目设计中好的概念形成是设计进程中最重要的一步，必须先行。一般来说前面有两条摸索的路，其一用理性方法的逻辑思维排列出与项目有关的相关因素，运用图形演变系统分类，分析推理来获得理想的"好概念"。另一路径是靠灵性的感悟下获得好的构想。总之，只有靠思考与动手，并进行反复交流表达时才会产生结果。

(a)

(b)

(c)

图 3-15　符号似的象征手法

**小结：**

概念设计的阶段是探讨初期的设计构想和功能关系的阶段。此阶段的图面有时称为功能示意图、计划概念图、纲要计划图，他们大多是速写或类似速写的图面。

对小的个案来说，它们通常只是利用设计者自我交谈，是一个形成进一步设计构想基础的记录；对较大或较复杂的个案，图面就可能提供与其他设计者或业主交流沟通，做初期回馈之用。这些图通常可以引发出更多的图。

景观项目中的概念设计，也是一个与业主广泛交流意见的重要阶段。一个方案的最终形成是要通过反复的交流来获得，很少是一次就能确定，那么这就需要我们用设计草图的方式来展示概念,这种表达方式能节约我们很多时间和精力,而避免做无用功。这一点在进行具体项目操作时尤为重要。当概念得到业主首肯了,方可进行下节将阐述的方案设计。

<h2 align="center">第二节　方　案　设　计</h2>

方案设计是在概念设计确定的基础上,进行深化设计的重要阶段。方案设计是用系统的方法,更为具体、详实地表达设计思想。本节将重点阐述方案设计的阶段性深度问题。

项目设计方案阶段,通常是向业主汇报设计成果,并由业主报有关政府规划部门审批。为此就要解决以下两个问题:一是将业主与设计师交流的成果用图文并茂的形式展现,这就需要用各类分析图纸、场地模型、漫游动画等多角度说明,帮助业主来理解,达到业主的要求与专业设计师的专业创意相一致。在解决这个问题的过程中,可能会遇到与业主意见有相悖之处,往往会出现在艺术追求与投资经费之间的矛盾。作为设计师而言,在遵循节约原则的同时要用自己的专业知识说服业主接受设计方案,二是要将方案成果报规划部门审批通过,方可进行下一阶段工作。其中最应注意的就是要遵循相应的国家及地方规范,设计师要合理利用规范,依照设计依据,用最为经济的方法来表达艺术价值,同时还要关注相应法规的变化趋势。虽规范在大体上不会有什么变动,但每年政府部门都会发布局部变化的相关内容。特别是对节能、环保的要求近几年有了更为详尽的规范要求,这在方案阶段的设计中都必须考虑到。

**一、方案设计文件编制的目的和特点**

方案设计文件的表述重点在于设计的基本构思及其独创性。因此,设计文件以建筑和总平面设计图纸为主,辅以各专业的简要设计说明和投资估算。与初步设计和施工图设计文件相比,其图形文件的内容和表现手法要灵活得多,可以有分析图、总平面图及单体建筑图、透视图,还可以增加模型、电脑动画、幻灯片等。目的只有一个——充分展示设计意图、特征和创新之处。

**二、方案文本的构成**

1.方案设计文件的内容与编排

一般由设计说明书、设计图纸、投资估算、透视图四部分组成。前三者的编排顺序为:

1)封面:方案名称、编制单位、编制年月。

2)扉页:可为数页。写明方案编制单位的行政和技术负责人、设计总负责人、方案设计人(以上人员均可加注技术职称),必要时附透视图和模型照片。

3)方案设计文件目录。

4)设计说明书:由总说明和各专业设计说明组成。

5)投资估算:包括编制说明、投资估算及三材估用量。简单的项目可将投资估算纳入设计说明书内，独立成节即可。

6）设计图纸：主要由总平面图和建筑专业图纸组成，必要时可增加各类分析图。

大型或重要的建设项目，可根据需要增加模型、电脑动画等。

参加设计招标（方案竞选）的工程，其方案设计文件的编制，应按招标的规定和要求执行。

2. 方案设计文件的规格与装帧

目前对此尚无统一规定，可依照当地审批部门或设计招标文件的要求确定，以下做法仅供参考。

1）简单的小型项目将投资估算纳入设计说明书内，即整个文件由设计说明书和设计图纸两篇构成。较复杂的工程宜按设计、投资估算、设计图纸而分为三篇。特别复杂的工程，每篇可酌情分册装订。

2）设计图纸的规格应尽量统一，以便整齐美观、易于翻阅。图幅可根据图纸内容的复杂程度来确定。为方便审查，可增加 A3 规格的缩印本，以及供展览、解说之用的彩色挂图（一般多为基本图和各类分析图）。

3）设计说明书多用 A3 规格，以便于与投资估算、设计图纸缩印图统一装订成册。

4）对外交付的方案设计文件，宜进行包装和美化。

### 三、方案文本的编制深度控制

1. 设计说明

1）列出与工程设计有关的依据性文件的名称和文号，包括选址及环境评估报告、地形图、项目的可行性研究报告、政府有关主管部门对立项报告的批文、设计任务书或协议书等。

2）设计所采用的主要法规和标准。

3）设计基础资料，如气象、地形地貌、水文地质、抗震设防要求、区域位置等。

4）简述建设方和政府有关主管部门对项目设计的要求，如对总平面布置、建筑立面造型等。当城市规划对建筑高度有限制时，应说明建筑、构筑物的控制高度（包括最高和最低高度限值）。

5）委托设计的内容和范围，包括功能项目和设备设施的配套情况。

6）工程规模（如总建筑面积、总投资、容纳人数等）和设计标准（包括工程等级、结构的设计使用年限、耐火等级、装修标准等）。

7）列出主要技术经济指标，如总用地面积、总建筑面积及各分项建筑面积（还要分别列出地上部分和地下部分建筑面积）、建筑基底总面积、绿地总面积、容积率、建筑密度、绿地率、停车泊位数（分室内、外和地上、地下），以及主要建筑或核心建筑的层数、层高和总高度等项指标。当工程项目（如城市居住区规划）另有相应的设计规范或标准时，技术经济指标还应按其规定执行。

8）总平面设计说明：

（1）概述场地现状特点和周边环境情况，详尽阐述总体方案的构思意图和布局特点，以及在竖向设计、交通组织、景观绿化、环境保护等方面所采取的具体措施。

（2）关于一次规划、分期建设，以及原有建筑和古树名木保留、利用、改造（改建）方面的总体设想。

2. 设计图纸

1）场地的区域位置。

2）场地的范围（用地和建筑物各角点的坐标或定位尺寸、道路红线）。

3）场地内及四邻环境的反映（四邻原有及规划的城市道路和建筑物、场地内需保留的建筑物、古树名木、历史文化遗物、现有地形与标高、水体、不良地质情况等）。

4）场地内拟建道路、停车场、广场、绿地及建筑物的布置，并表示出主要建筑物与用地界线（或道路红线、建筑红线）及相邻建筑物之间的距离。

5）拟建主要建筑物的名称、出入口位置、层数与设计标高、以及地形复杂时主要道路、广场的控制标高。

6）指北针或风玫瑰图、比例。

7）根据需要绘制下列反映方案特性的分析图：

功能分区、空间组合及景观分析、交通分析（人流及车流的组织、停车场的布置及停车泊位数量等）、地形分析、绿地布置、日照分析、分期建设等。

3. 投资估算

1）投资估算编制说明资料

（1）编制依据。

（2）编制方法。

（3）编制范围（包括和不包括的工程项目与费用）。

（4）主要技术经济指标。

（5）其他必要说明的问题。

2）投资估算表

投资估算表应以一个单项工程为编制单元，由土建、给排水、电气、暖通、空调、动力等单位工程的投资估算和土石方、道路、广场、围墙、大门、室外管线、绿化等室外工程的投资估算两大部分内容组成。

在建设单位有可能提供工程建设其他费用时，可将工程建设其他费用和按适当费率取定的预备费列入投资估算表，汇总成建设项目的总投资。

**四、实例示范**（见图 3-16 至图 3-32）

以下所选用的图片仅为此项目的部分典型图纸，主要就是要说明作为方案阶段应提供的图纸及其深度。方案图纸得到业主认可，并通过了政府规划部门审批后，就可以展开下一阶段的工作，即施工图的设计。

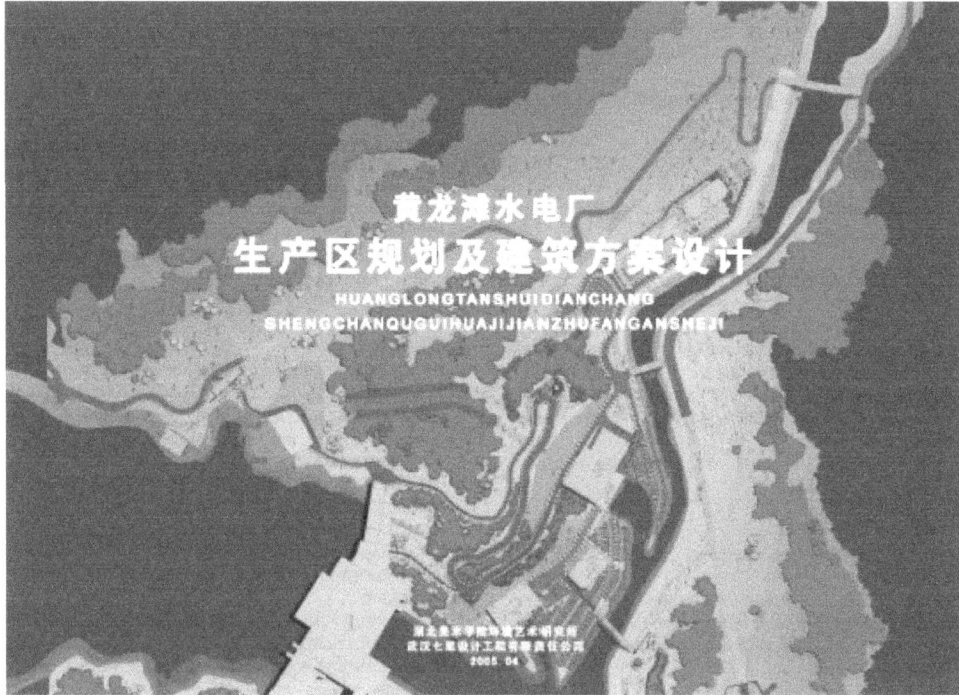

图 3-16　封面

封面说明包括项目名称、设计单位及日期即可。

# 目录

**首页**

1. 图纸目录
2. 设计说明
3. 材料用法表

**一. 总图**

1-1. 总平面图
1-2. 鸟瞰图
1-3. 竖向分析图
1-4. 建筑定位图
1-5. 植物配置图
1-6. 景观系统分析图
1-7. 交通系统分析图
1-8. 旅游景观、景点分析示意图
1-9. 旅游配套设施示意图—坐椅
1-10. 旅游配套设施示意图—垃圾桶
1-11. 旅游配套设施示意图—指示牌
1-12. 旅游配套设施示意图—照明

**二. 建筑设计**

2-1-1. 新厂区总平面图（方案一）
2-1-2. 新厂区总平面图（方案二）
2-2-1. 新厂区鸟瞰图（方案一）
2-2-2. 新厂区鸟瞰图（方案二）
2-3-1. 新厂区透视图（方案一）
2-3-2. 新厂区透视图（方案二）
2-3-3. 新厂区立面图（方案一）
2-3-4. 新厂区立面图（方案二）
2-4. 水电博物馆
2-4-1. 一层平面图
2-4-2. 二层平面图
2-4-3. 屋顶平面图
2-4-4. 剖面图
2-4-5. 平面功能示意图
2-4-6. 立面图
2-4-7. 建筑细部图
2-5. 生产管理楼
2-5-1. 一层平面图
2-5-2. 二层平面图
2-5-3. 三层平面图
2-5-4. 四层平面图
2-5-5. 屋顶平面图
2-5-6. 剖面图
2-5-7. 平面功能示意图
2-5-8. 立面图
2-5-9. 建筑细部图
2-6. 机修车间、生产仓库、化工仓库
方案一
2-6-1. 一层平面图
2-6-2. 二层平面图
2-6-3. 屋顶平面图
2-6-4. 剖面图
2-6-5. 平面功能示意图
2-6-6. 立面图
2-6-7. 建筑细部图
方案二
2-6-8. 一层平面图
2-6-9. 二层平面图
2-6-10. 屋顶平面图
2-6-11. 剖面图
2-6-12. 平面功能示意图
2-6-13. 立面图
2-6-14. 建筑细部图
2-7. 旅客服务中心
2-7-1. 透视图
2-7-2. 立面图

**三. 景观设计**

3-1. 樱花径
3-1-1. 透视图
3-1-2. 平面图
3-1-3. 道路断面图1
3-1-4. 道路断面图2
3-1-5. 樱花径大样图
3-1-6. 边沟断面示意图
3-1-7. 木栈台断面示意图
3-2. 地景园
3-2-1. 鸟瞰图
3-2-2. 平面图
3-2-3. 断面示意图
3-2-4. 木栈台平面示意图
3-3. 生态绿岛
3-3-1. 透视图
3-3-2. 平面图
3-3-3. 生态绿岛大样图
3-4. 盆景园
3-4-1. 透视图
3-4-2. 平面图
3-4-3. 断面示意图
3-5. 观澜台
3-5-1. 透视图
3-5-2. 平面图
3-5-3. 断面示意图
3-6. 樱花堤
3-6-1. 透视图
3-6-2. 平面图
3-6-3. 断面示意图
3-7. 望滩亭
3-7-1. 透视图
3-7-2. 平面图
3-7-3. 木亭大样图
3-8. 水云台
3-8-1. 透视图
3-8-2. 平面图
3-8-3. 水云台大样图
3-9. 坝前至码头200米区
3-9-1. 平面图
3-9-2. 断面示意图

**四. 配套设施**

4-1-1. 垃圾桶、指示牌、休息椅
4-1-2. 指示牌

图 3-17　目录

图 3-17 为目录页，由于此方案包括建筑与景观。因此，可将图纸分类，在目录中加以说明。

## 设计说明

**一. 设计依据:**

1. 十堰市九龙置业有限公司委托设计任务书;
2. 建设单位提供的用地红线图 (1:2000);用地地形图 (1:500);部分已建筑物建筑图;
3. 与本工程有关的国家现行技术规范、规定。

**二. 工程概况:**

1. **工程名称:**
   黄龙滩水电站景观规划及建筑方案设计。
2. **工程概况:**
   本项目位于黄龙滩水电站厂区内,黄龙滩水电站位于十堰市郊区,距十堰市中心3公里,316国道穿过厂区。厂区地形属于低山和峡谷地貌,海拔十余160~450米之间,有大峡沟、小峡沟同堵河交汇,流向自西向东,气候温和,气候资源垂直变化明显,年均气温15.4℃,年降水量1100毫米左右。年日照平均为1620~1990小时,区内植物茂盛,是居民休闲度假的好地方。
   堵河是十堰市最大河流,全长338.6公里,黄龙水库面积32平方公里,库容量10.15亿立方米,库区群山叠翠,水质较好,达到国家二级标准,是十堰市居民的饮用水源。
   本工程建筑属二级耐久年限,一级耐火等级,抗震烈度8度,不设防空地下室。

**三. 设计理念**

**A. 景观设计**

   本规划设计强调以黄龙滩水电站为核心的电厂工业旅游景观特征,并遵循以下五大规划原则:

1. **经济性:** 充分利用厂区内场地条件,减少投入成本。
   (1) 保留和充分利用原有地形和植被,创造富有特色的工业旅游景观。
   (2) 减少维护成本,除核心部位的景观,大面积为自然绿化,充分利用自然资源,不做维护本很高的设计。

2. **生态性:** 因地制宜,本地生物群落。
   (1) 充分利用本地生长的植物类型,以适应本地生长。
   (2) 选择当地山石进行边沟、路牙处理,与周边环境协调一致。
   (3) 对于大面积山体创面,实施自然恢复的方式,产生绿化效果。
3. **功能性:** 创造具有实用价值的旅游、休闲空间,在游览线路的节点位置设置供游人停留、休息、观景的绿色空间。
4. **文化、审美性:** 本设计没有借用古典园林风格,而是利用本土植物、当地石材、自然水景,提供自然之美、平常之美,通过这些平常被人忽视的材料,来传达时代的审美观和价值观,唤起人对自然的尊重,培养环境意识。
5. **地域、场所性:** 尊重当地的气候、水文、地形特征,创造绿色、自然的旅游景观。

**B. 建筑设计**

1. **功能分区和平面构成**
   (1) 新厂区建筑群座落于二级台地上,建筑群呈"一"字形布局,层层台高。
   (2) 建筑分五大体部:
      水电博物馆:地上二层,为具有旅游、科普价值的电厂展示空间。
      生产管理楼:地上四层,为电厂的行政、管理空间。
      机修车间及生产仓库:地上三层。
      化工仓库:地上一层,具有严格的工艺要求。
      小水电站及门房:地上一层。
2. **柱网选择及构造处理**
   (1) 基本开间和进深为7.8米×6米,8米×8米。
   (2) 结构柱网规律性较强,但层高及房间划分有较大灵活性。
3. **建筑造型风格**
   设计力求表现出电厂现代的工业建筑风格,通过高低错落的体块,简洁的细部,虚实对比的立面形态体现现代建筑之美。
   建筑外墙装饰以当地石片为主,结合钢材、玻璃,突出立面的虚实对比效果。

图 3-18　设计说明

设计说明重点要突出条理性;项目的概况、设计的依据、设计理念等,用最简洁的语言加以概括。

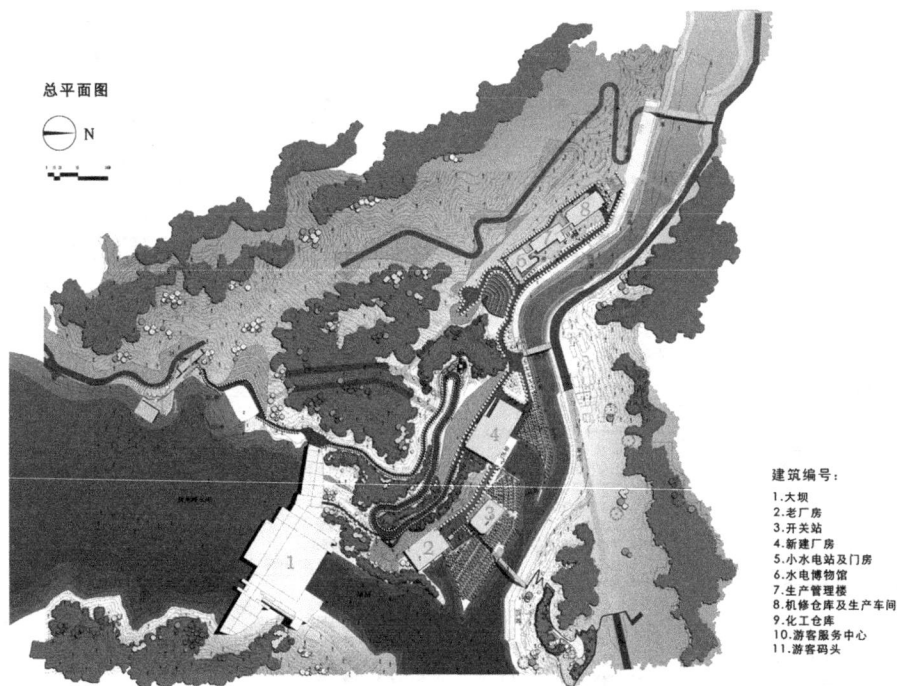

总平面图

N

建筑编号:
1. 大坝
2. 老厂房
3. 开关站
4. 新建厂房
5. 小水电站及门房
6. 水电博物馆
7. 生产管理楼
8. 机修仓库及生产车间
9. 化工仓库
10. 游客服务中心
11. 游客码头

图 3-19　总平面图

总平面图对整个厂区大的功能分区情况,辅以文字加以说明。使观者先对整个厂区有个全局的了解。

图 3-20　鸟瞰图

鸟瞰图将总平面二维图形转换为三维效果，有助于对项目总体风貌更充分的了解。

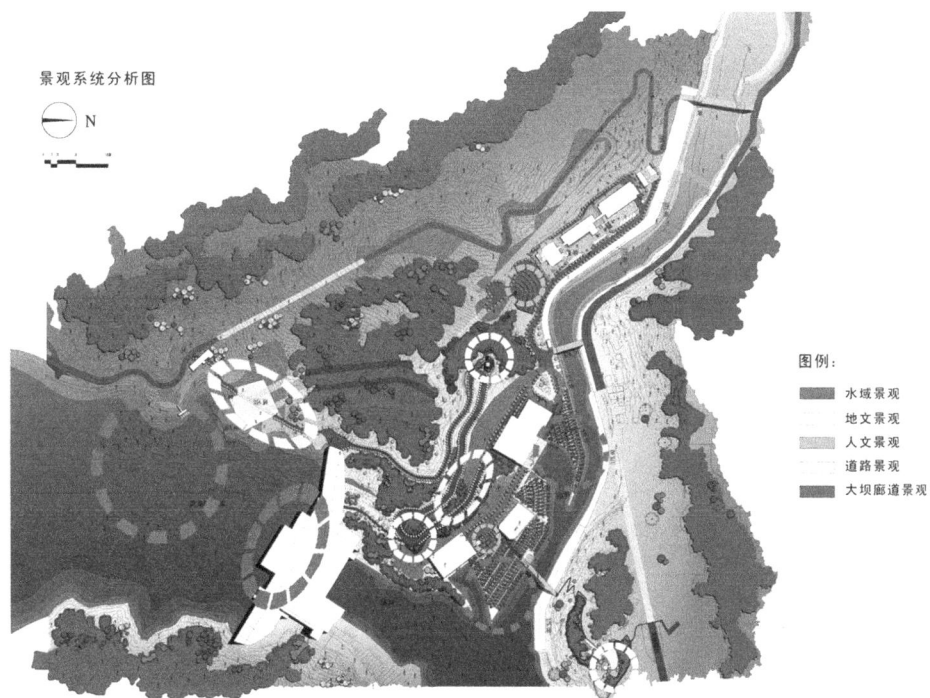

景观系统分析图

N

图例：
- 水域景观
- 地文景观
- 人文景观
- 道路景观
- 大坝廊道景观

图 3-21　景观系统分析图

景观系统分析图是用不同的颜色来划分厂区内的 5 大景观区域，也可以说是重点的设计区域。通过强化这些景观点来突出带有旅游性的工业景观效果。

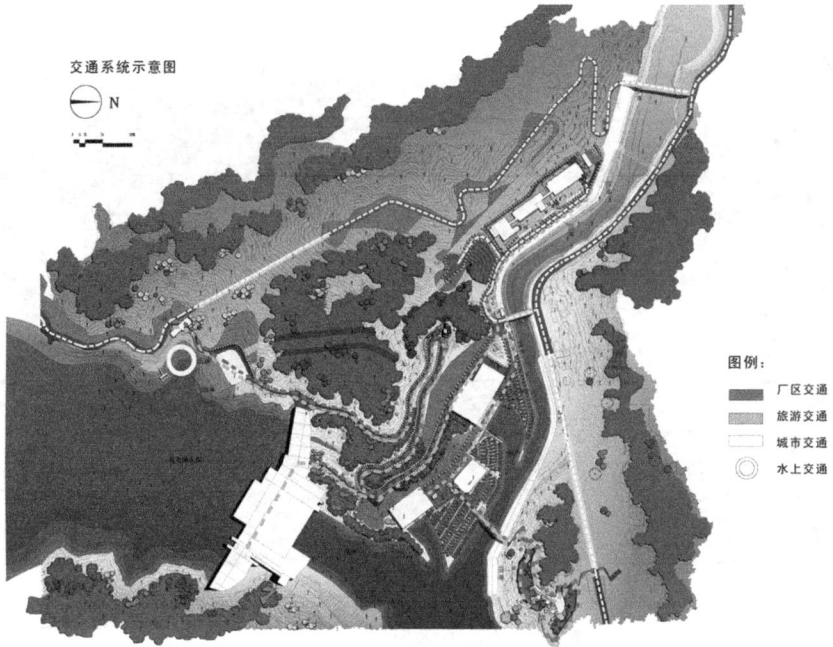

交通系统示意图

图3-22 交通系统分析图

交通系统分析图是将前面点状的区域，用便捷、合理的线性交通联系在一起，并根据其不同的属性分为厂区交通、旅游交通、城市交通和水山交通五种方式。

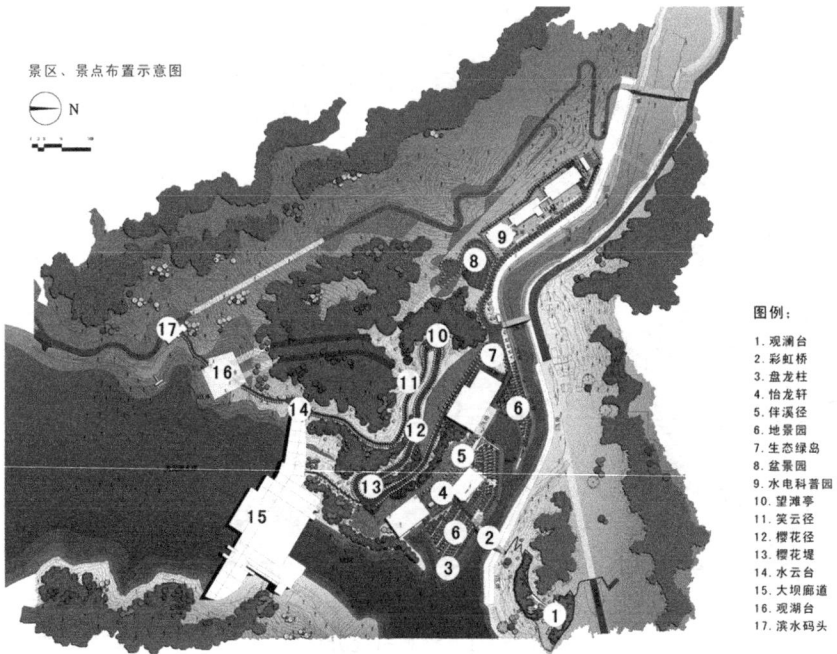

景区、景点布置示意图

图例:
1. 观澜台
2. 彩虹桥
3. 盘龙柱
4. 怡龙轩
5. 伴溪径
6. 地景园
7. 生态绿岛
8. 盆景园
9. 水电科普园
10. 望滩亭
11. 笑云径
12. 樱花径
13. 樱花堤
14. 水云台
15. 大坝廊道
16. 观湖台
17. 滨水码头

图3-23 景点分布示意图

景点分布图主要是针对厂区准备开发成工业景观旅游的这个理念而设置的，其中有的是现有景点，有的是需改造和新设置的景点，这些都可在此图中用标号的方式表达。

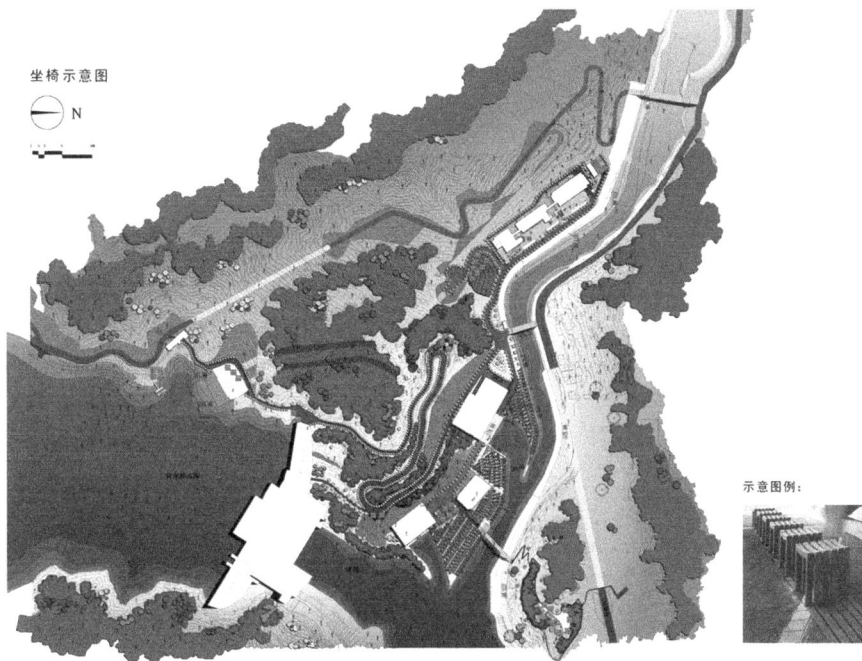

图 3-24　配套设备示意图 1

配套设备示意图是将厂区内必备的公共设施根据设计原则布于总图之上。设施主要服务于人，因此在设计上一定要满足人的需求。设施包括休息椅、垃圾箱、道路标识牌等，分别用不同的颜色设置于总图上。

图 3-25　配套设备示意图 2

垃圾桶主要设置于行人出入较多的地方，间隔 50m 一个，形式应适宜于山区的整体气氛。

图 3-26　配套设备示意图 3

标识牌主要有指引和说明两个方面的作用，因此它应设置在主要交通路口和路线复杂的地方及景点区域。

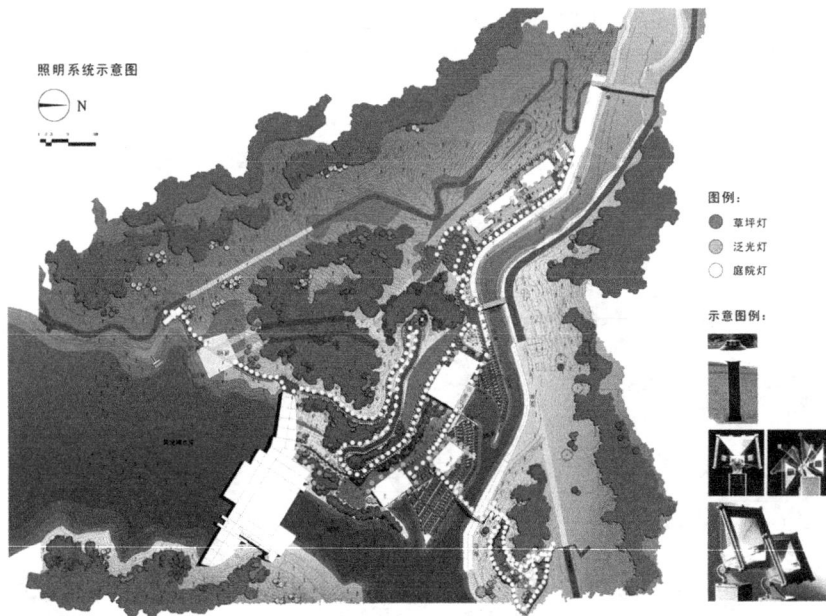

图 3-27　灯光布置示意图

灯光布置示意图主要是对厂区中三种照明方式进行说明。庭院灯高约 3.5m~4.5m，设置于主要步道两侧；草坪灯设置于幽静的小路一侧；泛光灯主要对重点的景观点进行局部照明。考虑节约的因素，在灯光的控制上，采用了分时照明系统，即普通照明、节日照明、安全照明三种方式，普通照明一般为 7：00~22：00 人员出入较多时；节日照明是在有重大庆典或节假日时将泛光灯等景观照明系统全部打开；安全照明是在 22：00 点以后，人员不多时，只保证基本的照明要求。

说明:
1. 樱树林间植深山含笑、紫叶李等等。
2. 排水沟设叠级水源。
3. 挡土坡面饰片石，坡顶种植麦冬草和云南黄馨、紫叶李等植物，绿化层次丰富。

图 3-28 樱花径透视图

道路局部透视图主要用于说明游人置身于其中的感受。

说明:
1. 拆除建筑后的平台作为游客的观景、休闲平台。
2. 尾水渠处作为地景园设计，间植柳树和衫树营造出植物的纹理效果。
3. 尾水渠端头作硬质铺地处理，提供游客的观赏、取景空间。

图 3-29 地景园鸟瞰图

本图为二次发电区的局部鸟瞰图，与总的鸟瞰图相比，细节表达得更为详尽。

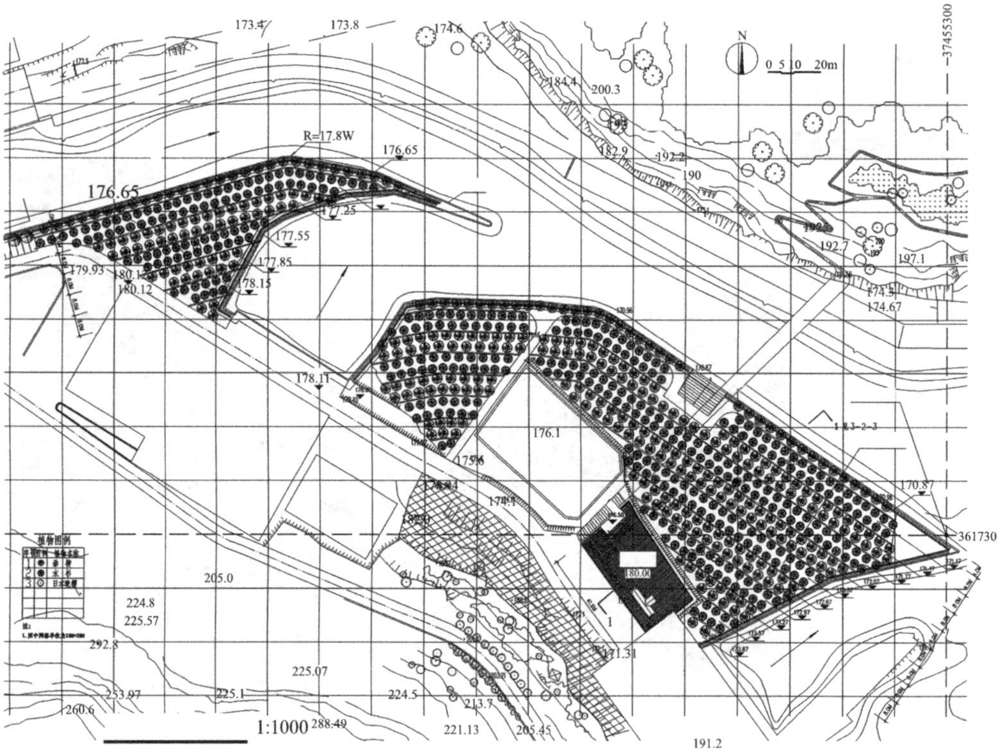

图 3-30　地景园总平面图

地景园总平面图是作为重点设计的区域，用网格对不规则形进行定位；用标高标出场地的竖向关系，并局部用相应的文字进行说明。

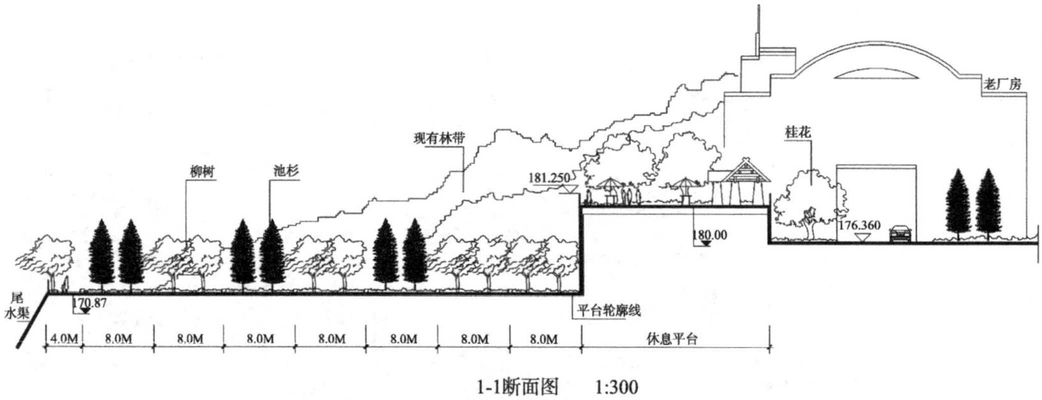

图 3-31　地景园断面图

仅用平面不能完整地说明地景园的高程问题，就需要用断面的表达方式来对竖向关系加以说明。

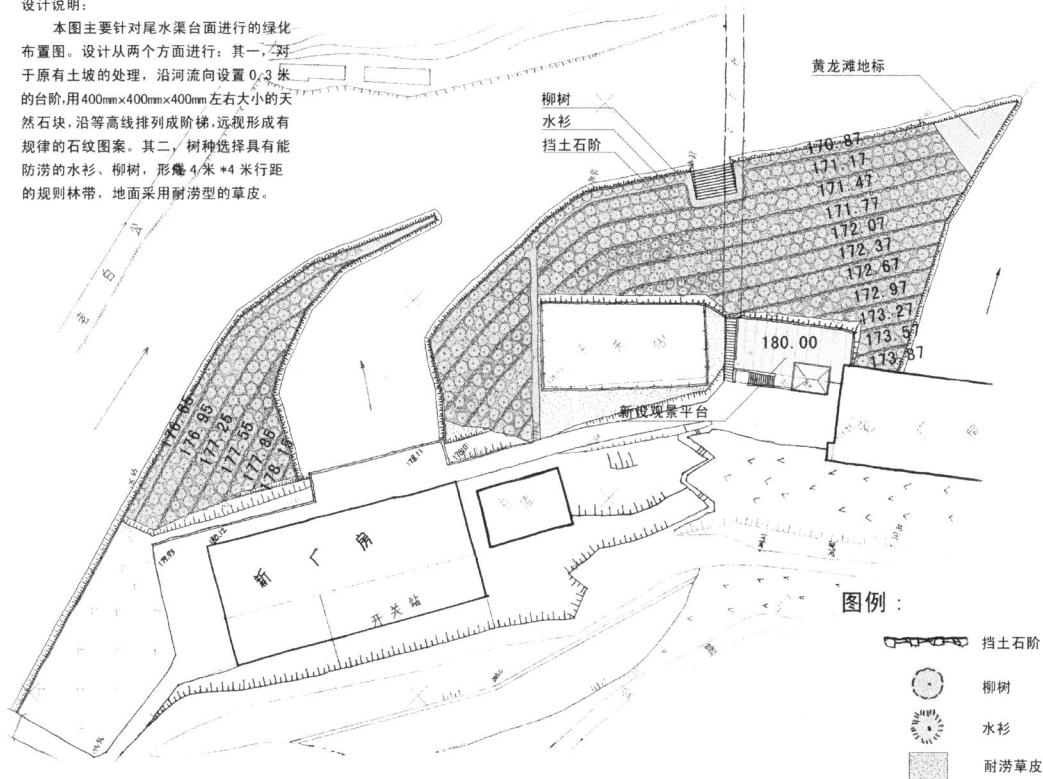

設計说明:

　本图主要针对尾水渠台面进行的绿化布置图。设计从两个方面进行:其一,对于原有土坡的处理,沿河流向设置0.3米的台阶,用400mm×400mm×400mm左右大小的天然石块,沿等高线排列成阶梯,远视形成有规律的石纹图案。其二,树种选择具有能防涝的水衫、柳树,形成4米﹡4米行距的规则林带,地面采用耐涝型的草皮。

黄龙滩地标

柳树
水衫
挡土石阶

图例:

挡土石阶
柳树
水衫
耐涝草皮

图 3-32　地景园绿化布置图

本图是针对重点的景观区域进行绿化布置,用不同的树形图例来表达不同树种,并利用山地的形态,有序列地进行分级布置,形成丛生绿化景观效果。

# 第三节　施工图设计

## 一、施工图设计文件编制的目的和特点

施工图是设计的最终"技术产品",是进行建筑施工的依据,对建设项目建成后的质量及效果有相应的技术与法律责任。因此,常说"必须按图施工",未经原设计单位的同意,任何个人和部门不得擅自修改施工图纸,经协商或要求后,同意修改的也应由原设计单位编制补充设计文件,如变更通知单、变更图、修改图等,与原施工图一起形成完整的施工图设计文件,并应归档备查。

作为项目设计最后阶段的施工图设计,是从事相对微观、定量和实施性的设计。如果说方案和初步设计的重心在于确定想做什么,那么施工图设计的重心则在于如何做。因此,施工图设计犹如先在纸上盖房子,必须件件有交待,处处有依据。

根据所设计的方案,结合各工种的要求分别绘制出能具体、准确地指导施工的各种图面,这些图面应能清楚、准确地表示出各项设计内容的尺寸、位置、形状、材料、种类、数量、色彩以及构造和结构,施工图设计要完成施工平面图、地形设计图、种植平面图、

园林建筑施工图等。

## 二、施工图文本的构成

施工图设计文件包括：

1）合同要求所涉及的所有专业的设计图纸以及图纸总封面。

2）合同要求的工程预算书。

注：对于方案设计后直接进入施工图设计的项目，若合同未要求编制工程预算书时，施工图设计文件应包括工程概算书。

3）封面应标明以下内容：

（1）项目名称；

（2）编制单位名称；

（3）项目设计编号；

（4）设计阶段；

（5）编制单位法定代表人、技术总负责人和项目总负责人的姓名及其签字或授权盖章；

（6）编制年月（即出图年、月）。

4）在施工图设计阶段，总平面专业设计文件应包括图纸目录、设计说明、设计图纸、计算书。

5）图纸目录。

应先列新绘制的图纸，后列选用的标准图和重复利用图。

## 三、施工图文本的深度控制

1. 设计说明

一般工程分别编制在有关的图纸上，如重复利用某工程的施工图图纸及其说明时，应详细注明其编制单位、工程名称、设计编号和编制日期，并列出主要技术经济指标表。

2. 设计图纸

1）总平面图

（1）保留的地形和地物。

（2）总体测量坐标网、坐标值。

（3）场地四界的测量坐标（或定位尺寸），道路红线和建筑红线或用地界线的位置。

（4）场地四邻原有及规划的道路的位置（主要坐标值或定位尺寸）以及主要建筑物和构筑物的位置、名称、层数。

（5）建筑物、构建筑（人防工程、地下车库、油库、贮水池等隐蔽工程以虚线表示）的名称或编号、层数、定位（坐标或相互关系尺寸）。

（6）广场、停车场、运动场地、道路、无障碍设施、排水沟、挡土墙、护坡的定位（坐标或相互关系）尺寸。

（7）指北针或风玫瑰图。

（8）建筑物、构筑物名称使用编号时，应列出"建筑物和构筑物名称编号表"。

（9）注明施工图设计的依据、尺寸单位、比例、坐标及高程系统（如为场地建筑坐标网时，应注明与测量坐标网的相互关系）、补充图例等。

2）竖向布置图

（1）场地测量坐标网、坐标值。

（2）场地四邻的道路、水面、地面的关键性标高。

（3）建筑物、构筑物名称或编号、室内外地面设计标高。

（4）广场、停车场、运动场地的设计标高。

（5）道路、排水沟的起点、变坡点、转折点和终点的设计标高（路面中心和排水沟顶及沟底）、纵坡度、纵坡距、关键性坐标，道路表明双面坡或单面坡，必要时标明道路平曲线及竖曲线要素。

（6）挡土墙、护坡或土坎顶部和底部的主要设计标高及护坡坡度。

（7）用坡向箭头表明地面坡向，当对场地平整要求严格或地形起伏较大时，可用设计等高线表示。

（8）指北针或风玫瑰图。

（9）注明尺寸单位、比例、补充图例等。

3）土方图

（1）场地四界的施工坐标。

（2）设计的建筑物、构筑物位置（用线虚线表示）。

（3）20m×20m 或 40m×40m 方格图及其定位（方格大小可根据场地大小相应调整），各方格点的原地面标高、设计标高、填挖高度、填区的分界线，各方格土方量、总土方量。

（4）土方工程平衡表（见表 3-1）

**土方工程平衡表**　　　　　　　　　　　　　　　　表 3-1

| 序号 | 项目 | 土方量（M³） | | 说明 |
|---|---|---|---|---|
| | | 填方 | 挖方 | |
| 1 | 场地平整 | | | |
| 2 | 室内地坪填土和地下建筑物、构筑物挖土、房屋及构筑物基础 | | | |
| 3 | 道路、管线地沟、排水沟 | | | 包括路堤填土、路堑和路槽挖土 |
| 4 | 土方损益 | | | 指土壤经过挖填后的损益数 |
| 5 | 合计 | | | |

注：表列项目随工程内容而增减。

4）管道综合图

（1）总平面布置。

（2）场地四界的施工坐标（或注尺寸）、道路红线及建筑红线或用地界线的位置。

（3）各管线的平面布置，注明各管线与建筑物、构筑物的距离和管线间距。

（4）场外管线接入点的位置。

（5）管线密集的地段宜适当增加断面图，表明管线与建筑物、绿化之间及管线之间的距离，并注明主要交叉点上下管线的标高或间距。

（6）指北针。

5）绿化及建筑小品布置图

（1）总平面绿化布置图。

（2）绿地（含水面）、人行步道及硬质铺地的定位。

（3）建筑小品的位置（坐标或定位尺寸）、设计标高、详图索引。

（4）指北针。

（5）注明尺寸、单位、比例、图例、施工要求等。

6）详图

道路横断面、路面结构、挡土墙、护坡、排水沟、池壁、广场、运动场地、活动场地、停车场地面详图等。

3. 设计图纸的增减

1）当工程设计内容简单时，竖向布置图与总平面图合并。

2）当路网复杂时，可增绘道路平面图。

3）土方图和管线综合图可根据设计需要确定是否出图。

4）当绿化或景观环境另行委托设计时，可根据需要绘制绿化及建筑小品的示意性和控制性布置图。

4. 计算书（供内部使用）

设计依据、简图、计算公式、计算过程及成果资料均作为技术文件归档。

**四、实例示范**（见图 3-33 至图 3-42）。

实例为木兰湖七星岛渡假村环境改造的施工图。其中选取了较为典型的图纸来说明在施工图设计中应注意的问题。施工图最主要目的就是要提供给施工方进行施工，因此它对图纸的要求就更为详细、具体。

# 设计说明

一、设计依据

1. 甲方通过的设计方案
2. 国家现行相应规范

二、标　高

1. 本工程标高采应绝对标高，均以就近面标高为参考；本图中除标高以米计外其余均以毫米计。
2. 本设计对于设计要求较高，特别是地形起伏成自然，顺畅的缓坡。

三、铺装说明：

1. 本工程中，路面铺装见相应铺装图，按该产品施工，注意与相邻道路、铺黄地的衔接，要求平整美观。
2. 园路基础要求稳定，如遇软基础，则用夯实紧密等方法进行加工处理。
3. 道路施工顺序：先基础、后侧石、最后铺装。
4. 图中铺装为特别注明处，所有广场铺装地混凝土层均内配 $\phi$8钢筋，双向中距@200
5. 6米道路每20M做伸缝，从砼基层断开，每5M做缩缝，面层断开，伸缩缝宽15，用硅酮密封胶铅缝。
6. 反是水池均做防水处理，水泥砂浆渗5%防水剂

四、绿化种植工程：

1. 绿地内应回填含腐植较高的砂性耕作土，切忌回填建筑渣土。凡穿越绿地之管地莫如遇乔木处，应埋深1.5米以下，若无法埋深，则应绕行，以保证管线安全、并利栽种和植物生长。
2. 本工程中，色叶花灌木采用密集性和植方法，适当整形修剪。为达到最佳效果植物景观，实际乔木植位置根据实地空间景观效果，在现场定位，放样。
3. 植物和植时应讲究艺术性，注重里面构图，色彩搭配，为尽快达到设计效果，苗木宜大不宜小，如苗木达不到要求规格时，应增加苗木数量。对于一时难以采购到的苗木，可用色彩、造型相近的苗木替换。所种苗木带土球种植，并适当释放磷肥，以促进植物根系生长发育。
4. 绿化工程应至少养护管理一年，达到一定的植物景观效果，经由设计部门参与验收合格后，方可交与甲方。
5. 选苗要有生势，生长无病害者，特别注重姿态美。种植应讲究艺术性，疏密有致，高低错落。

五、构筑物材料：(图中已注明者按图中，应用标准图者按标准图说明)

1. 金属类

1) 钢材：型钢及板材用C235钢。

2) 钢筋：直径《10时用Ⅰ级钢筋( $\phi$)；直径>10时用Ⅱ级钢筋( $\phi$)

3) 焊条：Ⅰ级钢用E43，Ⅱ钢用E50。

2. 混凝土：1.) 垫层为C10;

2.) 本设计的钢筋砼构件相应施工图

3. 沙浆标号毛石及砖砌体均采用M5水泥沙浆。

六、相关工程说明详见各专业施工图。

七、所有外露木件均防腐处理，桐油两度。所有外露铁件均红丹底，防锈漆两度，面层详单项。

八、造景工程水电由专业公司进行设计施工。

九、所有尺寸均以详图为准。

十、本工程中，除图中注明外，均按有关现行施工规范执行。饰面用材及涂料颜色须经领导、设计人员确定后，方能大量进料、施工。

十一、竖向，草坪找0.5%坡，排向最近雨水收集口或边沟。

十二、所有未著名踏步做法详98E、J901-8-⑬

木兰湖七星岛渡假村环境改造

图 3－33　施工图设计说明

施工图的设计说明不同于方案图，它更强调制作工艺、选用的材料及工程做法的要求，而对设计理念之类的介绍几乎没有。图 3－33 说明了铺装的材料及做法、绿化种植的注意事项和构筑物建造材料及规格，这些都有利于后期施工过程中与设计意图相配合，能更为详实地说明问题。

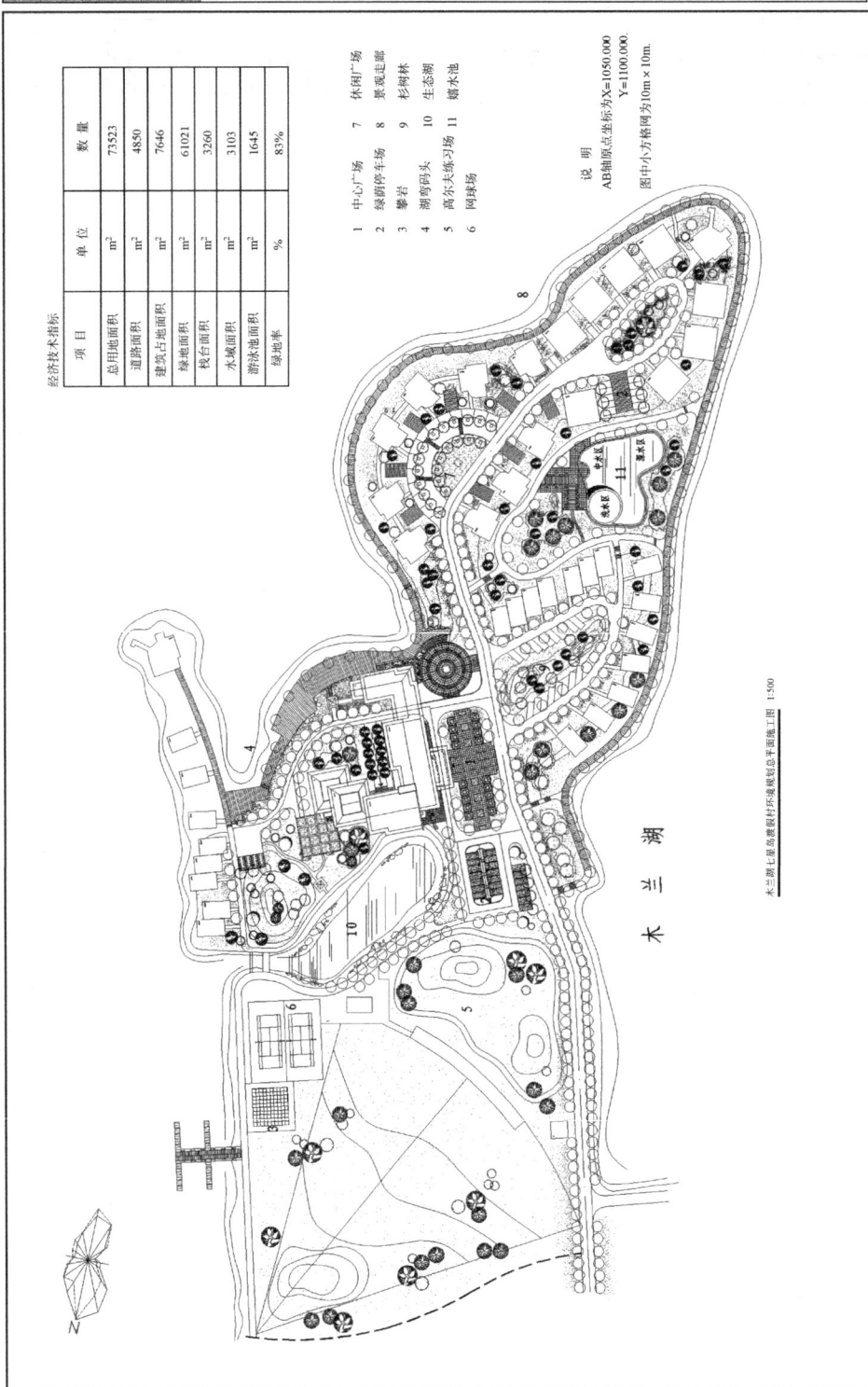

木兰湖七星岛渡假村环境改造

经济技术指标

| 项 目 | 单 位 | 数 量 |
|---|---|---|
| 总用地面积 | m² | 73523 |
| 道路面积 | m² | 4850 |
| 建筑占地面积 | m² | 7646 |
| 绿地面积 | m² | 61021 |
| 枝台面积 | m² | 3260 |
| 水域面积 | m² | 3103 |
| 游泳池面积 | m² | 1645 |
| 绿地率 | % | 83% |

1 中心广场
2 绿荫停车场
3 攀岩
4 湖湾码头
5 两尔夫练习场
6 网球场
7 休闲广场
8 景观连廊
9 杉树林
10 生态湖
11 嬉水池

说 明
AB轴顶点坐标为X=1050.000
　　　　　　　Y=1100.000.
图中小方格网为10m×10m.

木兰湖七星岛渡假村环境规划总平面施工图 1:500

图3－34 总平面布置图

图3－34为七星岛渡假村的总平面图，主要是将各种技术指标加以精确计算，特别是作为景观设计中的道路面积、硬质铺面面积、绿化面积等，这有利于业主进行投资估算。其次要将各功能区域标注清楚。

木 兰 湖

100

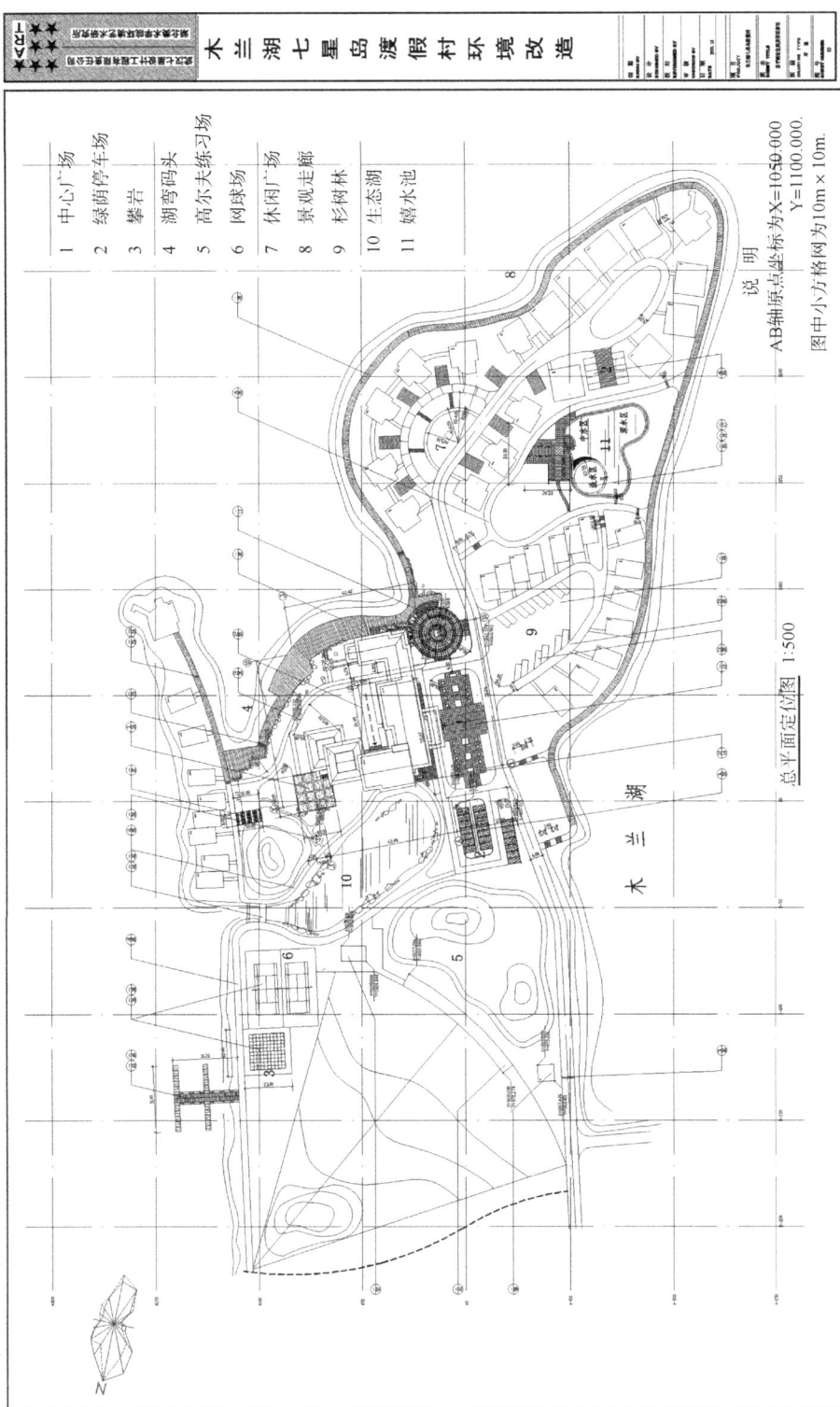

图 3-35 总平面定位图及详图索引编号

图 3-35 总平面定位图定位图最重要的就是要用横、纵坐标的方式对景观设计项目中的各个区域进行定位,其主要有两个作用,一是方便施工时的放线定点,比如说道路的定位就是用多个重要交叉道路口的定点连接起来。当然,这里只是概略加以说明,施工过程中还需要更多的技术力量进行支持;二是方便施工时对各区域放大平面图的查阅。定位图中除了坐标轴以外,还有对重要局部设计的索引。索引图号的标注要能很准确,快捷的从一大堆图纸中找出详部设计所在。

101

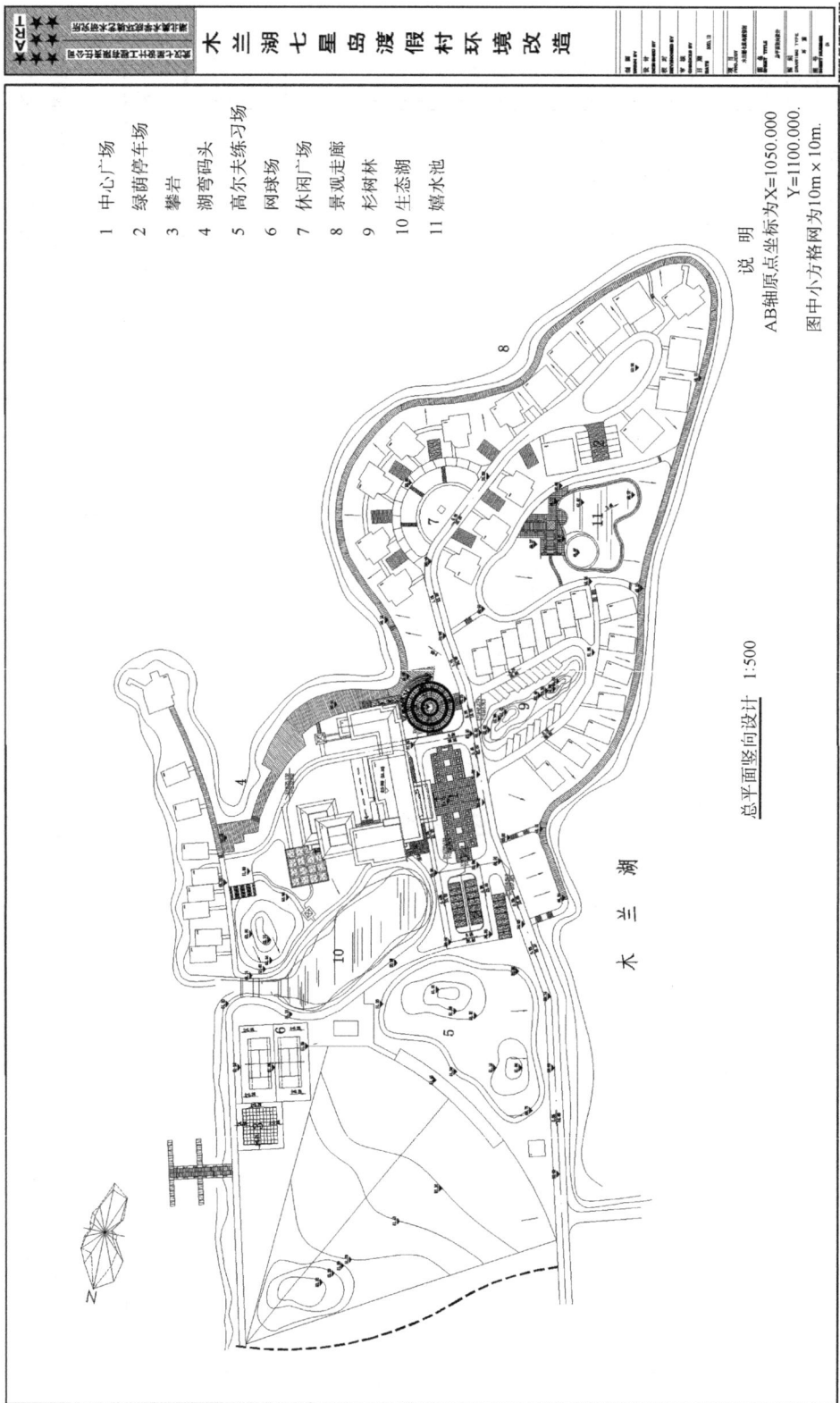

木兰湖七星岛渡假村环境改造

| | 1 | 中心广场 |
| | 2 | 绿荫停车场 |
| | 3 | 攀岩 |
| | 4 | 湖弯码头 |
| | 5 | 高尔夫练习场 |
| | 6 | 网球场 |
| | 7 | 休闲广场 |
| | 8 | 景观走廊 |
| | 9 | 杉树林 |
| | 10 | 生态湖 |
| | 11 | 嬉水池 |

说 明
AB轴原点坐标为X=1050.000.
                    Y=1100.000.
图中小方格网为10m×10m.

总平面竖向设计 1:500

木 兰 湖

图 3—36  总平面竖向设计

图 3—36 施工图中的竖向设计在总平面的表达上有几个主要的问题需要说明。一是要标注各个关键点的标高,如道路交叉口,湖岸处,硬质铺装等有明显高程变化的位置;二是要注明相近两点之间的坡度关系,特别是道路的坡度(用百分数表达),并满足规范要求;三是标明雨水排水方向及雨水集水口,以进行有组织的排水。

102

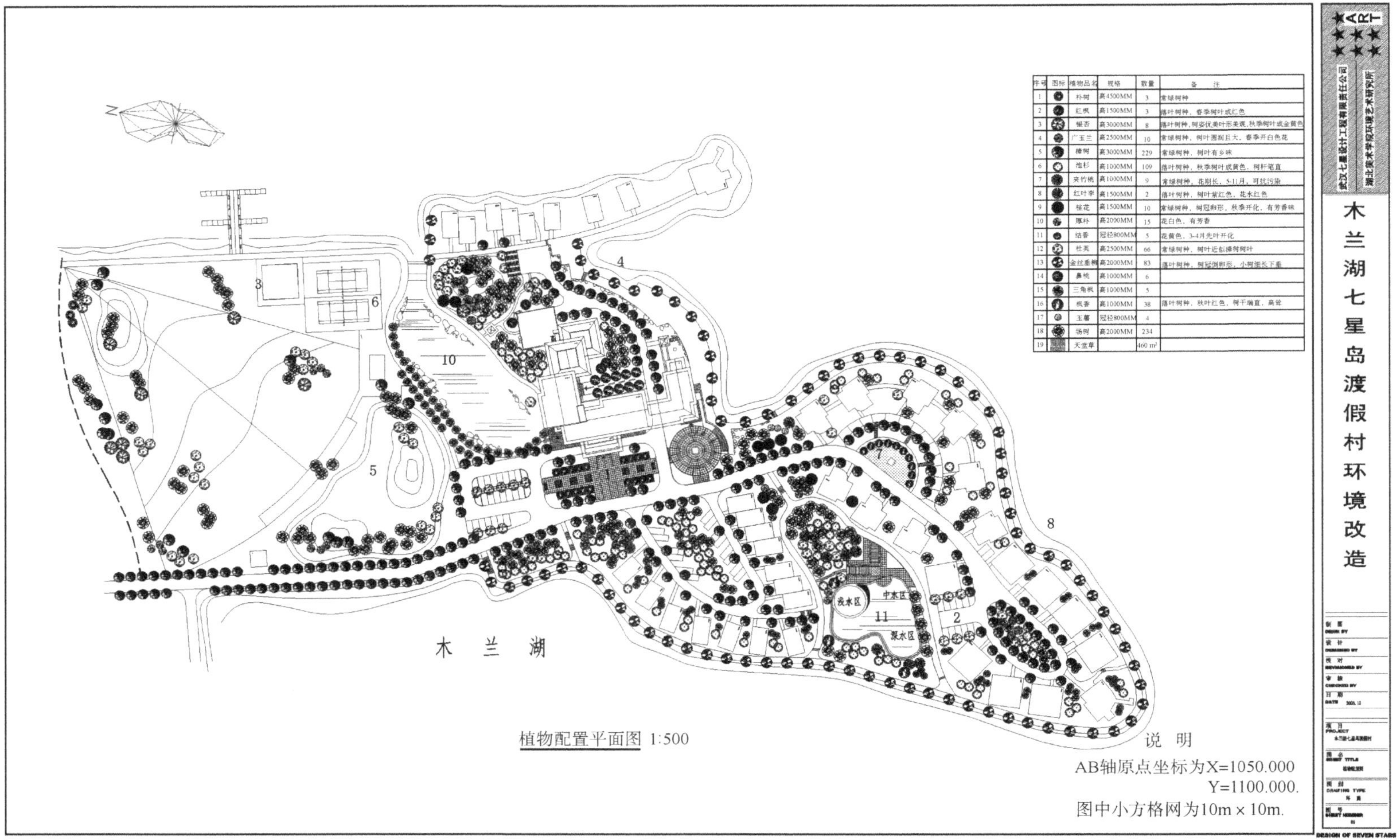

図3-37 植物配置图

图3-37 施工图中的植物配置图图首先要将各种不同的树种和用不同的图例来表达,并说明植物的数量,规格及在施工中应注意的事项;其次,要用网格定位的方法配合文字说明来确定移植或新增植树木的具体位置。

103

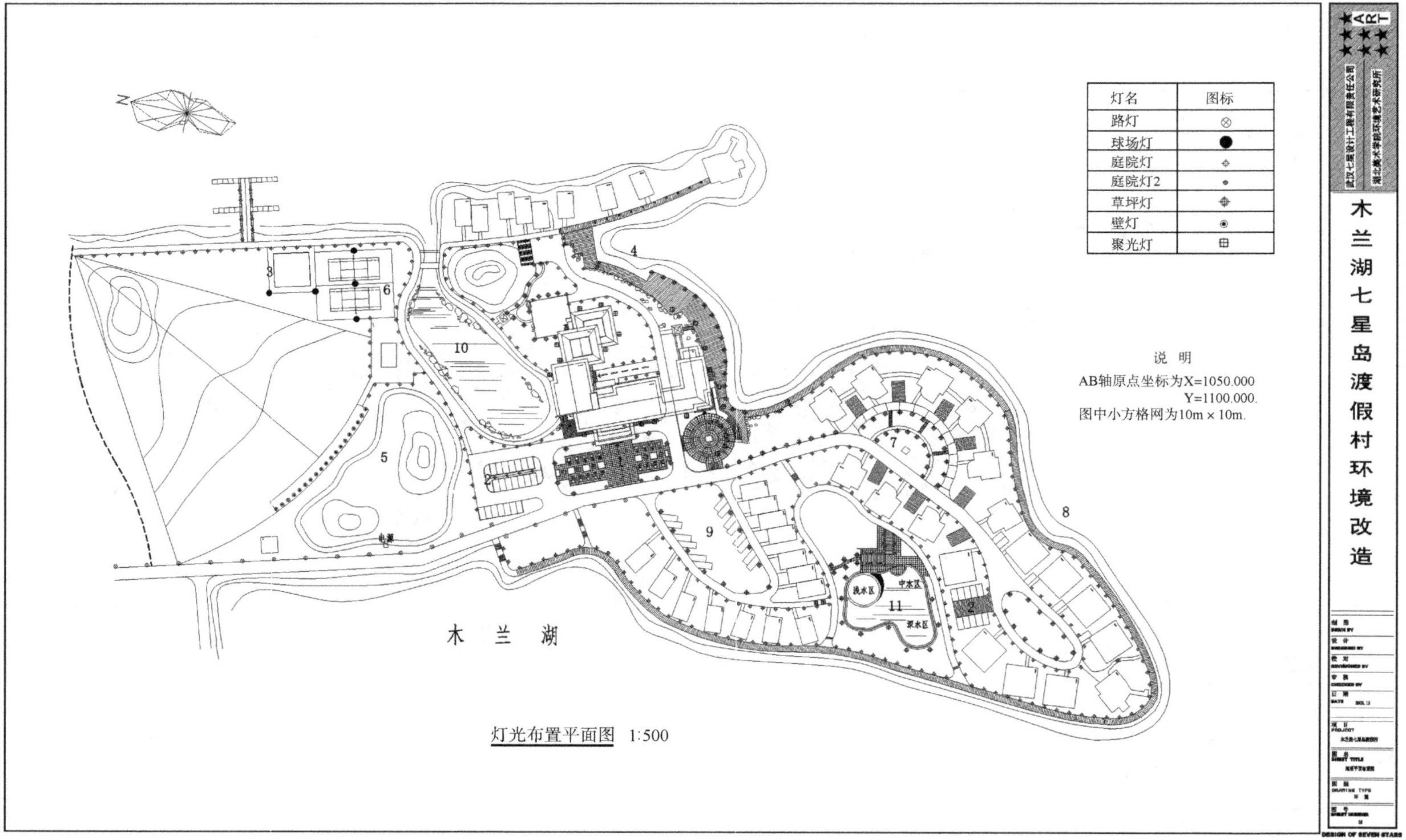

木兰湖七星岛渡假村环境改造

说　明

AB轴原点坐标为X=1050.000
Y=1100.000.
图中小方格网为10m×10m.

| 灯名 | 图标 |
|---|---|
| 路灯 | ⊗ |
| 球场灯 | ● |
| 庭院灯 | ◇ |
| 庭院灯2 | · |
| 草坪灯 | ✦ |
| 壁灯 | ◉ |
| 聚光灯 | ⊞ |

木　兰　湖

灯光布置平面图 1:500

图 3 – 38　照明平面布置图

灯光照明平面布置图 3 – 38 中需确定各种灯型、规格及数量，还应对灯的布点，间距都进行详细说明。

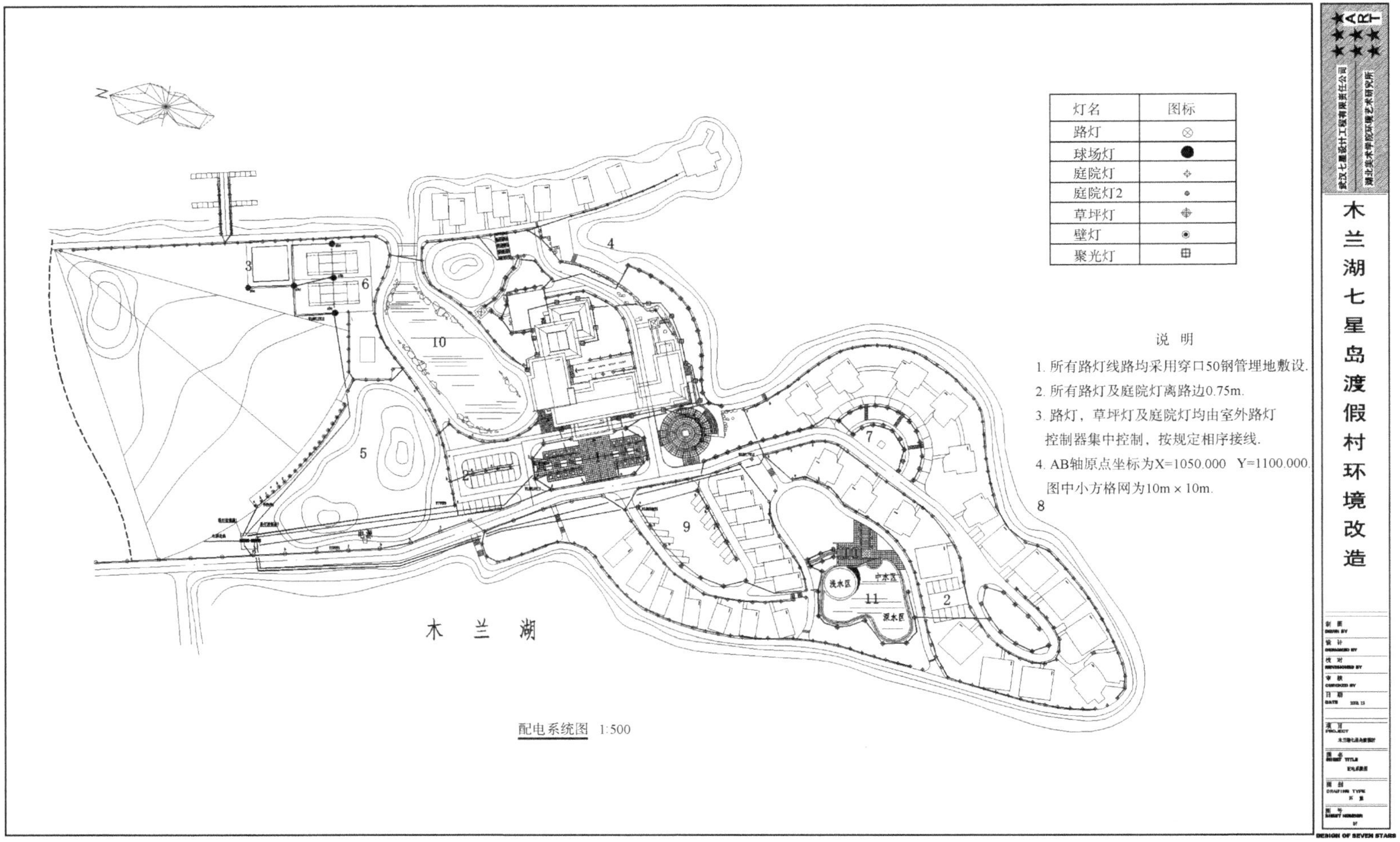

木兰湖七星岛渡假村环境改造

图标 | 灯名
⊗ | 路灯
● | 球场灯
✦ | 庭院灯
✧ | 庭院灯2
✢ | 草坪灯
◉ | 壁灯
⊞ | 聚光灯

说　明

1. 所有路灯线路均采用穿口50钢管埋地敷设。
2. 所有路灯及庭院灯离路边0.75m。
3. 路灯、草坪灯及庭院灯均由室外路灯
控制器集中控制，按规定相序接线。
4. AB轴原点坐标为X=1050.000  Y=1100.000。
图中小方格网为10m×10m。

木　兰　湖

配电系统图　1:500

图 3-39  配电系统图

图 3-39 配电图要确定外来电源的接入口，配电房的具体位置，电路的走向等，其属专业设计，需要与供电工程师配合进行设计。

105

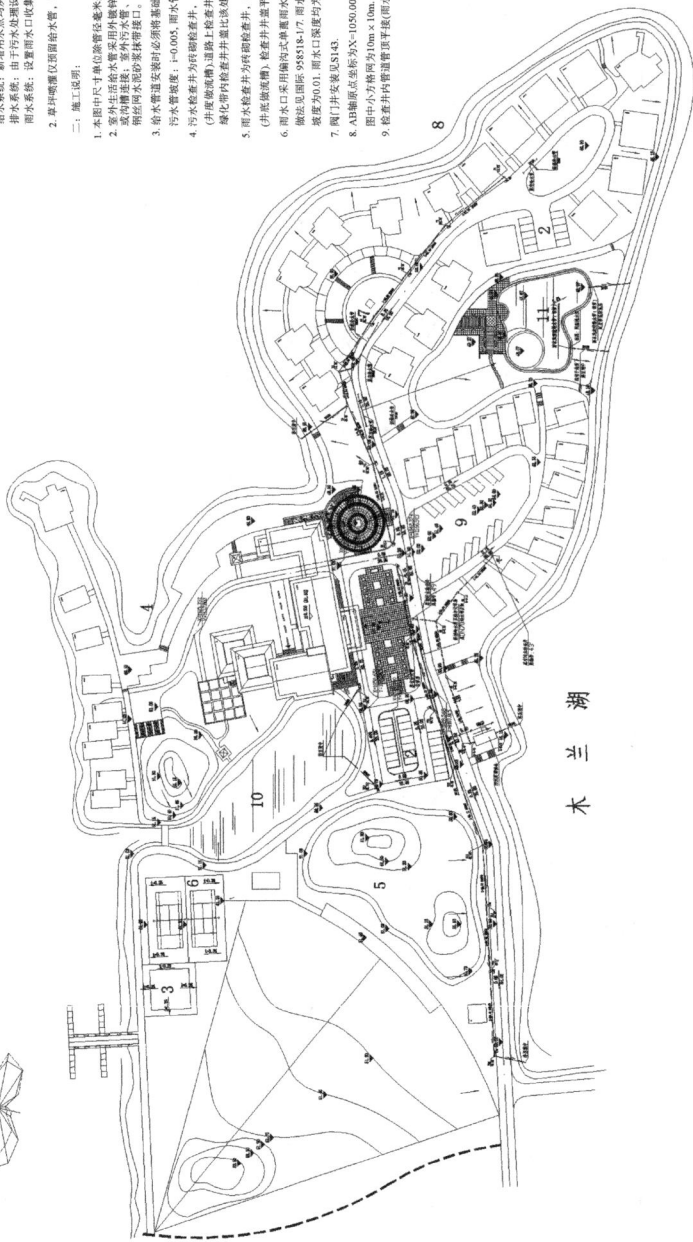

木兰湖七星岛渡假村环境改造

给排水总平面图 1:500

图 3 - 40 给排水总平面图

说 明

设计说明：

1. 本工程室外给排水管网已设计完成待投入使用，本次设计给水及污水系统均按原有基础上进行的修改设计，雨水系统为重新设计。
   给水系统：新增用水点均从原有给水管网接给水管供给。局部管网作相应调整。
   排水系统：由于污水系统有检查井处理，经雨水口收集道路雨水，经雨水管网接至调蓄池。
   雨水系统：设置雨水口收集道路雨水，管网由专业公司设计。

2. 单体喷溅仅需留给水管，其余均为水。

二、施工说明：

1. 本图中尺寸除应注明外，其余均为米。

2. 室内生活给水管采用外镀锌镀塑及合管，密封连接或沟槽连接；室外生活给水管，雨水管采用钢筋混凝土管，钢筋混凝土管用家抹带接口。

3. 给水管道安装时必须做基础夯实后进行，管顶覆土0.70米；
   污水管道坡度：i=0.005，雨水坡度：i=0.004，有标注者除外。

4. 污水检查井为检查砌检查井，井径均为Φ1000，做法见国际2S515.（井度做混凝用）道路上检查井盖平盖子设计路面，采用重型井盖，绿化带内检查井盖比选择地坪高约30mm，选用重型井盖。

5. 雨水检查井为检查砌检查井，井径均为Φ1000，做法见国际2S515.（井光做混凝用）道路上检查井盖平盖子设计路面，采用重型井盖。

6. 图地采用国际式单篦雨水口（砖砌井圈），篦子采用快快格子，做法见国际95S518-17.雨水口至检查井的连接管径为DN200，坡度为0.01，雨水口深度均为700mm。

7. 阀门及阀门井。

8. AB辅视点坐标为X=1050.000  Y=1100.000.
   图中小方格网为10m×10m。

9. 检查井内管道覆土平接（雨水口连接管除外）。

木 兰 湖

图 例

阀门及阀门井
雨水口
给水管
污水管及污水检查井
雨水管及雨水检查井

图 3-40 给排水总平面图同样也是要确定自来水接入口的位置、管道的走向等，需要与专业的给排水工程师配合设计。

106

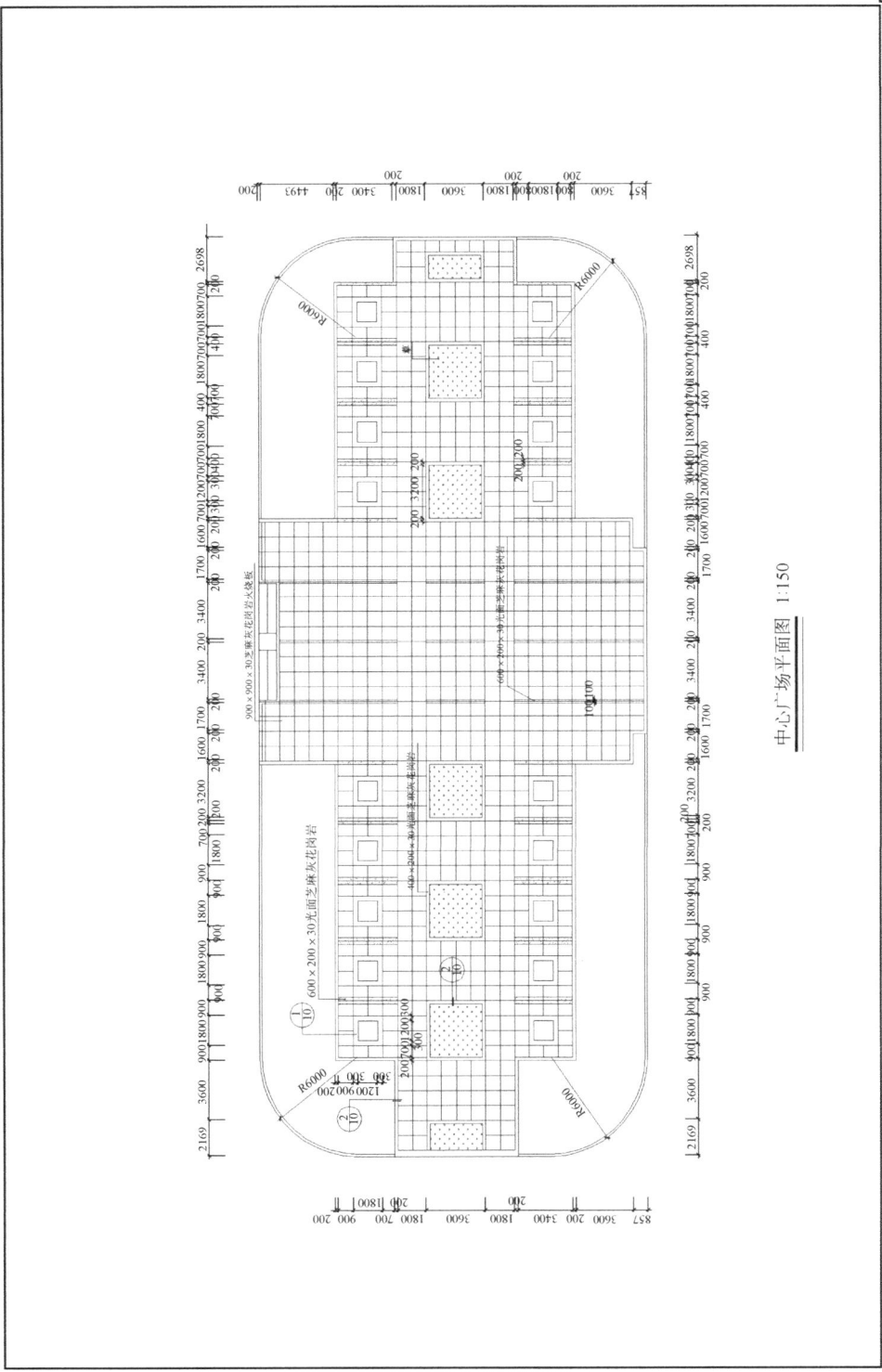

图 3-41 中心广场平面图

局部扩大平面如图 3-41。这就需要仔细地标明铺装的样式、尺寸，所用石材的规格、颜色以及详图做法的索引符号等。图纸要将问题交待得很清楚，以便于施工。

木兰湖七星岛渡假村环境改造

设计·无名氏大样图
中心广场

**树池大样图 1:50**

3000×600×80光面芝麻灰花岗岩

①

50 250 1200 250 50
1800
50 250 1200 250 50

**广场及草地大样图 1:10**

②

30厚芝麻灰花岗岩火烧板
30厚1:3水泥砂浆
150厚C20混凝土垫层
200厚渣土夯实，80cm密实度7·88
回填渣土夯实，80cm密实度
95%,80cm以下密实度85-90%

410
30 150 200 30

200 30
50 50

光面芝麻灰花岗岩路牙石
30厚1:3水泥砂浆
50厚C15混凝土
100厚未碴碎石(C40)
素土夯实

230
100 50 30

**断面图 1:10**

Ⓐ

30厚芝麻灰花岗岩火烧板
30厚1:3水泥砂浆
150厚C20混凝土垫层
200厚渣土夯实，80cm密实度7·88
回填渣土夯实，80cm密实度
95%,80cm以下密实度85-90%

200 150 30

填嵌缝油膏

300×600×80光面芝麻灰花岗岩
30厚1:3水泥砂浆
砖
200厚C15混凝土
素土夯实

250 50
30 80
290

60 240 60
360
1010
200

图3-42 详图

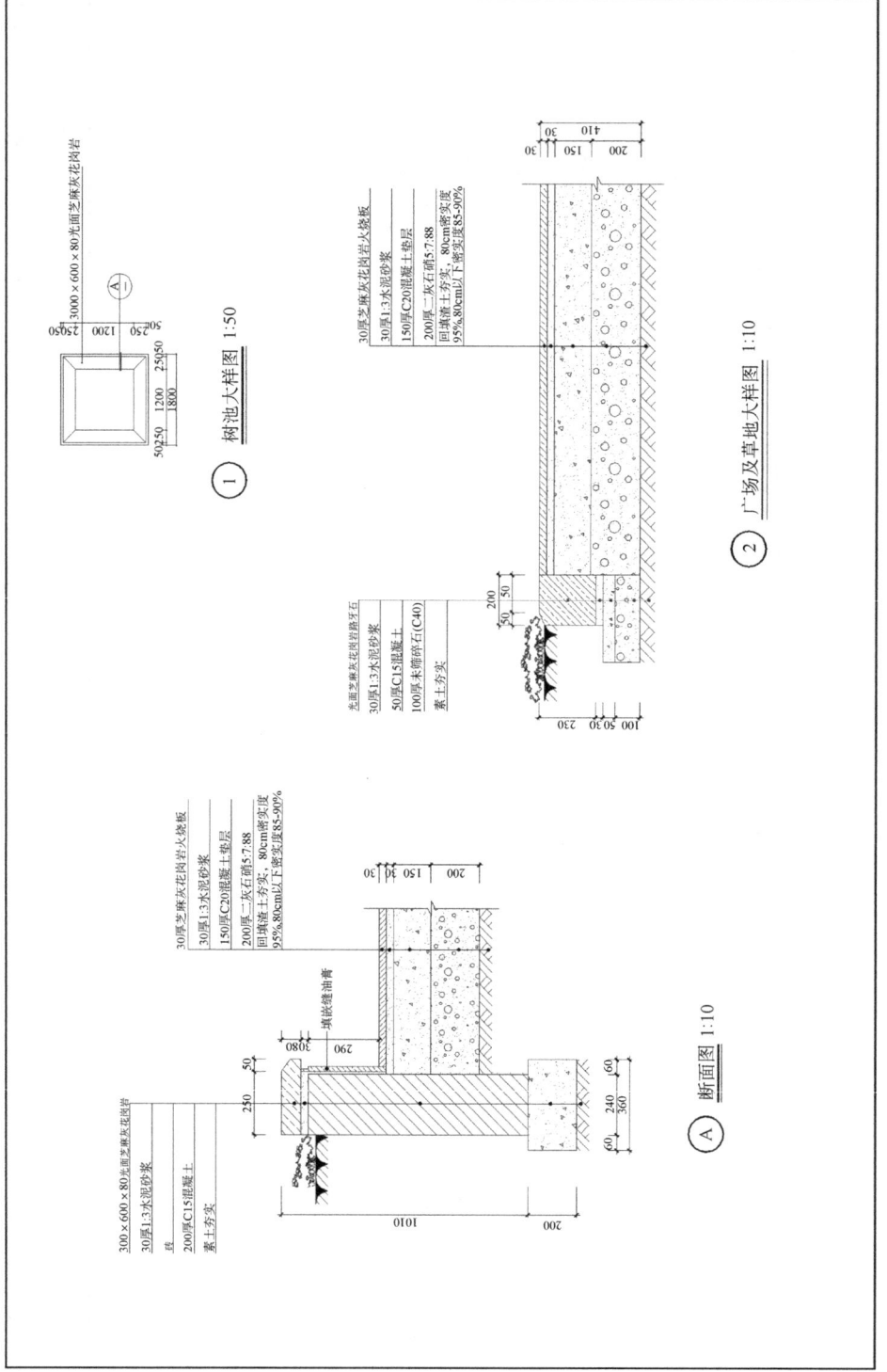

图3-42 详图中要标明工程做法、选用的材料、规格，并用不同的图例方式表达出来。通常详图比例为1：20,1：10,1：5等，其根据要说明的设计内容而采用，总的原则是图纸的绘制方便于实际的施工。

# 第四章　工程实施设计服务与管理

在景观项目的设计和实施过程中，为了和业主及施工方、监理方协调，将设计内容按照设计者的意图实施完成，并能及时解决施工过程中出现的意外情况，就需要设计者参与工程现场的设计服务和管理工作。设计服务过程中，主要针对 3 个对象来协调，即业主、施工方和监理方。首先是要对业主负责，将与业主共同商定的方案付诸实施，其次是将图纸中较为复杂或是不易理解的部分向施工方交底，最后就是要与监理方说明施工中材料质量、工艺做法等相关事宜。

## 一、项目管理

1. 大型项目管理

大型项目通常与社会公共事业有关，它需要规划、设计、景观设计公司或设计院（事务所）、工程施工方、政府管理机构和其他机构的广泛合作。项目的复杂性与项目可能发生的工期计划未知情况迫使人们强调组织流程并协调必要的变更。工期管理和预算监督是大型项目管理的两项主要内容。大型公共项目通常会涉及到政府的投资和资金预算及工期计划，这些都必须通过政府部门的各项程序，如立项、决策、预算、结算等等，一旦通过就会列入相关政府部门的工作计划中，所以需要设计方配合对工程项目的这些方面进行控制。

因为项目较大，出现无法在设计中预测到的问题的几率也会大得多，设计师或设计单位要随时做好准备，发现问题就马上组织人员到现场协调解决或者做出设计变更。

另外，大型的项目因为会对当地的经济发展或者生态环境变化产生较大的影响，在多数情况下都需要设计师和经济学家、生态学家或者社会学家的通力合作，对项目的可行性进行评估。这时候，需要设计师依据自己的专业知识对场地和项目规划设计的方面做出科学、合理的分析，并且恪守自己的专业操守，不应为了局部利益而对项目设施建设可能产生的不利情况加以隐瞒。

2. 中型项目管理

住宅、商业区、学校和文体公园等既可能是私人投资又有公共背景的项目是典型的中型项目。被管理的项目更容易被预期，而且通常会落实在一般可被理解的程序和合同中，因此时间和预算非常关键。因为规模及投资较小，可出现大问题的机会也较少。在这种规模的项目中，通常情况下业主会亲自参与工程的日常管理，设计师需要在业主有问题咨询或者要求的情况下定期到施工现场参与并指导施工。

有时候中型项目也需要设计师参与项目的可行性研究并提出书面报告。

3. 小型项目管理

小型项目因为其使用者通常是私人或者业主（及其家人），其施工管理更有必要直接地听从业主的意见，其工作也常常更加关注对现场设计的协商以及保持不超出预算和利润。小型项目因为小而且通常是较为挑剔的使用者是设计项目的委托人，所以要求景观工程的实际效果不但要好而且细节更为精致。这时，由于施工人员的固有习惯或者审美考虑与业主及设计师的差异，就需要设计师经常到现场对施工细节做出要求和指导。较为常见的例子如，景观中的自然山石的砌筑和景石的组合，虽然有经验的匠师可根据材料（如黄石、太湖石、灵璧石等）的不同属性和大小做出巧妙的安排，但是实际工程中，这种具有丰富经验的匠师还是非常少见的，需要设计师根据自己的审美习惯和经验对施工工人做出明确的指导。

项目管理是实施专业服务的关键组成部分，它安排工期进度时间和人力，组织实施合同文件所需要的内容，监督变更和实地观测，协调最新的计划及变更并最终完成合同的规定。大型项目需要综合性的管理工作组和工作分组以协调各专业之间的协作。中小型项目通常需要更加注重原始合同以及业主的影响。

### 二、项目管理的重要内容

景观设计师提供项目的可行性研究，制定最终的开发计划，进行概念研究，设计工程平面图和施工图。所有这些工作都必须估计到在景观项目所在地区、场所或景观环境中可能遇到的施工图问题。设计师通常还要与规划部门、政府管理部门、施工单位以及第三方（监理单位）密切合作以协调解决或安排工程中出现的问题。

一般来说，在项目管理中景观设计服务内容包括如下内容：

1. 提出可行的计划：向业主提供基本原则，以评估决定常见的法律的、物质的、经济的、文化的和环境的要素时可供选择的方法。这将会影响计划项目的总体可行性。

2. 提出程序安排：提出可供选择的规划理念。这将会影响项目范围和潜在结果。

3. 景观规划：提出土地利用模型、视觉资源分析、廊道规划或者保护和开发对策建议。

4. 景观评价：提出开发地块关键特征概要，目的是确认适当的开发地块，需要保留和保护的地块以及受到法规限制的地块。

5. 总体规划服务：为大型公共机构、文娱体育或商业项目提供全面的近期、远期规划和建设性的开发程序。

6. 草图研究：提出初始的概念性规划和设计研究，以检验计划程序和开发设想，研究那些根据先前的现状评价和项目研究所做的图表的含义。草图设计通常要做到很详细的程度，要足以为总投资分析提供基础。

7. 设计深化服务：提供预施工设计文件。这些文件反映出有关位置、样式、尺寸、材料、细部处理和造价的最终决定。在这个过程之后是造价计算。造价计算要说明项目是否在合同期望的范围内。

8. 施工监理服务：提供施工监理服务，以便根据施工文件和合同规定来监督管理施工进程和工作完成情况。

为初步预算而做的设计工作的时间分配参见下表。

| 工作阶段 | 美国建筑师协会（AIA）指标 |
|---|---|
| 评估和方案设计 | 15% |
| 设计深化 | 20% |
| 准备施工文件 | 40% |
| 招投标/协商 | 5% |
| 施工管理 | 20% |

### 三、施工项目管理

#### 1. 管理和项目观测

景观设计师或者业主给承包商或转包商的口头要求应该接着进行书面确认，并将有关书面材料添加到项目文件中。所提出的任何要求只要它指导承包商进行那些初始合同中没有包含的工作内容，承包商就有权要求额外补偿。另一种情况是，在这类工作开始之前，通常要有一份为这类额外工作而提出的书面报价。

#### 2. 现场通知单和变更通知单

现场通知单是影响承包商工作中微小变动的指令。而变更通知单则通常是一份书面文件，并成为施工文件中的一个永久组成。变更通知单通常填写在事先已经规格化的表格中，并成为合同文件的一部分，要提醒的是所有的口头变更都必须被及时转换为书面形式的变更单。

#### 3. 解释、澄清和指示

如果出现问题，设计师应该按合同保留对规划、细部处理或说明书的解释权，从而确保设计的整体性。解释必须及时，以避免时间延误，并且要及时将该解释以书面形式填写到记录单中。如果需要对设计进行实质性的修正，则应该在修建之前将其提出，以避免耽搁。

#### 4. 估算要求和报价单

工作范围内的所有变更，都会导致承包商提高或降低估算的书面价格，因此要随之提出报价单。

#### 5. 按日程安排进行的工作会议和巡视

工程的相关各方需要定期召开会议，以进行各方的协调，避免对工程造成不必要的停工。

### 四、项目竣工

当景观项目工程已经按照合同要求的内容建造完成时，就需要进行工程验收，即施工验收。这时候施工方就应该将竣工图按照实际情况交给业主，如果施工方缺乏绘制竣工图的技术实力，在双方的协商下，景观设计方可出面组织人员在经过监理方核实的情况下，根据现场实际情况绘制竣工图，详细记录工程的实际完成状况，最终提交给业主。

# 第五章 景观项目设计实例分析

前面四章对设计项目的整个流程作了概括的阐述，明确了在不同的设计阶段应掌握的设计方法及设计深度。而本章将具体针对近几年所做的景观项目，选出典型案例，归为四类进行介绍，即学校景观、道路及桥梁景观、旅游景观、农业景观。其中最应注重是我们并非讨论项目好与坏，而是在于艺术与景观结合的问题，这也是我们研究的方向。

## 第一节 学校景观

### 案例 1：湖北经济学院新校区环境设计方案

#### 一、项目概况

湖北经济学院新校区位于武汉东湖新技术开发区江夏藏龙岛科技园区，总规划面积2047亩。藏龙岛科技园区用地被汤逊湖分为三个半岛，湖北经济学院新校区位于其中一个半岛上。规划用地为低岗丘陵区，地势东南低，西北高，用地最高点海拔约35m，最低点约22m，汤逊湖湖汊最高控制水位标高为19.5m，最低为17.5m。用地内分布着大大小小的水塘和原生林带，具有较高的生态价值和观赏性。新校区地面土层主要为膨胀红粘土，具有较好的保水性，蓄水较容易形成。

#### 二、规划原则及目标

创造一个具有时代特色和地方特色，反映场地原有特征，能满足教育、休闲、运动、生活并富有文化气息，生态自然的校园空间。尊重地域场所特点，运用系统设计的方法综合考虑整个景观设计。

1. 经济实用原则：充分利用场地条件，减少施工工程量和日常维护工作量以及能源等的消耗量，考虑校园建设、管理的经济投入。

2. 生态原则：强调生态适应性和自然生态环境的维护和完善。

3. 功能性原则：满足全校师生教育、休闲、运动、生活等需求，对不同的功能分区正确定位。

4. 地域场所性原则：考虑武汉地域及规划用地场所的特点，设计中体现地域、场所的自然、历史、文化内涵及特色。

5. 文化及美学原则：在规划中，尊重地域、场所、校园文化，合理利用各种景观元素组织空间，创造优美的视觉景观及文化景观。

### 三、设计理念

#### 1．经济性

充分利用原有地形及植被，除核心部位景观，大面积都是自然草地，湿地和乡土植物群落，减少维护成本降低造价（见图5-1湖北经济学院总平面图）。

图5-1　湖北经济学院总平面图

#### 2．生态性

利用本地树种，包括樟树、桂花、柳树，点缀桃树、枫树、樱花等景观植物，并在水边及草地大量配置速生植物群落，形成可持续的生态系统（见图5-2，图5-3，图5-4），进行合理的微气候系统设计，合理调节噪声、季风、气候、阳光、水体等自然因素对场地的影响（图5-5）。

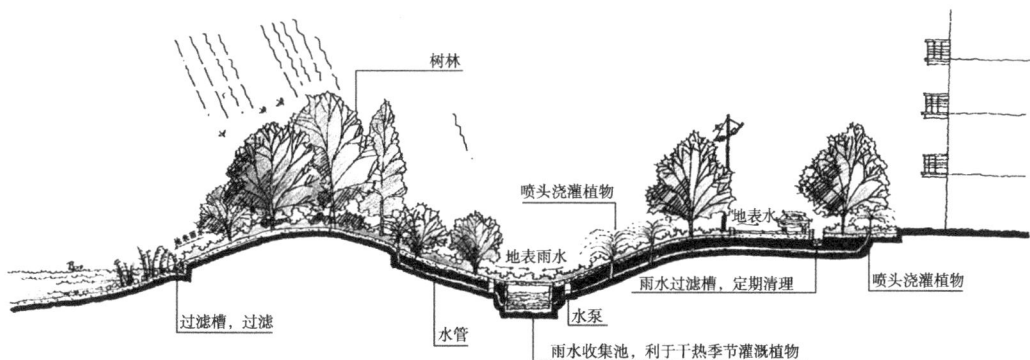

图5-2　雨水收集系统示意图

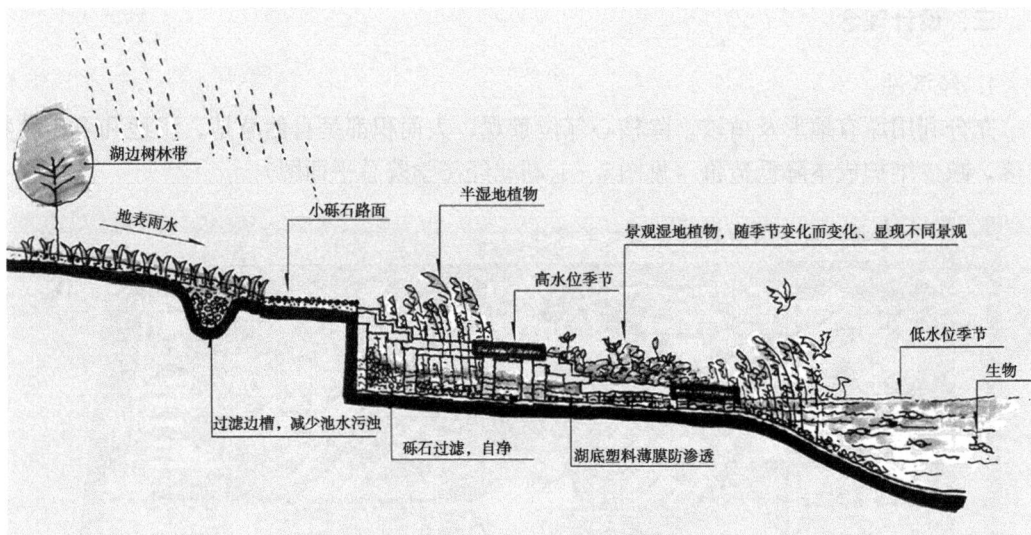

图 5-3　生态梯田式栈台断面示意图

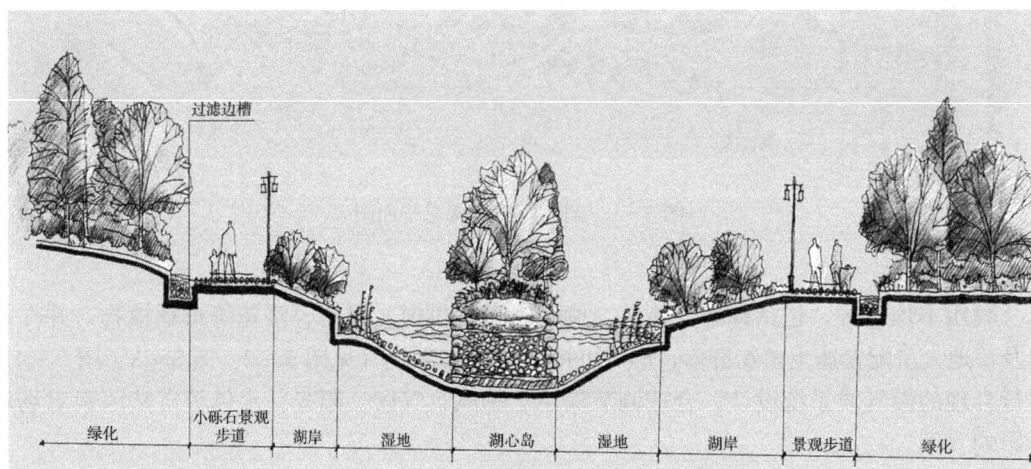

图 5-4　岛及湖岸断面生态系统图

　　3. 功能性

　　以图书馆、学术交流中心围合而成的校园中心广场，设计要点是以大尺度为标准，采取简洁而有文化内涵的风格，塑造高等教育所提倡的民主、交融的学术氛围（图 5-6、图 5-7）。教学区风格活泼，适当运用人工环保材料，而生活区则具有生活情趣，以小尺度为标准，以自然材料为主（图 5-8、图 5-9）。体育区风格明亮、鲜艳，休闲区风格强调艺术趣味，以人工和野景相结合，合理处理水景，为学生创造放松休闲的乐园（图 5-10）。

　　4. 地域性、场所性

　　基于场地位于大学城内，如何结合学校性质、规模及武汉地区气候特征、水文、植被

夏季校园微气候断面分析示意图

冬季校园微气候断面分析示意图

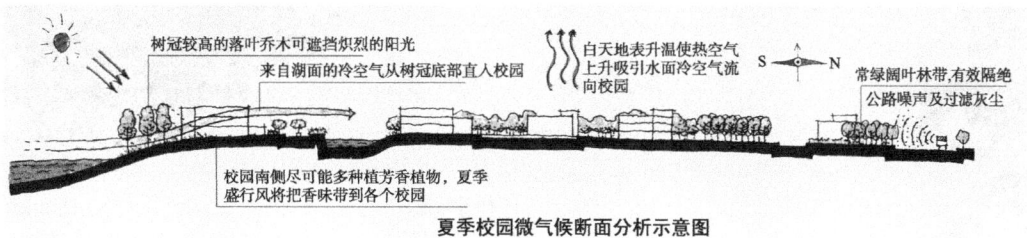

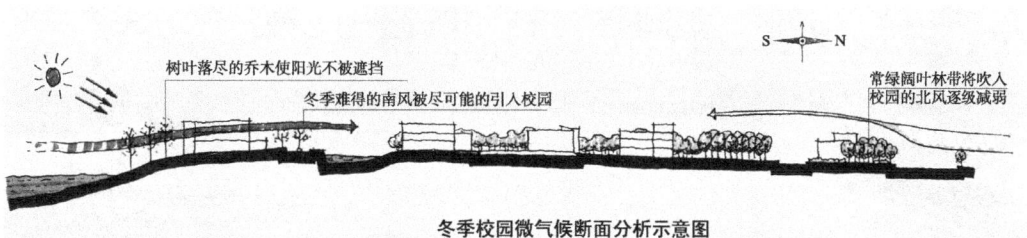

图5-5  夏季校园微气候分析示意、冬季校园微气候分析示意图

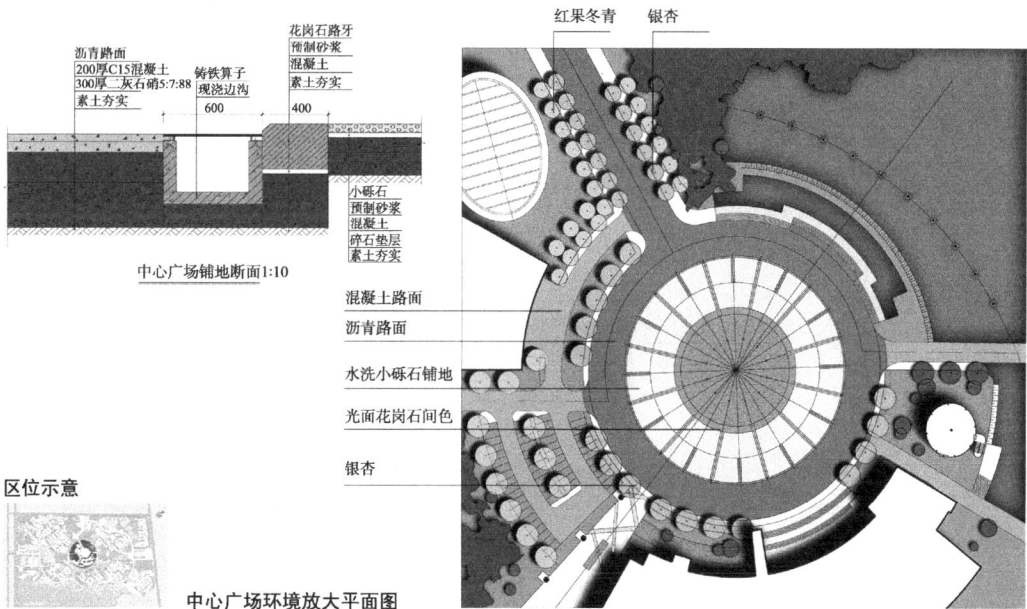

中心广场铺地断面1:10

区位示意

中心广场环境放大平面图

图5-6  中心广场环境放大平面图

等情况,如何合理利用地势北高南低的特点保持生态平衡是需要考虑的问题。规划将校园内水塘相连,场地内有塘、池、溪、湖等各种不同尺度的水体。水体设计采取以生态与美学相结合的处理手法,在不同区位用不同的水景设计方式,为师生创造一个完美,舒适的生活学习环境(图5-11)。

图 5-7　中心广场环境透视图

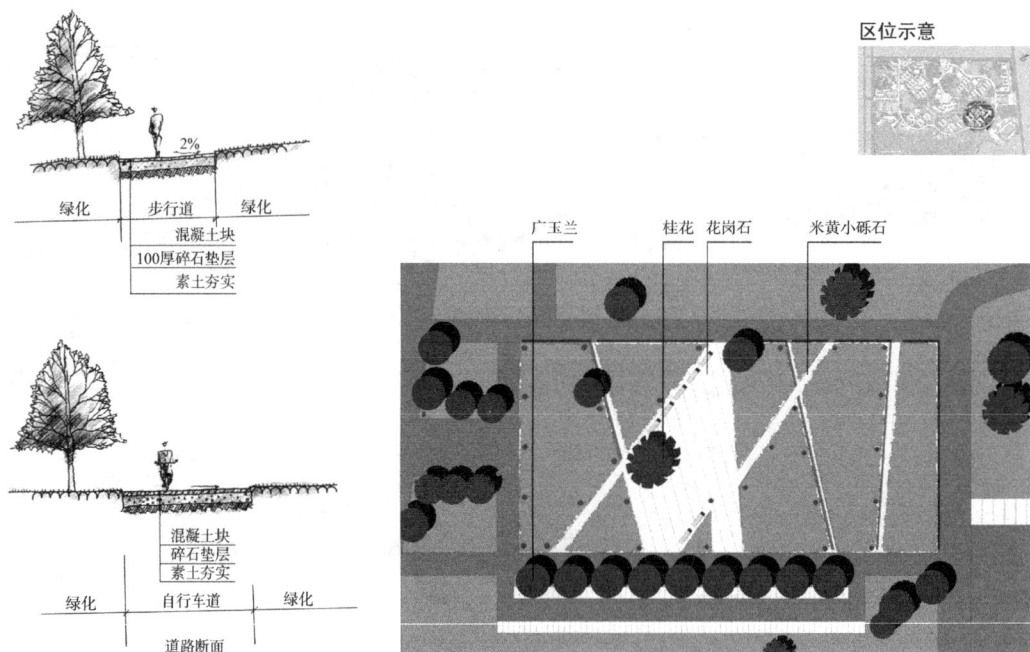

区位示意

图 5-8　教学楼绿化环境放大平面图

5. 文化性、审美性

尊重特定区域与特定场所的文化含义和自然特质，在设计中强化场地及景观作为特定文化载体的意义，通过再生的物质和精神设计，提示人性及自然之美。设计大量使用了原生景观元素来传达新时代的价值观和审美观（图 5-12）。

图 5-9　教学楼绿化环境透视图

图 5-10　湖岸环境透视图

图 5-11　景观走廊透视图

图 5-12　主入口环境透视图

# 案例2：湖北美术学院艺术设计学院规划方案

## 一、项目概况

该项目选址位于武汉市江夏区藏龙岛开发区，基地属平缓丘陵地块。地势东高西低，建筑用地面积约为265621.55m²（约合400亩），规划学生总人数为5000人。

本项目本着办学模式与教学功能的需要、人文主义建筑样式的精神需要、生态需要，以适应社会多元化的发展，对校园平面布局提出了新的要求。本规划方案由8个功能分区组成。平面布局与功能设定上明确地反映出开放式办学积极对外交流的方面。树立起新的与时代相结合的校园形象。

校区规划注重生态、环保、可持续发展等手段，因地制宜进行布局，建筑与绿化景观结合，营造和谐共生的环境品质，形成校园规划的特色。

## 二、规划原则及目标

1. 总体规划设计构思

1）办学模式与教学功能的需要

现代教学产业逐步走向社会，从单一的独立办学向多元化开放式合作办学方向转变，高校培养人才的基本方法也由单纯的教授专业知识转向培养有综合技能和较强社会活动能力的开拓型人才，教学模式应与之相配套，以适应社会多元化的发展，对校园平面布局提出了新的要求。

本规划方案由八个功能分区组成，平面布局与功能设定上明确地反映开放式办学积极对外交流的趋势。科研区、行政办公区、学生生活区、实习工厂沿城市道路布置，以方便与加强对外交流，树立新的校园形象（见图5-13）。

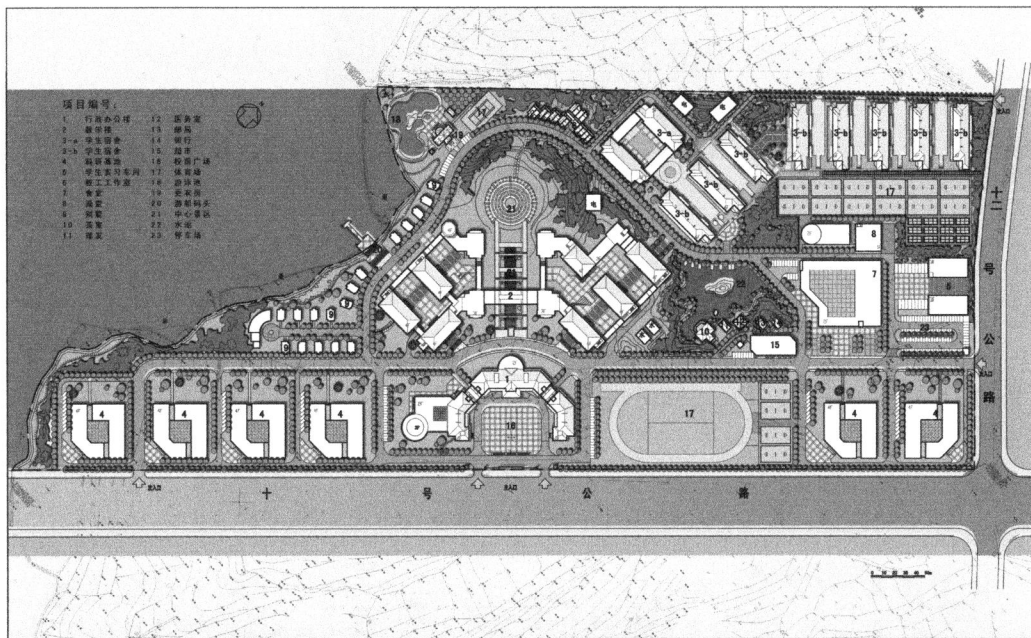

图 5 - 13　湖北美术学院艺术设计学院总平面图

教学区为学校的核心部分，布置于校区的中心部位，以方便师生在较短的步行时间内到达。文体活动区与生活服务区布置在学生生活区的一侧，为学生使用提供便利。创作区安排在远离城市道路，离湖岸较近的区域内，以获得良好的创作环境。校区内道路分级明确，人流、车流线互不干扰，为师生出行提供安全、高效的环境。

2）人文主义建筑样式的精神需要

行政楼：平面采用古典样式，沿中轴近似对称，突出该楼庄重典雅的性质，构图呈半围合状，开口位于东南向沿街部位；立面外形采用现代手法，符合时代特征（图 5 - 14、图 5 - 15）。

图 5 - 14　行政楼办公楼图

教学楼：平面形式沿中轴近似对称，统一中富于变化，大大增强了建筑形态在空间中的灵活性。教学楼由数个楼栋组团围合形成，相互间以连廊连接，形成内庭空间。建筑的形态空间与外部庭院空间相互交融、相互渗透，展现了空间形式的共享性，极大地加强

图 5-15　行政楼走廊

了师生、学生间的互动交流，同时也显现出艺术学院内在求变创新的思想（图 5-16、图 5-17）。

图 5-16　教学楼外景之一

图 5-17　教学楼外景之二

3）生态需要

校区规划注重生态、环保、可持续发展等，与地形紧密结合，因地制宜进行布局。建筑与绿化景观结合，利用临近天然水体的优势，结合湖畔绿化，优化水资源环境，以营造和谐共生的环境品质，形成校园规划的特色。

4）空间布局、规划结构

校区平面为近似中轴对称的格局。

行政楼与教学楼沿校区主入口中轴线紧凑布局，行政楼围合楼前绿地广场，开口面向城市道路。科研区位于中轴线两侧，行政楼与二期科研楼之间布置田径运动场，为校区沿街部分提供了通透和开敞的空间，能较好的展现校区主体建筑，加强了沿街立面的节奏感和韵律感，又充分展现了校区的独特艺术性。这部分的建筑布局整齐有序，与道路方向协调一致，部分单栋建筑在平面上与道路偏转一定角度，整体形象庄重典雅而富于变化（图5-18）。

图5-18  教学楼

创作区沿湖岸道路呈序列布局，与环境相互交融有机结合，使人感到舒适、自由、悠闲，充分感受环境对身心的熏陶，激发创作的热情。

校区沿城市道路部分的直线形和方形环线主车道与校区内部流畅曲线型车道形成对比，整齐有序而又灵活变化，动静结合，丰富了行进运动中的视觉空间感受。

2. 功能分区分析

1）行政办公区：位于校园中部沿街部位，由校园主入口行政楼及楼前广场组成。

2）教学区：位于校园的中心部位，行政办公区之后，教学楼群基本以中轴线近似对称式布局，教学楼之间以连廊相互连接为一整体，方便相互交流。

3）科研区：位于行政楼两侧。临街部位由6栋科研楼组成，其中右侧2栋留待二期开发。

创作区：位于校区西向，滨临湖岸，别墅沿道路走向分布，具有良好的视觉景观，环境优美（图5-19）。

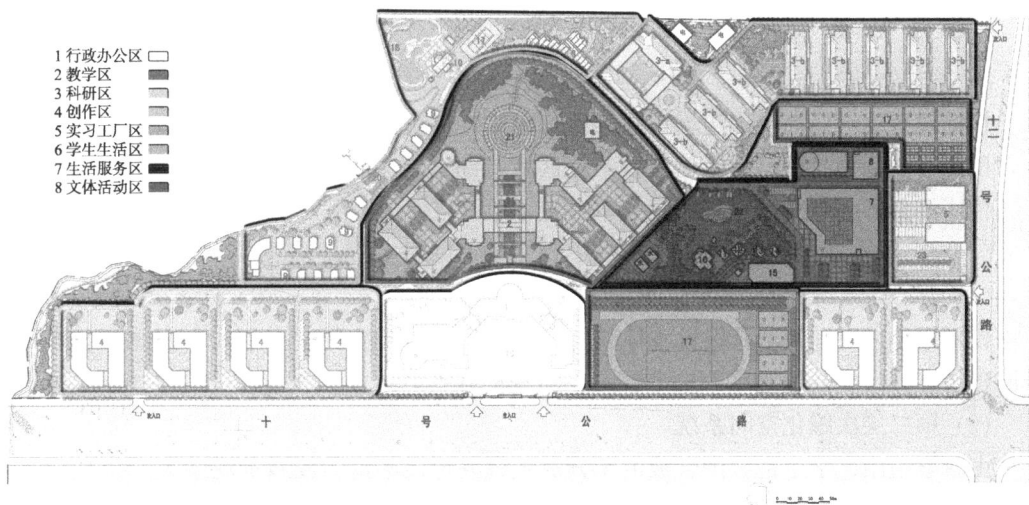

图5-19  功能分区分析图

## 3. 交通流线分析

设计原则："人车分流，步行优化，高效快捷，安全舒适"。

### 1）车行系统

车行体系在本校园中作整体系统设计，主要车行道位于科研、行政区与教学、生活服务及创作区之间。

### 2）步行系统

步行线布置于主车道两边及各区内部，沿湖岸边设有人行走道，可观赏湖景。

### 3）停车场系统

停车场位于校区右侧次入口处，以分流不必进校的机动车。

行政楼两侧、科研楼侧边及道路局部布置有车位，方便就近停车。自行车分散停放，可利用地形高差设置架空或半地下自行车库（图 5-20）。

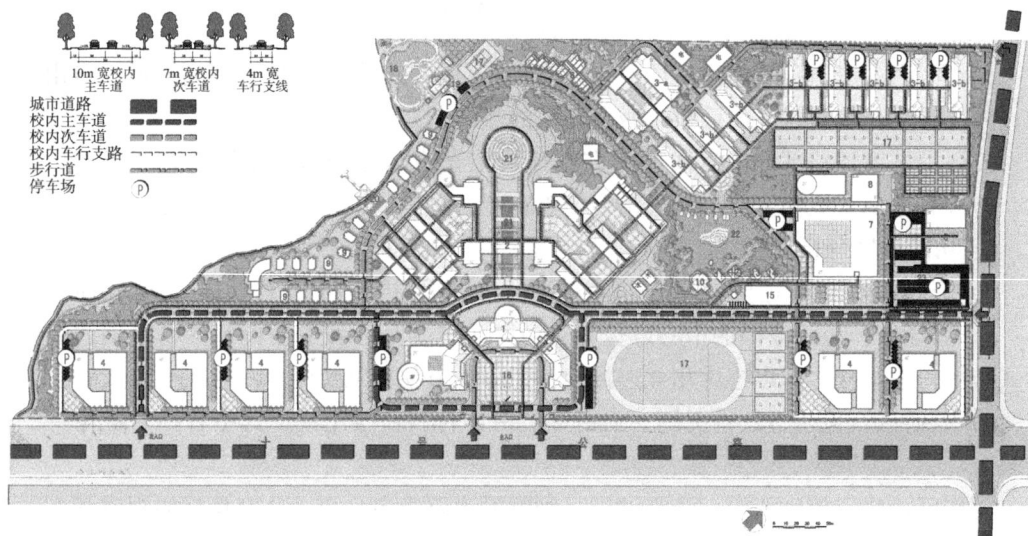

图 5-20 道路交通流线分析图

## 4. 竖向分析

根据现有地形标高及周边城市道路路面标高，进行雨水排放设计。校区地形为东高西低，田径运动场和二期科研区为全校最高区域，湖水周边区域为最低之处。

校区沿街部分标高与道路标高基本一致。

## 5. 绿化系统分析

### （1）第一层次绿化空间系统

校园绿化以设计地形及设计水体核心景区引出自由开放的生态空间为主体，与规则严谨的建筑群体形成强烈对比，整个校园空间疏密有致。

### （2）第二层次绿化空间系统

由教学组团、学生宿舍围合成的半开放式庭院形成丰富的校园景观层次。

### （3）第三层次绿化空间系统

校园车行道周边绿化与基地周边、沿路、沿湖岸绿化，构成连接各个功能区，沿路绿化有效阻止了城市交通的噪音对校园环境的影响。沿湖岸绿化，强调生态适应性和自然生态环境的维护和完善。

## 案例3：江汉大学现代艺术设计学院

### 一、项目介绍

江汉大学校园规划体现了艺术学院鲜明的艺术特色与精神内涵，在和谐中求变化，创造了富有艺术气氛的室内外环境，为一种新型的开放式的艺术教育创造了良好的交流空间。

整个方案交通组织简单清晰，新旧建筑直接采用廊桥或廊道方式连接相关功能的空间，使之趋于体系化（图5-21）。

图5-21 全景鸟瞰

### 二、总体布局与交通组织

1. 整个扩建部分共分四大功能区：北部沿湖为设计系教学楼，东部为行政管理中心，南面沿湖自东向西依次为音乐系教学楼和美术馆。新区围绕旧区形成散点式的轻盈布局。

2. 方案交通组织简单清晰：机动车在围绕建筑群的外环道路上流动，地下车库出入口、地面停车位以及建筑物的物流出入口均设置在这条环线上，而人群则在建筑物所围合出的灰空间中自由、安全地流动（图5-22）。

3. 新旧建筑之间采用廊桥或廊道的方式连接相关功能的空间，使之趋于体系化。

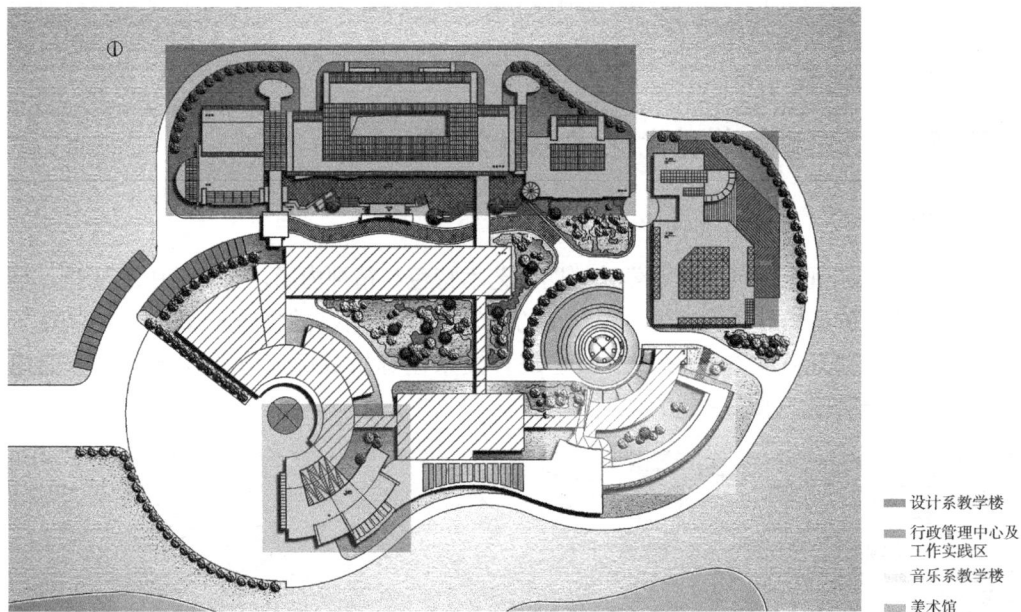

图 5-22　总体布局与交通组织

设计系教学楼
行政管理中心及
工作实践区
音乐系教学楼
美术馆

### 三、建筑形式与现代教学模式

1. 在教学主楼交流空间内设置电子信息屏,使老师和学生的最新创作作品能及时展示,并增强信息数据的交换量,以促进学习经验的交流和教学成果的评估(图 5-23)。

图 5-23　教学楼

2. 顶层画室设计成可自由分隔组合的模块化空间,既可以按单元隔开分班辅导,亦可完全敞开集中授课,增加了画室的开放性和交流气氛(图 5-24)。

3. 提出一室多用概念,减少传统多媒体的教室的设置,通过校园局域网和个人移动化,使学生在不离开各自专业课教室的情况下,完成绝大部分文化与理论课的进修,克服了原有教室空间的浪费、授课效率低下的弊病,取而代之的是学生与教师间高效、互动的信息交流。

124

图 5-24　画室

4. 美术馆设计以人为本，充分满足藏品的陈列、展示、保护要求，满足科研、国际文化交流及其他业务的开展。

## 第二节　道路及桥梁景观

道路与桥梁是城市中相互连接的组带，它为人们的出行带来了极大的便利，特别是现代汽车业的发展，导致快速道路的建设大幅增加，与此同时道路和桥梁也带来了一定的负面影响。大规模的建设破坏了原有自然环境和地形地貌，可以说它是自然土地上的一道伤痕。作为景观设计师就是要用艺术化的手法将不利的地形、地貌进行改造、恢复并创造性的营造出怡人的景观效果。

### 案例 1：天兴洲大桥及周围道桥景观设计方案

#### 一、项目概况

该项目由汉施公路立交地面景观设计、和平大道立交地面景观设计、武青三干道立交地面景观设计及天兴洲大桥景观设计几个部分组成。

大型道桥工程本身就是景观，优秀的道桥形式往往是所在城市的文明象征，代表着建造时代生产力的水平和社会审美趋势。道桥景观的一般涵义是在形式上满足视觉上的愉悦并适合在高速流动中观赏，而环境品质的涵义是：环境内的诸因素反映着当代的生态意识和环保意识。由单纯的形式美走向环境的整体美，是道桥景观建设观念的进步。

天兴洲大桥是在主体结构形式完工之后才进入景观设计研究阶段，主体形式不可更动。景观设计的对象是地面景观、公路桥面配置物、主塔、桥墩形式细化设计及符合在高速进行中观赏的艺术品。

二、设计理念

1. 景观形式与道桥本体一体化原则

在一体化设计中，服从景观形象尊重交通功能的原则，形式美即工程之美（图5-25、图5-26）。

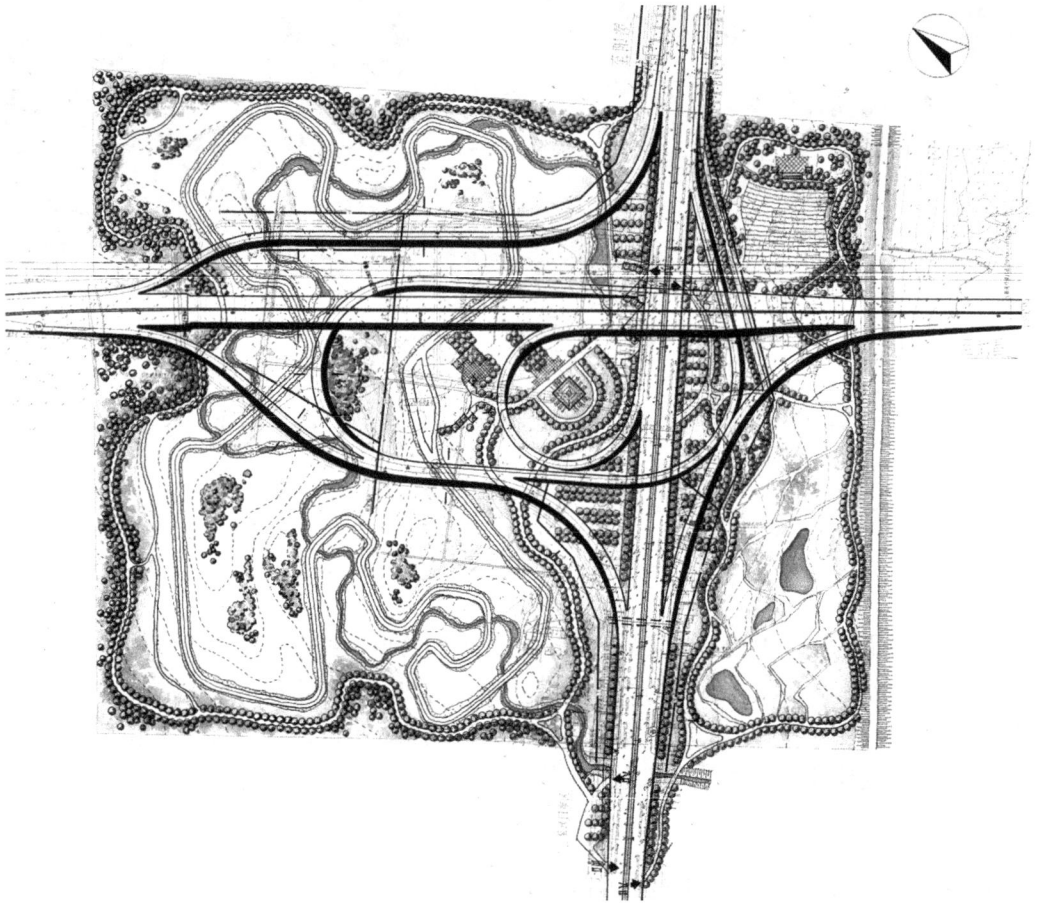

图5-25 汉施公路立交平面图

2. 生态原则

用恢复绿色植被的方式处理互通立交地面景观及道桥投影地带环境的修复，并结合桥墩形成竖向绿化景观（图5-27、图5-28、图5-29）。

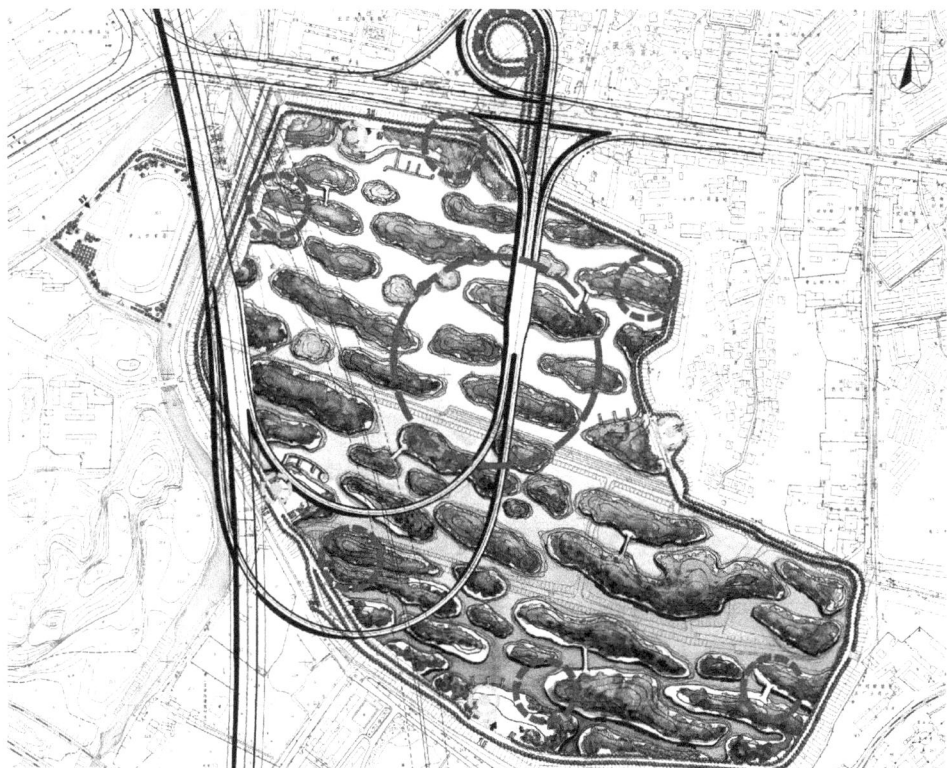

图 5 - 26　和平大道立交平面图

图 5 - 27　汉施公路立交局部效果图

图 5-28　和平大道立交局部效果图

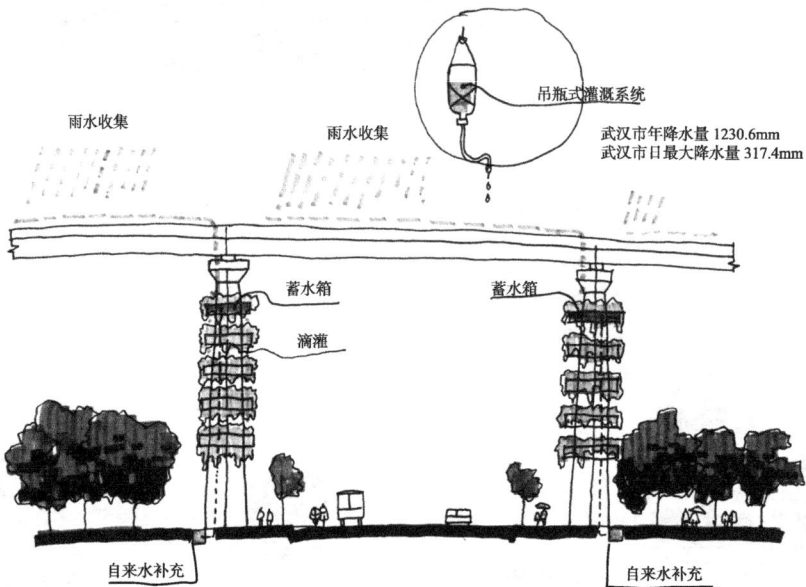

图 5-29　桥墩绿化系统示意图

3. 环保原则

通过构件的设计和宽带林木栽植有效降低噪声污染，通过地表的设计对立交区域的进水、排渍、蓄灌实行无能耗处理，不增加新的水污染（图 5-30）。

4. 视觉原则

从创造愉悦的安全行进的空间环境出发，确定道桥视觉诸因素，即形成符合流动观赏的地面景观，艺术构筑和路面配置（图 5-31）。

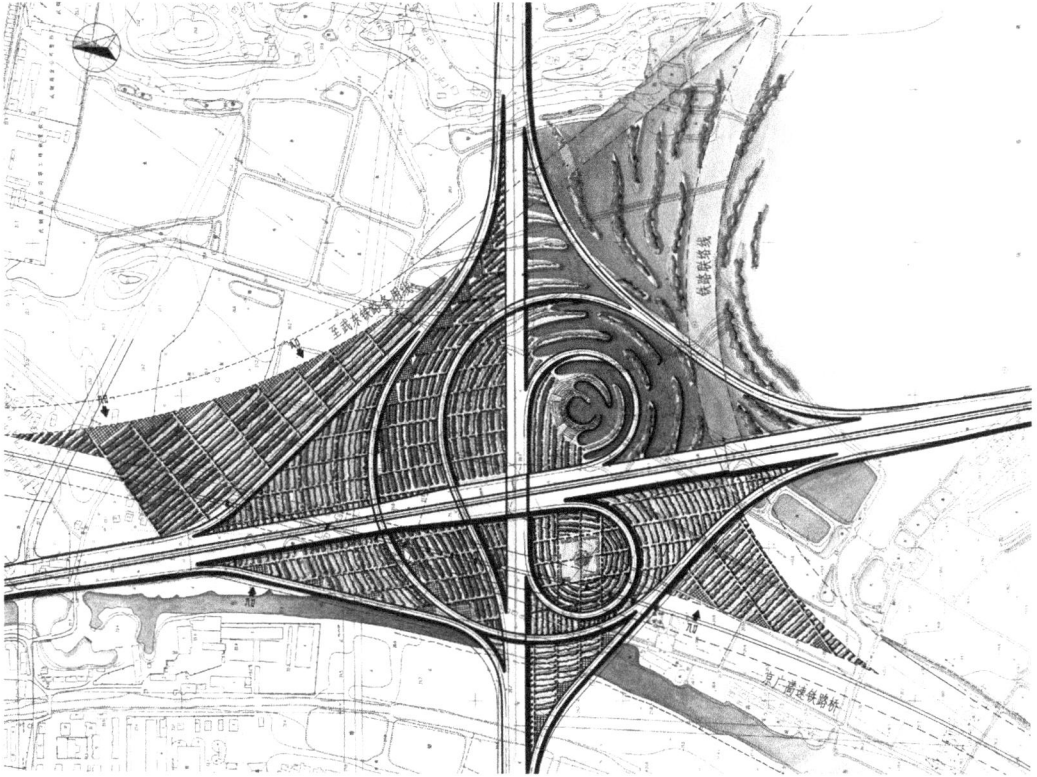

图 5-30 环保系统平面示意图

图 5-31 局部效果图

### 三、各部分特色景观设计

1. 汉施公路立交地面景观设计

汽车俱乐部。率先在国内开辟一项极富刺激性的现代运动场地,并在构造上进行地表、凹槽和植被处理(图5-32、图5-33、图5-34)。

图5-32 汉施公路立交局部效果图

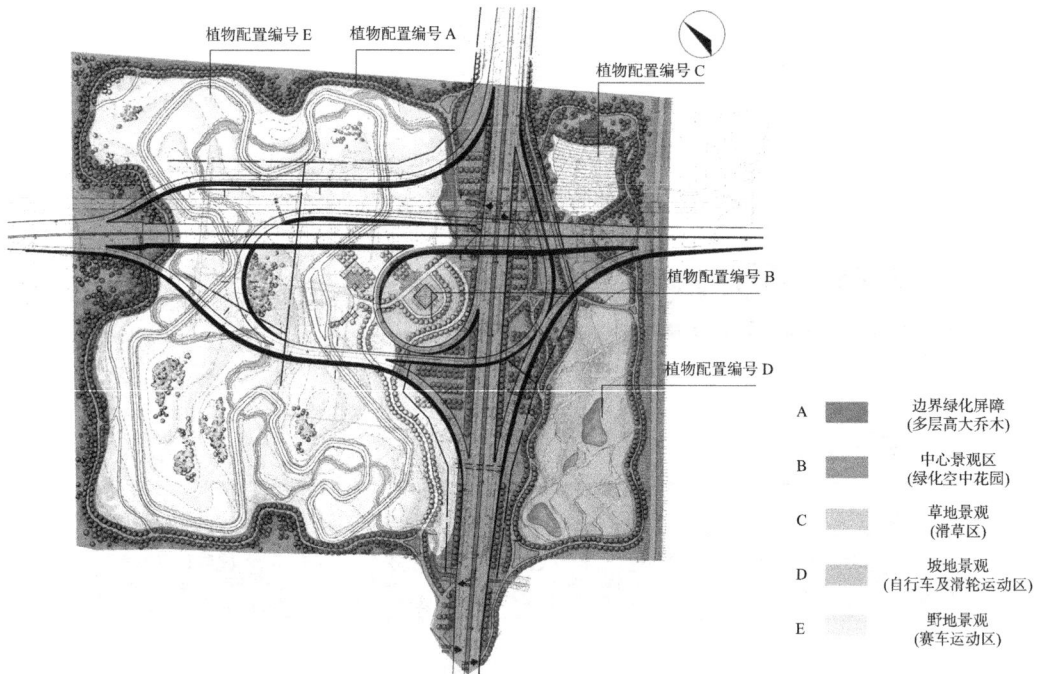

图5-33 绿化示意图

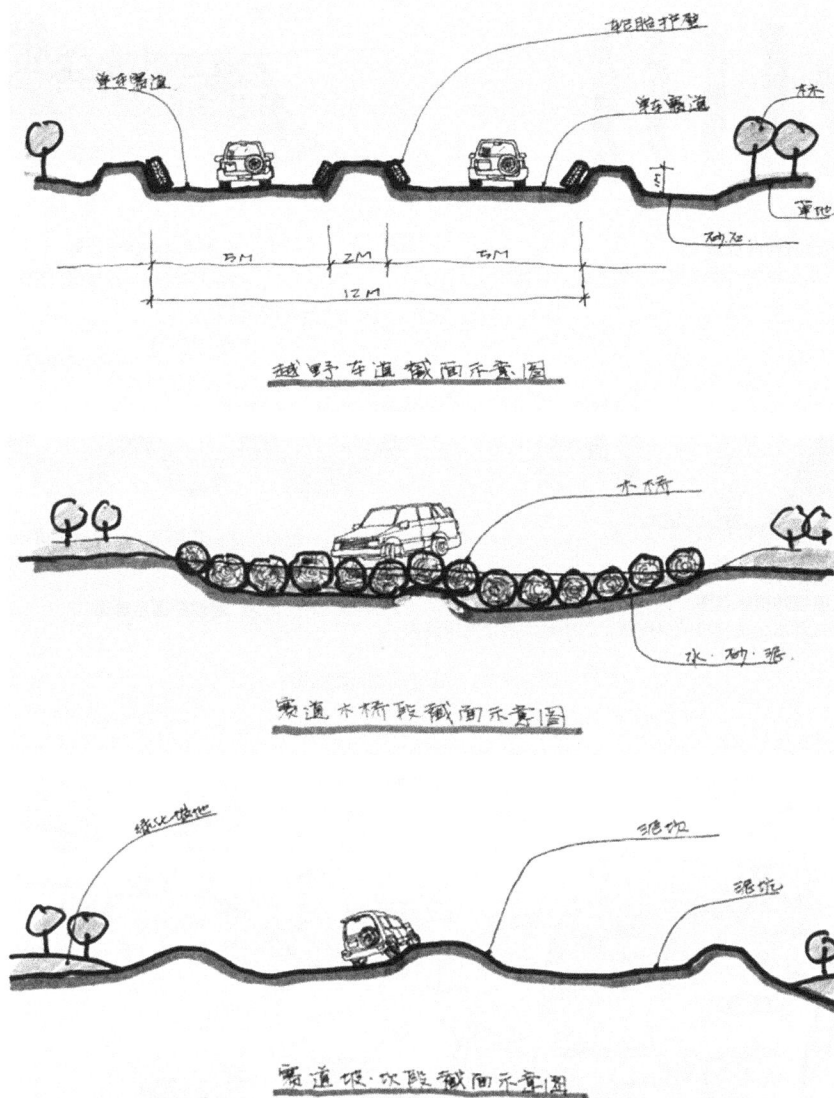

越野车道截面示意图

赛道木桥段截面示意图

赛道埕·改段截面示意图

图 5-34   车道截面示意图

2. 和平大道立交地面景观设计

湿地公园。对煤灰填充的湖面实行水面及生态还原的改造。以煤灰固化，废弃建筑垃圾和生物处理技术作地表综合处理，并形成湿地与水道相间的港湾休闲公园。其主要的生态功能是调动高层和地表结构将雨水和渍水形成无能耗自然净化的流向，以降解堆灰场污染。在微地形处理上，堆砌人工岛，恢复原有水域，形成条状湿地景观，种植以水生、半水生植物，利用南高北低的地表水自然流向，通过植物的过滤，达到水质的净化作用，改善当地的恶劣环境（图 5-35）。将大片戴家湖恢复成富于生机的湿地景观，成为线形交通

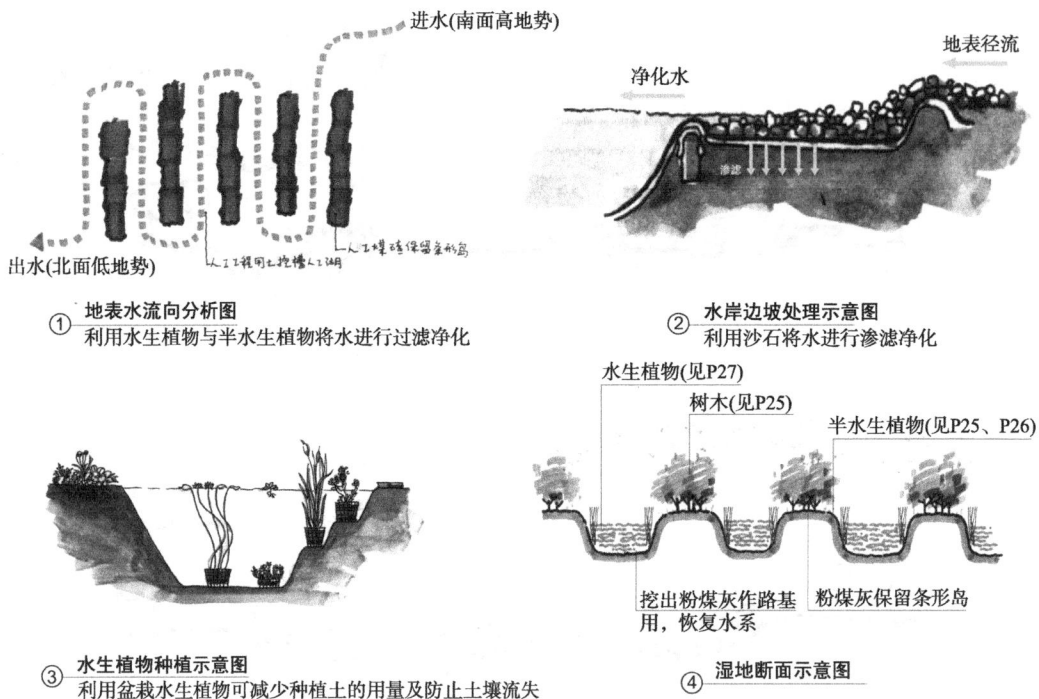

① 地表水流向分析图
利用水生植物与半水生植物将水进行过滤净化

进水(南面高地势)

出水(北面低地势)

人工堤硅保护条形岛

人工堤用土挖槽成人工湖

② 水岸边坡处理示意图
利用沙石将水进行渗滤净化

地表径流

净化水

渗滤

③ 水生植物种植示意图
利用盆栽水生植物可减少种植土的用量及防止土壤流失

④ 湿地断面示意图

水生植物(见P27)

树木(见P25)

半水生植物(见P25、P26)

挖出粉煤灰作路基用,恢复水系

粉煤灰保留条形岛

图 5-35　概念分析示意图

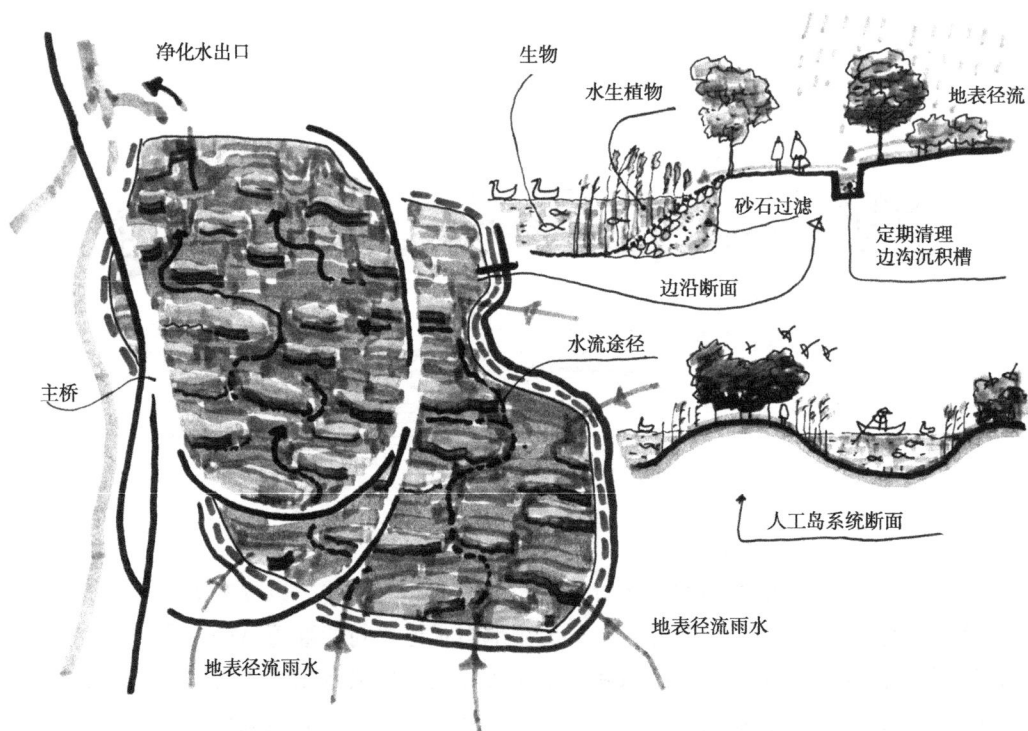

净化水出口

生物

水生植物

地表径流

砂石过滤

边沿断面

定期清理边沟沉积槽

水流途径

主桥

人工岛系统断面

地表径流雨水

地表径流雨水

图 5-36　湿地公园生态系统分析示意图

132

的视觉底衬，沿湖设置观景廊和休憩绿地（图5-36）。

3. 武青三干道立交地面景观设计

地被绿化。从"绿色肌理"的理念出发，调动栽培植物形成大地肌理，以满足高速流动中的瞬间视觉印象，其设计手法是将理性形式与植物的自然生长相结合。优点是养护量小且具有经济价值。构造手段上用不同种类的植被层按设计线形形成凹槽，多种植物分部安排（图5-37）。

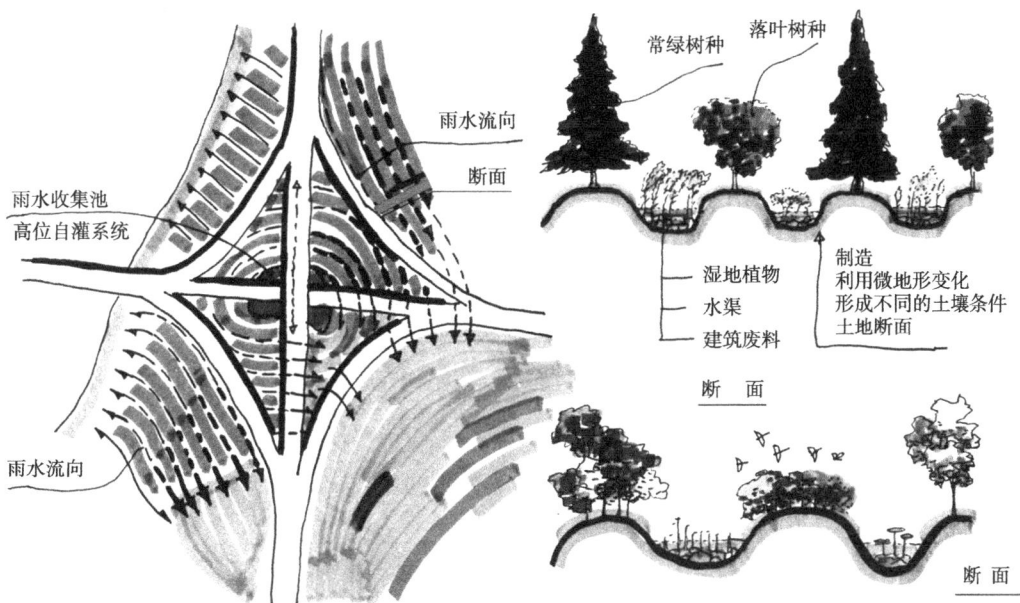

图5-37　地被绿化生态系统分析示意图

# 第三节　旅 游 景 观

旅游景观伴随着旅游业的蓬勃发展而逐渐受到人们的关注。就旅游而言，人们就是要追求自然与文化的东西。旅游景观则是营造出适宜人观赏，将自然之美与人造之美相结合，引导人们去全身心感受不同的文化内涵，感受天人和一的理想境界。

## 案例1：木兰水乡旅游度假区环境规划方案

### 一、项目概况

木兰水乡位于武汉市黄陂区木兰生态旅游区的日光湖黄金区位，距离中心城市武汉59km，东眺日光湖腊山景区，东南望佛教、道教名山木兰山，西接木兰天池，北邻素山寺国家森林公园，南为日光湖、星光湖旅游区，景色秀丽，风光宜人。

木兰水乡的规划方向以自然山水景观为主，并融于写意山水园林景观，具有观赏性、动态性、参与性和时代性，并着重体现木兰文化内涵。本规划用地由陆上和水上岛屿两部分组成，陆上部分拟在公路一侧建停车场和游客服务中心，在农田周边拟建渡船码头，在观光步道上拟建过街观景台。

## 二、设计规划布局

### 1. 游客接待区

游客接待区强调景区的可入性，以各种方式介绍景区概况、进入方式和游览路线。游客服务中心位于停车场向北，由停车场车辆入口上部步行入口从公路进入。该中心是根据山体的走势和逐渐抬升的地形进行跌落式设计，在建筑材料上采用草棚屋顶，玻璃走廊，木质构架，形成风格简约、特点鲜明、生态自然的建筑风貌。观景叠泉位于停车场向西，突显旅游景区特点。整个入口广场背景为环抱形山体，大量种植不同品种的月季，形成花相鲜明的玫瑰园（图 5-38、图 5-39）。

图 5-38　主入口广场平面图

### 2. 垄上行生态农业观光区

在不改变原有农业用地性质的前提下，形成"美农业，美农食，美农舍"的农业风情园。通过"大快活"的特色美农食，让游人在田园绿洲中享受农家美食。特色村落农舍为农艺手工作坊，乡土旅游商品店。村落建筑设计采用四合院的布局形式，结合当地建筑材料，形成风格统一，极具亲和力的农家院落。在景观设计上，采用了溪流在垄上循环的方式，让整个景区的田间地头流水潺潺（图 5-40）。

图 5-39 主入口广场鸟瞰图

图 5-40 大快活餐厅透视图

3.水路导游区

利用较高地势,提供游人一览木兰水乡的景观场所,在枫林岸适当安排景观建筑与金牛岛遥相呼应。水岸码头区向西与金牛岛隔水相望,集散水上游乐的游客,并方便游人上岛游览。过街景观台既让游人在制高处有一个观赏整个木兰水乡的景观平台，又充分考虑到防汛、抗旱及大坝整修车辆从平台拱形门的安全通过。在绿化上群植枫香、木兰、乌桕等景观植被，强化枫林岸的怡人景色（图5-41）。

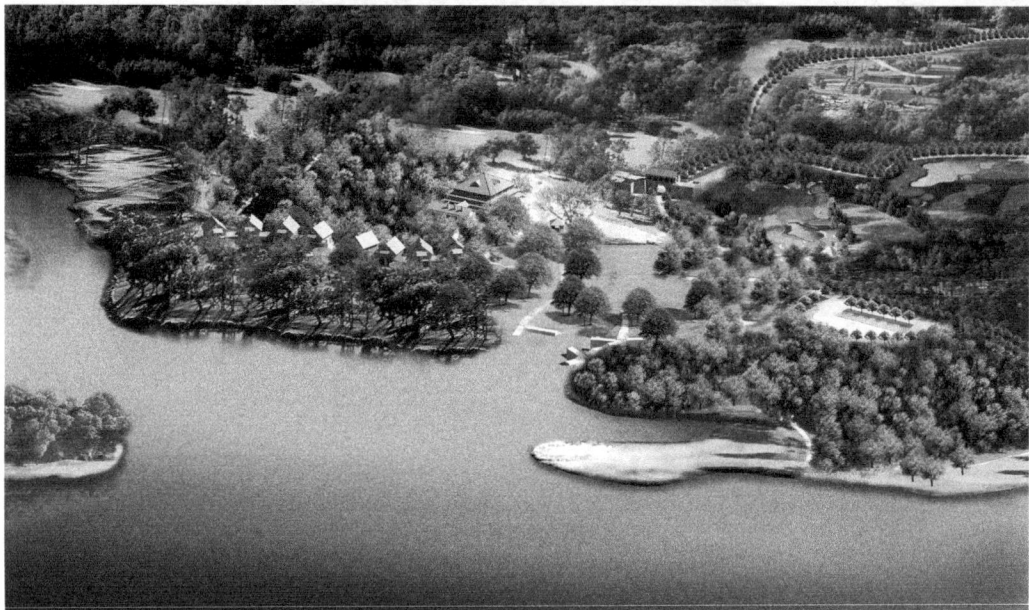

图5-41 枫林岸鸟瞰图

4. 金牛岛核心服务区

打造怡人的水上风情建筑群落。区域的三座岛屿，两座小岛在涨水期面积较小，其中一个作为亲水平台和码头，以两座主坝与主岛相连，围成湖中湖，可建景区标志建筑。主岛做为木兰水乡最主要的特色服务区，采用当地的石材、木材及窑瓦，将地域文化与生态建筑相结合，营造出优美的环境氛围（图5-42）。

## 案例2：西双版纳州宾馆

设计理念：西双版纳地处云贵高原，是各少数民族长期聚集、居住并形成有独具特色的文化胜地。在这片气候宜人的自然环境里，民族文化的相互交流和融汇共处的文化特色，使来自世界各地的游客流连忘返，乐此不疲。目前，这一地区针对旅游资源进行上规模、上档次的配套开发，不仅推动了旅游服务业的深度发展，而且西双版纳州（五星级）宾馆的构建预想（图5-43），还将使西双版纳的度假市场效应向转化为特色文化的品牌延伸。

在西双版纳州（五星级）宾馆建筑规划设计上，方案设计重视市场调研，尊重少数民族的文化特性。在演化傣族民居风格的样式设计中，强调对民居建筑符号的提取与表达，注重建筑风格地域化的现代空间功能与表现（图5-44、图5-45）。

图 5－42　金牛岛鸟瞰图

图 5－43　西双版纳宾馆庭院鸟瞰图

图 5-44　庭院透视图

图 5-45　主入口景观透视图

# 案例 3：武当山旅游客户服务中心

## 一、项目概况

武当山地处我国中部，位于湖北省西北部丹江口市境内，面临碧波荡漾的丹江口水库，背依苍茫千里的神农架林区，东通历史文化名城襄樊，西接繁荣昌盛的汽车城十堰，是联合国公布的世界文化遗产，国家重点风景名胜区，道教名山和武当拳发源地。建设中的武当山机场距此仅 70km，交通设施的进一步改善，必将极大地促进武当山旅游经济地发展（见图 5-46、图 5-47、图 5-48）。

| 项　目 | 单位 | 数量 |
|---|---|---|
| 总用地面积 | 公顷 | 17.03 |
| 建筑总占地面积 | 万 m² | 2.40 |
| 总建筑面积 | 万 m² | 4.46 |
| 其中 酒店建筑面积 | 万 m² | 2.52 |
| 商业街建筑面积 | 万 m² | 0.54 |
| 服务中心建筑面积 | 万 m² | 0.26 |
| 武术馆建筑面积 | 万 m² | 0.56 |
| 国际会议中心建筑面积 | 万 m² | 0.16 |
| 独立式客房建筑面积 | 万 m² | 0.27 |
| 职工宿舍建筑面积 | 万 m² | 0.15 |
| 建筑密度 | % | 14 |
| 容积率 | | 0.26 |

项目一览表
1. 大堂
2. 餐厅
3. 多功能厅
4. 客房
5. 游泳池
6. 花园
7. 网球场
8. 商业街
9. 服务中心
10. 武馆
11. 国际会议中心
12. 独立式客房
13. 绿化
14. 加油站
15. 停车场

总平面图

图 5-46　武当山游客服务中心景观规划总图

## 二、用地现状分析与评估

游客服务中心用地主要由山坡地和平缓地构成，整个用地现状比较零碎，高度在海拔200m 至 225m 之间，相对高度差达 25m，总体规划中确定将进山公路截弯曲直，因道路改线，所以需对地形地貌予以改造。在沟洼的最窄卡口处设置挡土坝，将沟洼地带予以回填，标高以改线后的公路为基本控制标高，填土后形成较为宽敞的平缓地，建设游客服务中心等各种项目。

公路改线工程实际已开始付诸实施，部分场地也已回填，规划填土线以上的坡地现多

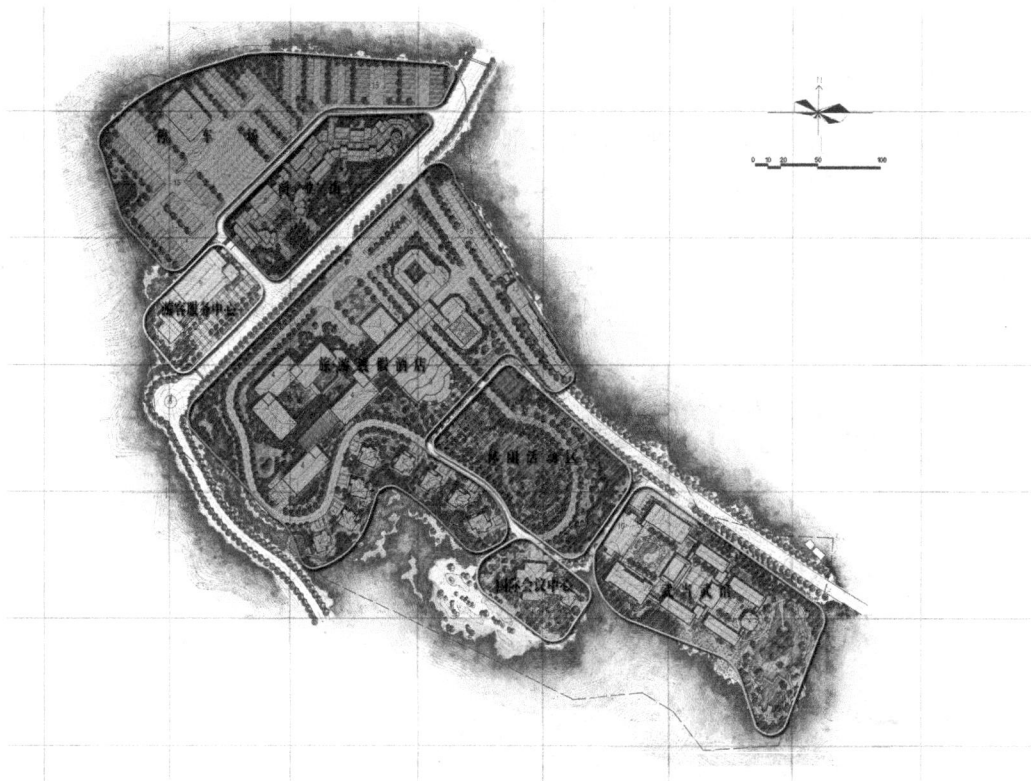

图 5 - 47　功能区域分布图

为果木林地；规划中填土线以上山体全部保留自然状态。建筑布局结合地形，依山就势。现用地范围内的三丰武馆，因建筑景观面貌较差，布局混乱，因此需拆除重建。

武当山游客服务中心位于进山大门内通神沟中段，距武当山镇 0.5km。武当山镇目前主要承载了游客的接待任务，而武当山山门附近尚没有大型的接待设施，故在此设计大型的旅游接待中心，连接武当山镇与武当山风景区，另外，在此设计度假村式旅游酒店提升武当山旅游品质，满足游客的需求（见图 5 - 49）。

### 三、生态化的保护原则

山地建筑规划设计，稍不注意就会破坏生态环境，比如大量破坏表面覆土层、破坏植被、改变山体流水方向、造成山体滑坡等等。在武当山游客服务中心规划设计中，将生态化原则作为重要的指导思想。选址上，将建筑布置在山谷地带，尽量少破坏植被及土壤，建筑采取小型组团式方式布局，让其隐藏于自然环境中，挖掘蓄水池及蓄水带，收集山体自流水及雨水，不改变水流方向。在植物的配置上，尽量采用当地的植物，注意春夏秋冬不同季节的景观配置等等。

武当山游客服务中心定位在度假村酒店与会议酒店相结合。度假村酒店通常是位于旅游胜地，在保护生态的基础上，关注的是风景与建筑，要求与周围的自然环境密不可分，通常将自然风景作为设计要点，游客被环境所吸引。故在此中心设计中，客房部分采用单

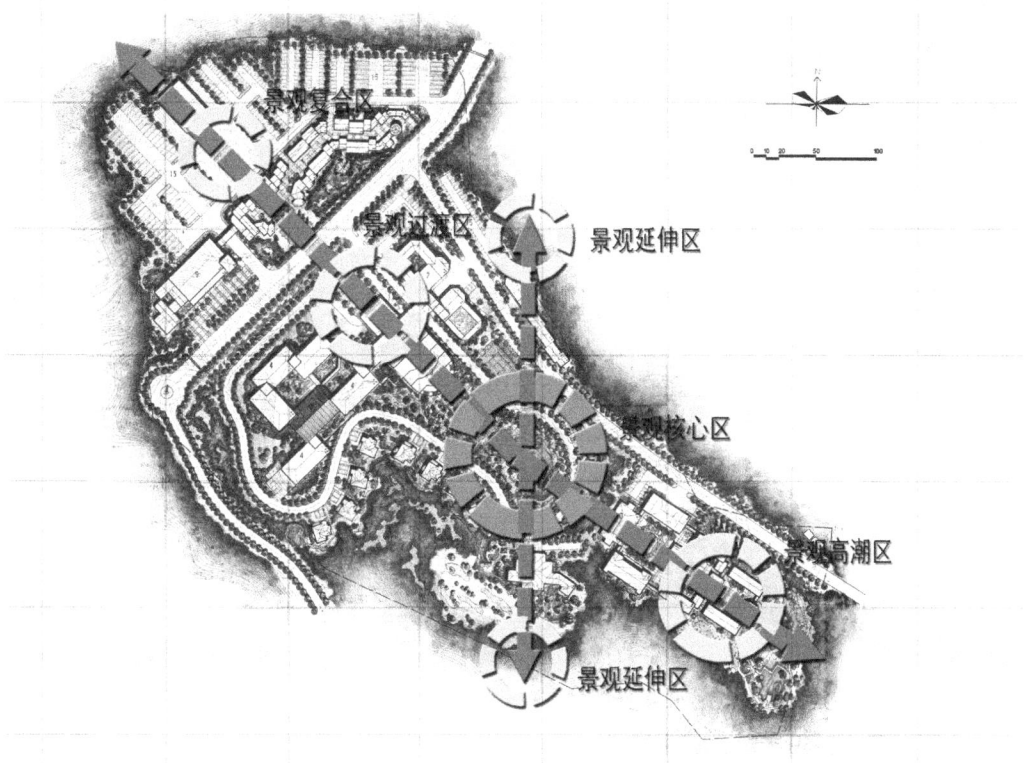

图 5-48　景观轴线及节点图

图 5-49　服务中心入口景观透视图

廊布置，游客都可欣赏到优美景色，进入大堂透过西餐厅也可欣赏远处水景。"集体瞭望"是度假村酒店最为人们喜爱的度假活动场所。在武当山游客服务中心项目中，游泳池置于客房中心部分，同时成为交往场合。针对会议场所通常选在风景区的特点，在此中心规划设计了较高档的国际会议中心及配套的娱乐休闲中心，如非标准高尔夫球场、网球场等（见图 5-50、图 5-51）。

图 5-50　会议中心外景观透视图

图 5-51　服务中心商业街透视图

#### 四、风格明显的文化特征与地域特征：

武当道教及武当拳闻名于世。经过对周边地区考察分析，发现武当山特区的建筑形式大部分是以徽派为主，马头墙、灰瓦，故在武当山游客服务中心规划设计中，建筑风格借鉴徽派风格而同时加入现代的一些语言元素，形式与空间处理上，力求创造出具有道教精神的特定气场。例如武当拳武馆的设计就采用道观的平面布局，三进院落式层层相套，院落与院落层层升高并缩小，三个院落按层次分三个等级从而创造出一种道家的气场。

#### 五、规划布局

根据武当山城区总体规划和已确定的该区域用地性质及湖北省建设厅项目选址意见批复，规划将进公路通神沟截弯取直。将低于公路十几米深的谷地回填，通过对原地形地貌的合理改造，形成较为开阔平坦的可建设用地，规划布局武当山游客服务中心（见图5-52）。

图5-52　武当山游客服务中心鸟瞰图

1. 武当山游客服务中心的各种项目包括：旅游车辆停车场、旅游环保车队、旅游购物一条街、旅游服务接待中心、武当旅游假日酒店、武当武术交流中心等。

旅游车辆停车场按照武当山特区政府对武当山旅游车辆统一停放管理的指导思想，旅游车辆进入武当山后均在此集中停放，统一管理。该区域为深填土区，不宜进行大规模建设，建设停车场比较适合，该停车场的建设将打破传统模式，场地内间植阔叶乔木，面层铺装漏花水泥预制块，水泥块缝隙内广植草皮，规划用地面积 7000m²，可停放车辆约250 辆。

2. 旅游环保车队：在游客中心及旅游车辆停车场之间规划为旅游环保车队，该区域为回填土区，在该场地西北侧，修建挡土坝，场地内具体做法与旅游车停车场相同。将统一管理进山旅游车队，统一车貌，进而为游客提供周到细致的服务，规划占地面积 5000m²，可停放中型客车 120 辆。

3. 游客接待中心：为进一步规范武当山旅游业的发展，规划在山大门处建一游客服务中心，其主要功能为武当山门票管理及游客综合管理。该中心建成后，现门票管理处移至该中心内，结合游客中心修建进入景区的管理大门，原大门为武当山重要的形象性建筑，不再具备管理的特性，规划建筑面积 2600m²。

4. 武当山旅游假日酒店：进山道路裁弯取直后，将原道路围合形成的区域进行整理，结合高低起伏的地形和填土形成的开阔场地，背依武当山脉，而向老营镇，按照高标准、高起点、高水平的原则，建设旅游假日酒店。该宾馆区主要由国际会议中心、宾馆独立客房区、游泳池、网球场、小游园等几部分构成，结合自然地形，依山就势，采取园林式的布局手法，修建一组错落有致、空间有序、相呼相应、亲切宜人、高雅的仿明清建筑群，规划建筑面积 30000m²，规划宾馆床位为 350 床位（见图 5－53）。

图 5－53　武当山假日酒店景观透视图

5. 武当山旅游购物一条街：该街结合旅游服务中心内的自然环境及地形面貌进行建设，经营武当本地工艺品、药材及书籍的上百家小店。此旅游购物一条街建成后，要逐步培育使之形成旅游定点购物的专业市场，加强管理，集中经营，浓缩精品，使武当工艺品、武当药材、武当剑、武当书籍在此区域内相互辉映，健康发展。商业步行街占地面积 5400m²（见图 5－54）。

图 5-54　商业街内景透视图

# 案例 4：灵山风景区

## 一、项目介绍

灵山风景名胜区位于豫鄂两省交界的河南省罗山县西南部山区，属大别山西段，距县城约 45km，北距郑州 350km，南距武汉市 150km，其主峰金顶位于景区西部位与信阳相临。灵山风景名胜区的主景区与景点多分布在涩港镇境内，只有南部的九里落雁湖景区在铁铺乡，北部和西部的龙寺景区及金顶景区的边缘部分在朱堂乡与信阳境内。灵山风景区是河南省人民政府公布的第四批省级风景名胜区，董寨鸟类自然保护区又是省政府第一批公布的国家级鸟类自然保护区，保护区范围大于风景名胜区，并和风景名胜区大部分重叠，风景区规模面积 61.5km²，含涩港镇三个行政村，即灵山村、九里村、高寨村的全部和董桥村一部分，农业人口约 5300 人，耕地 4500 亩左右。

## 二、灵山风景旅游区规划指导思想

为灵山风景区制定长期的规划，确立风景名胜区的保护、建设管理和综合发展永续利用的设想，突出风景名胜区的特色，坚持经济、社会、环境三效益的统一，确定可持续发展的目标（见图 5-55）。

图 5-55　灵山风景区景观规划鸟瞰图

### 三、规划目标

近期接待游客能力 1400 人次/日，在灵山村建设 500 个床位宾馆，远期接待能力 1.5 万人次/日。

此次规划建设范围东起临涩灵路的旅游村，西至灵山寺，规划面积约 2000 亩，是灵山风景区 6 大景区中的核心景区与精华，是主要游览序列，且游览道路为灵山风景区三大游览路的最主要的一条路，也是游览的最主要出入口，景区内有景点 10 余个，其中以灵山寺为最，位居 10 大景点之首。

### 四、用地现状分析与评估

灵山寺景区是灵山风景区六大景区主副轴的交汇点，该景区的上山路处于群山之间的谷地，在连接灵山寺及旅游村道路中段有一面积约 2ha 的水库，山涧沿路蜿蜒而下，在进山入口处有大片相对来说平坦的谷地，而进山公路两侧大部分为山峰，沿路局部有一些平坦地带，建筑布局拟结合地形，依山就势布置。

灵山寺因年久失修，无文物保护价值且规模较小，规划与建筑布局也比较混乱。原有的灵山宾馆设施陈旧，满足不了接待需求。

## 五、规划布局

根据灵山风景名胜区总体规划确定的该区域性质，规划将整个第一期工程划分为四区一轴。在灵山风景区规划中，景区对外出入口主要放在背面涩港，涩港出入口主要是起到一个沿途景点的集散、吞吐及服务作用。根据统计，目前游客人流量每年约 25 万人左右，预计未来每年约 50～100 万人次，故在此处应放置大型集散场地及相应的服务设施，包括停车场、山门、售票处、旅行社等（见图 5-56）。同时，为了优化产业结构，设置相应的旅游基地，兴办学校，发展相关旅游产业，同时，在首期规划中，因灵山寺具有的特殊的人文景观及自然景观以及其为整个旅游风景名胜区的核心所在，是此次重点规划设计对象。依据以上分析，规划设计的分区如下：

原始地形分析图

图 5-56　灵山风景区现状分析图

1. 旅游村区：自涩灵路进入风景区，原有一条宽近 6m 的进山公路直通灵山寺，靠近公路右侧有一大片相对较平坦地带，内有一两处小山丘，在此地带中间部位开出一条 18m 宽进山主干道，沿着此干道，周围以井字形布局分割成若干地块，靠南边老进山公路两侧已有成排建筑形成街道，南侧位于季风上风地带设计为新镇规划区，以吸纳景区内闲散居民。城镇的街道为三纵两横，在旅游村主道路的东侧，连接涩灵路地带规划设计成教育基地，可兴办武术及旅游学校和普通中小学，一方面作为产业，一方面为灵山风景区培养相应人才。基地北侧建设成影视基地，而在基地西北侧，下风方向规划成旅游产业园，发展当地旅游产业，为游客提供必需的用品，同时，为了加强景区对外的交通和应付紧急或特殊情况，在教育与影视基地之间开辟一小型飞机场（图 5-57）。

图 5-57　旅游村景观透视图

2. 入口山门及广场景区：沿着旅游村贯穿东西向主干道走向西侧尽头，便是一高大富有浓郁明清特色的山门，山门位于多层台阶之上，显得高大而雄伟，山门南侧为步行商业街，北侧为游客服务中心，三栋建筑围合成一个前广场，在此处游客可换乘环保车辆进入风景区。

广场周围布置反映历史传说的浮雕，广场尽头为佛莲映辉景点，与山门相互呼应，广场北端宾馆依地势沿着山体等高线作小体量体块布置（见图 5-58）。

图 5-58　入口山门及广场景观透视图

3. 灵山寺景区：灵山寺是佛教传入中国后由官方营建的寺庙之一，距今已有一千五百多年的历史，历经九个朝代的重修和复修，明代洪武三年（公元 1370 年）明太祖往该寺降香，改名为"圣寿禅寺"，并重做修缮，现筑嵌在大寺一层殿的庙门上的"圣寿禅寺"即是朱元璋的手笔，后经过多年的兵灾匪祸，烧毁破坏，已是断碑残刹，冷落萧条，各种佛像砸毁殆尽，金鼎庙宇全部扒光，现存最有价值的是明代开国皇帝朱元璋所提："圣寿禅寺"四字及明代本寺金碧禅师所植的古银杏树。而现存寺院容量少而破旧，不能满足需要，也不利于参学朝圣，讲经说法。故将灵山寺重建扩大，沿东西向依中轴线依次布置山门、放生池、天王殿、大雄宝殿、法堂殿等，周边布置配殿及服务用房，形成大小错落的多层院落（见图 5-59）。

图 5-59  灵山寺景区透视图

考虑到游人及旅游服务的需要，在寺庙以外的，西侧将原来的灵山宾馆改建成斋菜堂及茶社以满足香客的需要，并于路侧布置商业街，离商业街近百米的平地上依山修建院落式的周易研究所（见图 5-60）。

图 5-60  斋菜堂景观透视图

4. 休闲生态区：进入广场与灵山寺景区之间为一大片山地及树林，区内有水库、小溪，景色优美，该区内仅有若干小亭、长廊及钓鱼台等小型休闲娱乐建筑。规划后一轴，从涩灵路、旅游村的干道进入山门到达广场区，通过广场区到达佛手湖及钓鱼台，沿途经过多个休息亭、周易研究会所最后直至灵山寺为旅游的主轴，在此轴的景点布置上，疏密结合，最后高潮处以最重要景点灵山寺结尾（见图5-61）。

图5-61　灵山旅游风景区景观规划鸟瞰图

**六、景观设计**

灵山风景区群山叠翠，丛峰竞秀，奇石陡崖，千姿百态、相映成趣，幽谷密林长流水，瀑潭高悬云地惊，青天繁星风无尘，落雁九里渊渔深，古木名花插满山，覆盖八五峰穿云，珍稀物种上三千，白冠雄鸡隐碧林，有极其优美的自然景观。

在灵山风景区首期规划设计中，尊重自然景观而不破坏地形、地貌，尽量将建筑置于平地而不破坏山体。通过旅游村贯穿东西的主干道，远远看到的是一座高高的富有传统特色的浑厚而敦实的山门置于多步石阶之上。

南为不超过两层高的具有北方特色风格的步行街，北为同样风格的游客服务中心，三组建筑围合成一个小广场，此为进山的第一高潮。游人通过山门相隔长形大广场，远远相对的是一高大的佛莲雕塑。广场以石砌和草坪相间，周围植以绿树，长廊、小亭相间其中。广场北侧为层数不超过三层的宾馆，通过绿树河流与广场相望，对广场也形成较轻松的围合感。进入宾馆内部，前排建筑与后排三幢别墅及延伸出去的会议厅形成一院落，院落中间布置水池、绿化，作为休闲场地，亦成为宾馆的核心景观。出广场，佛手湖东岸小山丘与广场相对是一古朴的小亭，中间置朱元璋塑像，形成悠悠历史深山古刹的意境。

# 第四节　农业景观

2006 年中央一号文件就明确指出了"三农"问题在当前历史条件的重要性。在这样一个大背景下，农业景观问题就显得尤为重要。发展农村经济不可以牺牲环境为代价，这是历史经验，而且也要以不同模式来界定农村的特性，这就需要我们景观设计师依据不同的景观区域进行有针对性的景观设计。

## 案例 1：石首市桃花山镇镇区规划

### 一、项目概况：

1. 规划编制背景

为响应中央的号召，在强调"三农问题即农村、农业、农民问题，是中国目前重中之重的问题"的背景下，研究江汉平原湿地农业生态景观，提出把农业景观作为一个系统来研究。从水、林、牧、渔、桑、土壤、居住能源、社会生活等方面探讨其生态景观原理及景观模式，并将此原理应用于石首市桃花山镇镇区规划方案之中。

2. 城镇概况：

桃花山镇位于鄂湘两省交界之处，石首市东南，为石首市南大门。东南与湖南省华容县接壤，东北角抵长江南岸的华容县塔市驿与监利县隔江相望，西北为宋湖、大汉湖，中湖环绕与本市调关镇相通。西南边陲的小集镇石华堰与华容县跑马岭毗邻。跨东经 112°38′～112°48′，北纬 29°35′～29°44′，全镇南北长 22.5km，东西平均宽 4.5km。镇域总面积 99.75km²，耕地面积 22788 亩，其中水田 20275 亩，旱地 2513 亩，水域面积 22950 亩，山林面积 71460 亩，当地素有"六山二水分田"之称。

桃花山镇镇区现状建成区用地面积为 29.46ha，城镇人口 4560 人。人均建设用地 64m²。镇区西、南为果老山、桃花山环绕，西北向有一条河从镇旁流过，镇内地形有起伏，呈东南高、西北低。镇区主要沿桃花山大道、九佛岗大道、红军路发展，布局较紧凑。镇区南北区道路畅通，但东西向道路联系稍薄弱，道路尚未形成系统。镇区公共设施较齐全。文教卫福利设施有小学、中学和医院、文化站、福利院等。商贸较繁荣，有集中市场和沿街商业，但沿街大多为小型分散商业，商业设施在节假日旅游高峰时不能满足旅游之需，服务设施缺乏。镇区公共绿地有二处，分别位于城镇南北两入口处，但镇区内缺少公园。镇区环境总体质量较好。九佛岗大道为省二级公路过境线，目前镇内沿此线虽然形成了一条商业街，但街道过宽，车速过快，商业运作效果不好，且镇区布局、商业街、建筑均不能体现旅游的特点，也没有考虑不同人群生产生活需要。

## 二、规划理念：

### 1. 概念规划理念：

城镇用地发展方向：桃花山镇规模较小，考虑周边地形，确定用地主要发展方向为向东和西向依托九佛岗向外扩展（见图5-62）。

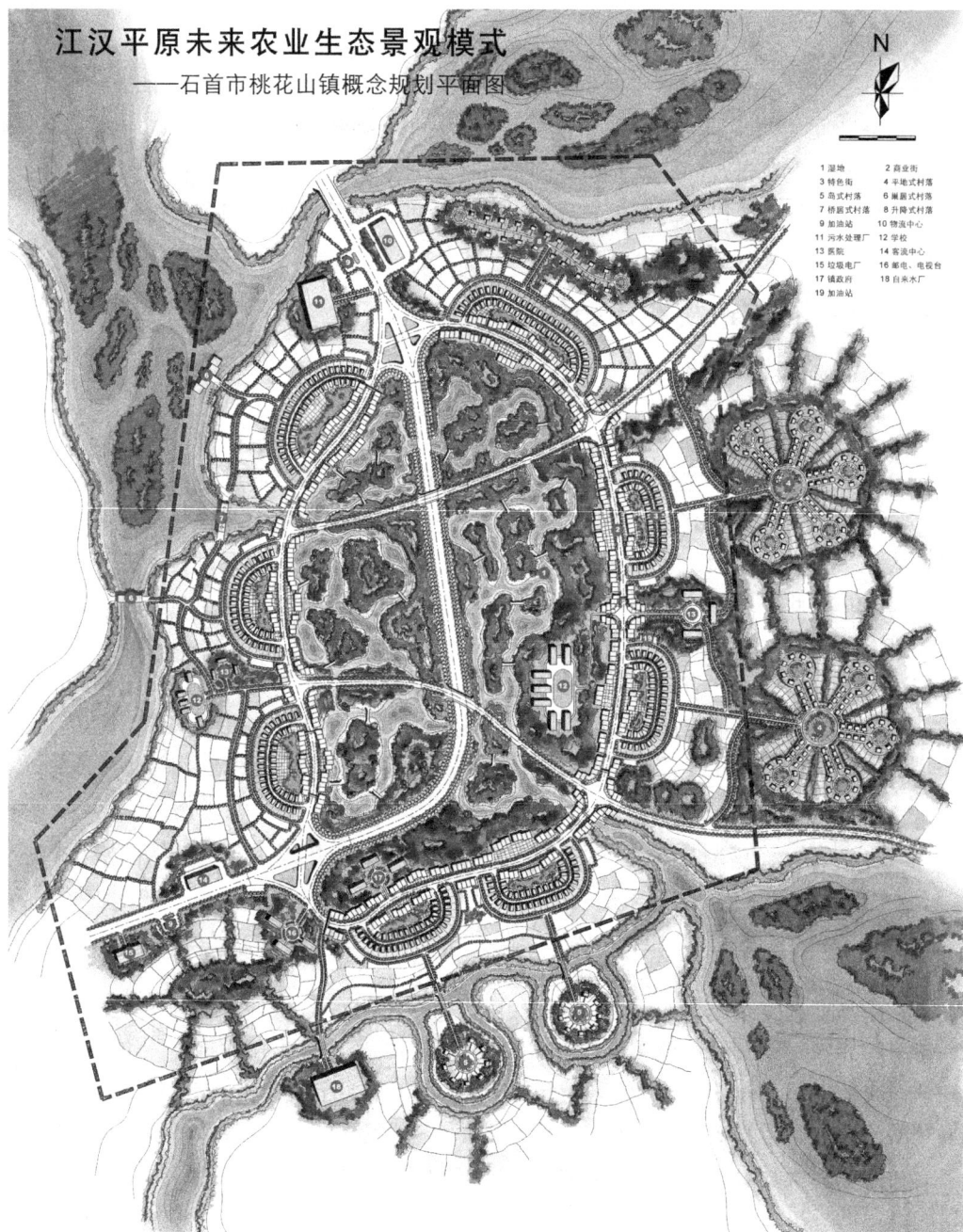

图 5-62　石首市桃花山镇规划平面图

## 2. 规划结构

规划结构为三轴、三层次、一环、一中心，点状布局。镇区有 4 个出入口，西北至石首市，西南至石华堰，东北至红军村，东南至傅家竹园。围绕四个出入口，形成南北以九佛岗大道为主，东西规划路等三条轴线。规划路 3、规划路 4 与九佛岗大道相接形成镇区环路，整个镇区以两环路之间的湿地公园为中心，在环路周围以点状布局形成特色步行商业街。

## 3. 布局形式

在镇区主路两侧的建筑，一二层为商铺，三四层为住宅。特色街以商业、生产、旅游相结合，建设平地、坡地、湿地村落，农业、渔业、旅游业结合发展。

由于当地地理和气候特征为多雨，湖泊众多，森林覆盖率低，所以在生产方式上要促进交通发展，使耕作半径扩大，变个体经营为集体化发展。在生活方式上则要解决"空壳村"现象，发展村级中心，节约能源资源。经济发展趋势将以发展农村渔牧、生态加工及观光农业为新的模式（见图 5-63、图 5-64）。

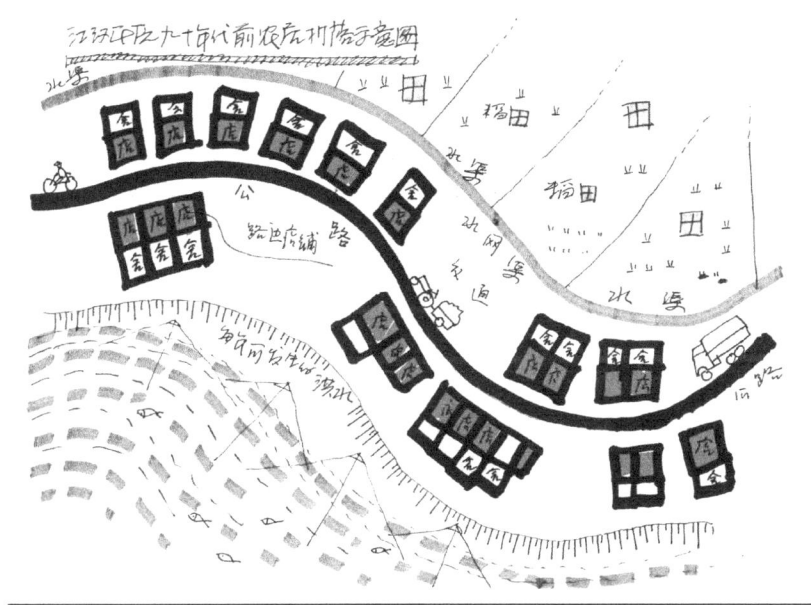

图 5-63　江汉平原二十世纪五十年代前农居村落示意图

1）沿公路形成袋形村级中心，向内延伸成不同特色的村落（见图 5-65）。

2）依坡地特征，向上逐级形成错落有致，与地形特征相协调的坡地村落（见图 5-66）。

3）通过扩展没有交通干扰的湖泊环境，将私人村舍、公园、学校、度假村等纳入其中，增进湖泊及周边不动产的利用和趣味，挖掘土地和水体价值（见图 5-67）。

## 4. 建筑形式

组团建筑以现代建筑的手法及语言来表现农村新面貌。村级建筑有巢居式、桥居式、浮游箱式、岛式、升降式等几种模式（见图 5-68、图 5-69）。

153

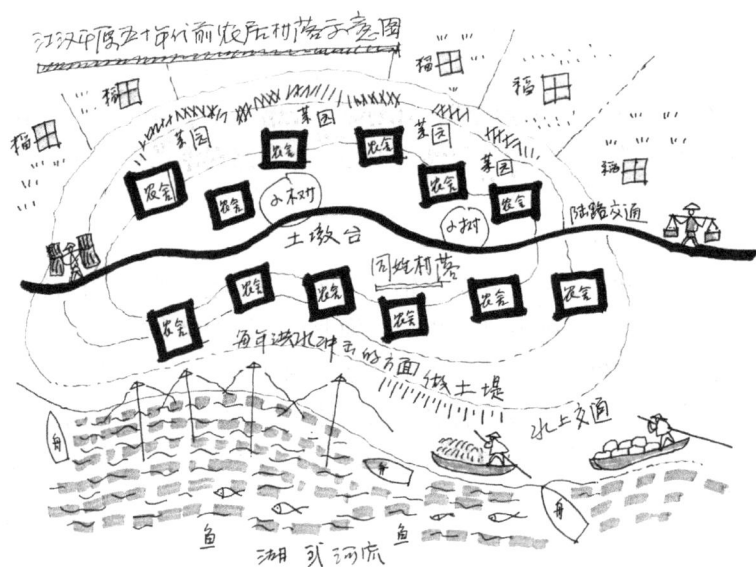

图 5 - 64　江汉平原 20 世纪 90 年代前农居村落示意图

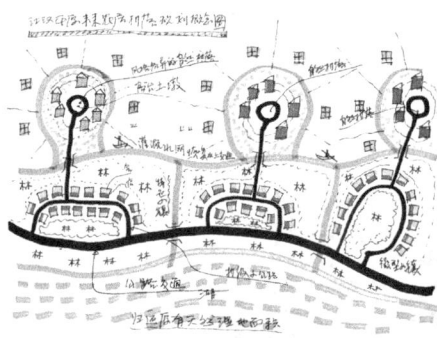

图 5 - 65　江汉平原未来农居村落规划概念图一

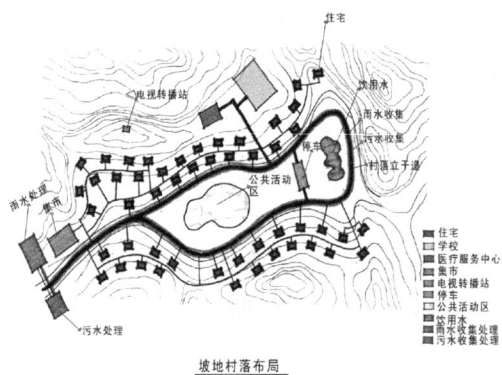

图 5 - 66　江汉平原未来农居村落规划概念图二

154

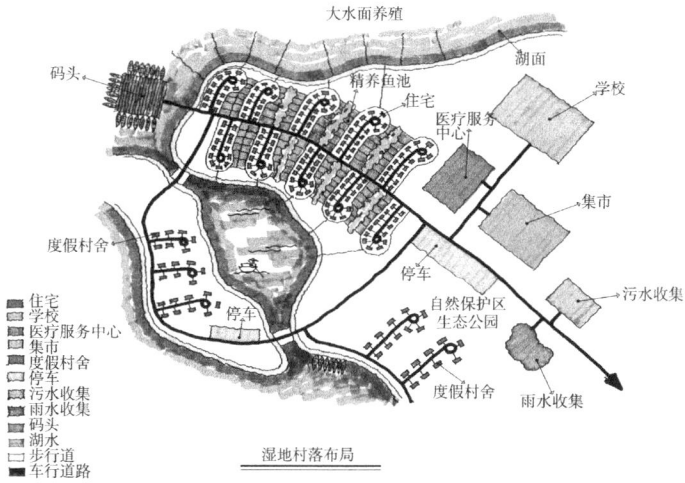

图 5-67　江汉平原未来农居村落规划概念图三

1）立足旅游兴镇方针，挖掘旅游镇特色，强调不同的生产方式决定不同生活模式，镇区营建商业街，商住结合，特色街经营不同的商业项目，旅游生产相结合。

2）商业街布局采用传统风格，面阔较小，进深较大，争取较多营业面积，一二层经商，三四层居住（见图 5-70）。

3）在这里可以品尝到当地美味佳肴，也可以领略到当地传统手工艺制作。陶艺、竹编等作坊都可以让游客参与其中，乐趣无穷。

4）江汉平原地区年降雨量为 1329mm，全年水位落差变化达数十米。

5）因多年围湖造田森林砍伐，环境恶化，几乎年年有涝灾发生。

6）粮食减产，房屋被冲，经济增长缓慢。

5. 能源方面运用沼气、太阳能等生态能源。垃圾处理与发电相结合。

6. 生态处理。镇区利用湿地净化天然雨水，同时结合污水收集集中处理。新的村落居住形式将摆脱洪水的威胁，开创新的景观形象，吸引游人。

洪水　护坡　村落干道　住宅　洪水

污水处理

洪水

洪水

村落外环水渠

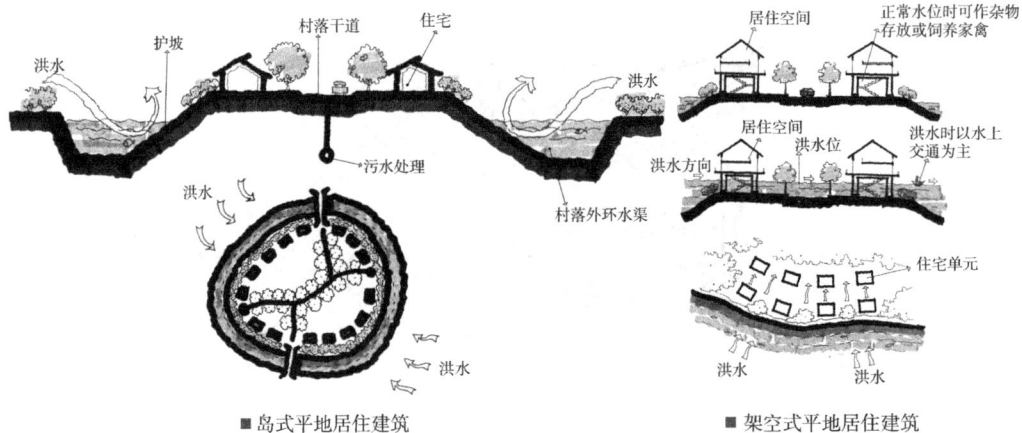

■岛式平地居住建筑

居住空间　正常水位时可作杂物存放或饲养家禽

居住空间　洪水位

洪水方向　洪水时以水上交通为主

住宅单元

洪水　洪水

■架空式平地居住建筑

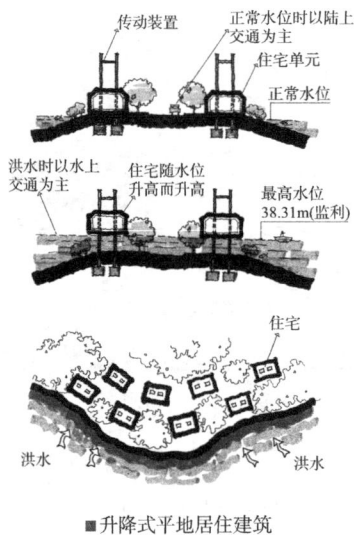

传动装置　正常水位时以陆上交通为主

住宅单元

正常水位

洪水时以水上交通为主　住宅随水位升高而升高　最高水位38.31m(监利)

住宅

洪水　洪水

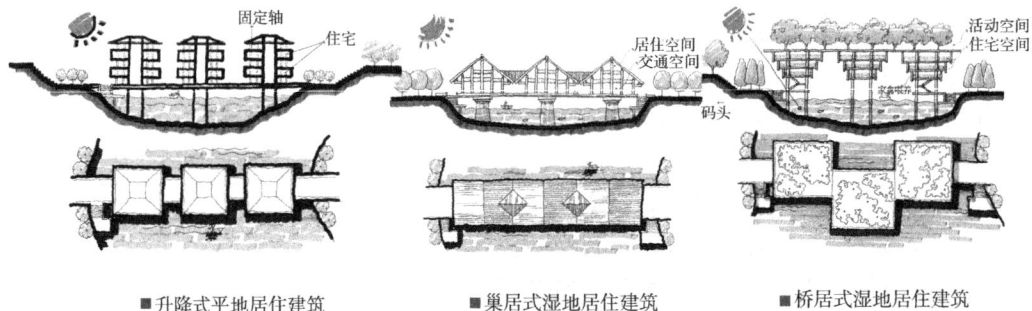

■升降式平地居住建筑

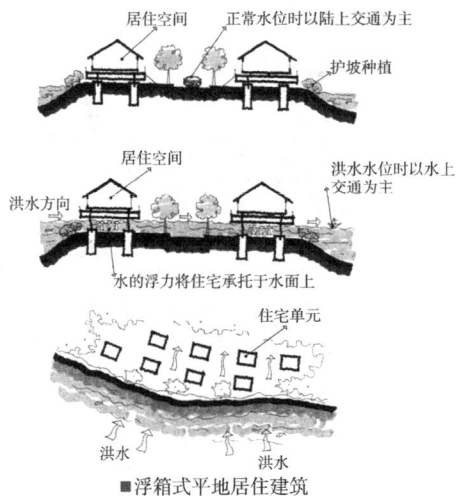

居住空间　正常水位时以陆上交通为主

护坡种植

居住空间

洪水方向　洪水水位时以水上交通为主

水的浮力将住宅承托于水面上

住宅单元

洪水　洪水

■浮箱式平地居住建筑

固定轴　住宅

居住空间交通空间

码头

活动空间住宅空间

■升降式平地居住建筑　　■巢居式湿地居住建筑　　■桥居式湿地居住建筑

图 5-68　居住建筑之一

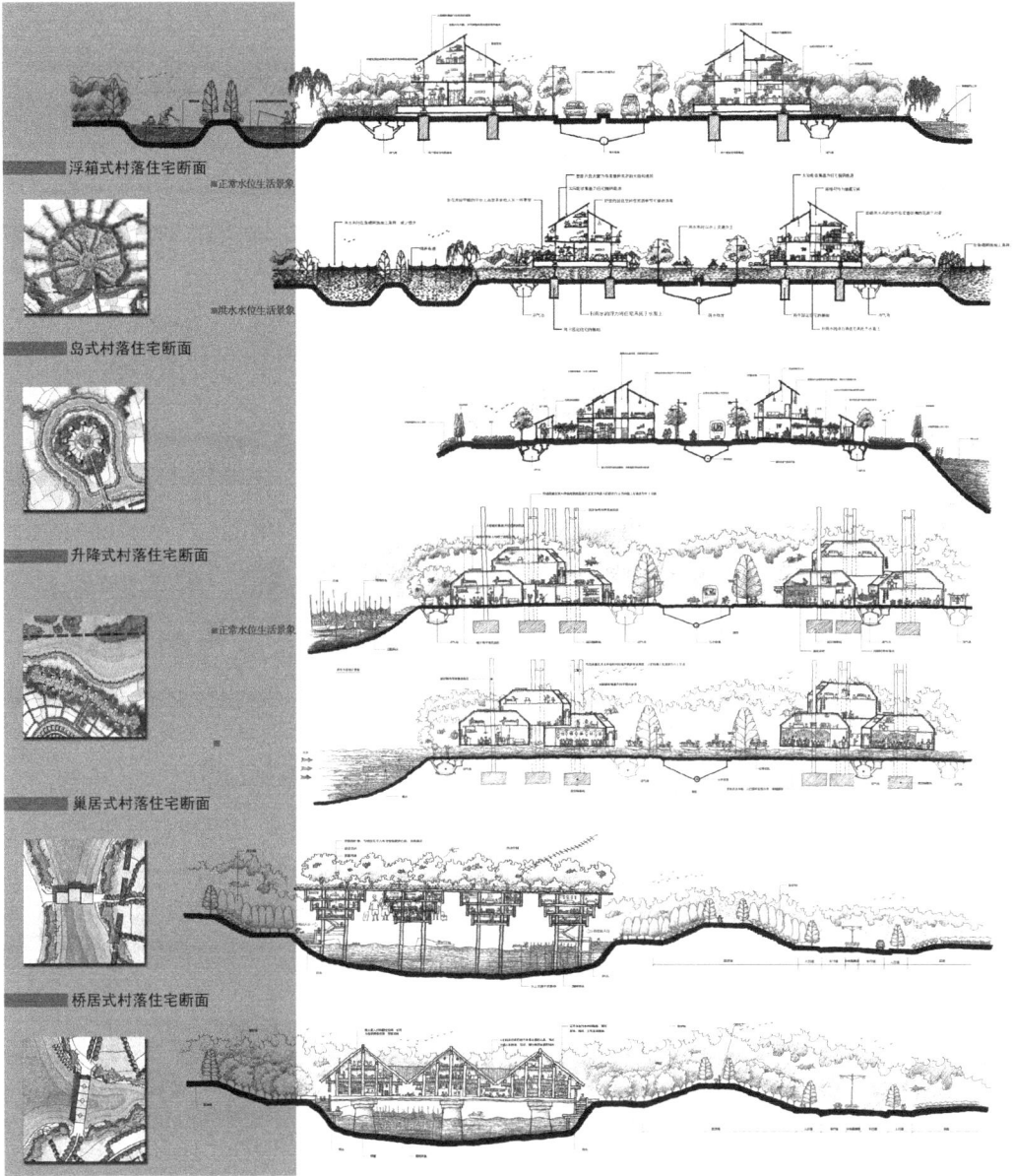

浮箱式村落住宅断面

■正常水位生活景象

岛式村落住宅断面

■洪水水位生活景象

升降式村落住宅断面

■正常水位生活景象

巢居式村落住宅断面

桥居式村落住宅断面

图 5-69　居住建筑之二

搭载各地旅客的旅游车

体验乡村生态游的旅游者

可以乘坐电瓶车观赏街景

也可以乘坐当地旅游出租车

租凭当地旅游摩托车游览

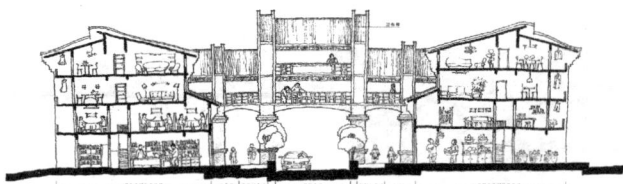

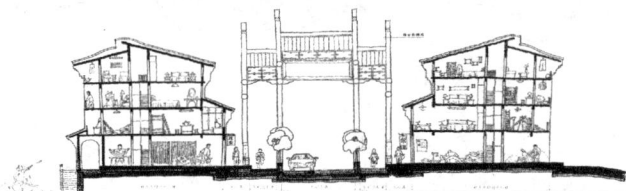

商业街布局采取传统风格，面阔较少，进深较大，争取较多营业面积。一二层经商，三四层居住。

到特色步行街看看

可以租凭自选车代步

也可步行领略特色商品

在这里你可以品尝到当地的美味佳肴，也可以领略到当地传统手工艺制作，陶艺、竹编等等作坊都可以让你参与其中，乐趣无穷。

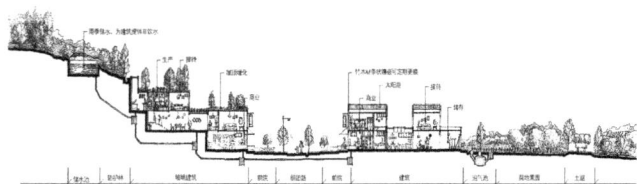

图 5-70　商业建筑

**附件 1**

# 区域景观课程的教案及讲义

## 一、区域景观课程教案

课程名称：区域景观

课程编号：

课程类别：专业课程

课程目的：开设本课程的目的是引导学生从自然地理学角度，运用其中最基础的自然科学知识来面对大自然，从中了解大地景观及形成的自然因素。该课程属知识类课程，在讲义中使用的中国国家地理杂志资料制作的电子版教学幻灯片，内容涉及从宏观的地球全景到各区域自然因素及人文景观的构成区域性特点。

年　　级：二年级上半期

总学时数：120 课时

教学内容及进度计划：

第一周：

1. 区域景观的概念——多媒体教学演示。

2. 区域景观的特点及形成原因——课堂讲授、讨论、资料片演示。

重点：讲解区域景观的组成要素——自然景观和人文景观，明确其基本特征；

难点：区域景观的概念、范畴。

作业要求与标准：

1. 内容：整理课堂笔记，默画资料片中典型的地区景观图象。

2. 规格样式：

（1）材料要求：速写本

（2）尺寸要求：16 开

3. 要求时数：本周内完成

4. 质量要求：不限技法，应能准确反映其基本特征。

第二周：

收集中国典型区域景观的相关资料。

重点：了解区域景观中的自然景观和人文景观的差异性及共性；

难点：应使收集的相关资料能明确反映各地区区域景观的特征。

作业要求与标准：

1. 内容：收集整理中国典型区域景观的相关资料。

2. 规格样式：

（1）材料要求：速写本

（2）尺寸要求：16 开

3. 要求时数：本周内完成

4. 质量要求：所收集资料的图、文有机结合，图片概括性强。

第三周：

课堂讲解，典型案例分析与范图提示。

重点：了解区域景观的类别及分析方法；

难点：区域景观的类别。

作业要求与标准：

1. 内容：

1）收集省内典型地区相关图、文资料。

2）收集相关的论文素材。

2. 规格样式：

1）材料要求：速写本

2）尺寸要求：16 开

3. 要求时数：12 课时

4. 质量要求：所收集相关图、文资料能充分体现各地区域特征。

第四周：

布置论文课题作业。教师辅导，对作业做阶段性分析及点评，确定论文主题。

重点：相关资料收集的准确性；

难点：掌握区域景观的表达方式。

作业要求与标准：

1. 内容：

1）以省周边地区为背景，对不同地区独特的景观环境做系统分析。

2）相关地区的区域景观论文。

2. 规格样式：A1 幅面标准版式装裱（2 幅）

3. 要求时数：至第六周结束时完成

4. 质量要求：

1）充分展现省各地区独特的景观特色，并对其形成原因做一定深度的说明。

2）论文观点明确。

3）文字阐述清晰，图面表述细致。

4）各阶段作业进度和课堂纪律作参考评分。

第五周：

课堂作业，教师辅导，解答学生作业进程中发生的问题。

第六周：

完成课题作业。采取三种方式对学生作业做系统分析讲评。

1. 自我评定——学生自我总结作业过程中的体会，自我评价作业的优、缺点，口述论文的主要论点。

2. 学生互评——学生之间互相交流作业体会。

3. 教师讲评——讲述学生作业的优、缺点，交流课程体会。

选用教材：

1.《景观设计学》（中国建筑工业出版社）

教学工具书：

1.《景观设计师便携手册》（中国建筑工业出版社）

2.《自然原始景观与旅游规划设计》（东南大学出版社）

教学参考书：

1.《中国国家地理》（中国国家地理杂志社）

# 二、区域景观课程讲义（纲要）

## 第一节　区域景观的概述

1. 区域景观的概念

区域景观的概念来源自然地理学中地球经度和纬度的划分，不同纬度区域自然风貌存在明显的特征和差异。从地球知识来宏观认识区域景观，对学习本课程是非常重要的。

2. 世界典型区域景观的分布状况

处于地球上的不同地区，由于气候、海洋、季风和海拔高度的不同，可分为热带、亚热带、温带、寒带等景观类型，也有滨海景观、高原景观、沙漠景观、大河景观、雪山景观等丰富多彩的景观区域。

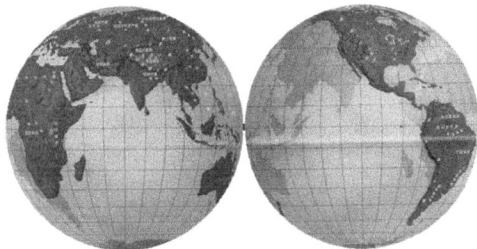

## 3. 各气候带形成的区域景观—自然景观

自然景观

世界陆地表面高低起伏，形态多样，地表各种各样的形态，总称为地形。地形可分为山地、平原、高原、盆地、丘陵五种基本类型。

人文景观

3.1  气候带：环绕地球呈纬向带状分布的气候分类区划。

热带景观

亚热带景观

温带景观

3.2  气候带划分：受太阳辐射影响，全球分为赤道、（南北）热带、（南北）亚热带、（南北）温带、（南北）亚寒带、（南北）寒带等 11 个气候带。

## 4. 中国典型区域景观

云南·四季如春的草地

云南·大理三塔

陕西·黄土沟壑

陕西·窑洞与黄土坡

新疆·绿水青山

新疆·剪羊毛的人

西藏·山一样的白云

西藏·蓝天与白塔

## 第二节　区域景观的成因及特点

### 一、区域景观的形成原因

1. 新疆维吾尔自治区布尔津县地区**自然景观**的形成原因受以下几个因素的影响。

1）地理位置

布尔津县位于新疆维吾尔自治区北部，伊犁哈萨克自治州东北部，阿尔泰山南麓的额尔齐斯河畔，准噶尔盆地北缘，地理坐标为 $86°54'\sim88°06'E$，$47°22'\sim49°11'N$，南北长约 200km，东西宽为 49km～82km，总面积 $10540.3km^2$。

喀纳斯国家级自然保护区位于新疆阿勒泰地区布尔津县和哈巴河县境内，北与哈萨克斯坦共和国、俄罗斯共和国接壤，东邻蒙古人民共和国，西部为哈巴河县林场，南为布尔津林场，地处东经 $86°54'\sim87°54'$，北纬 $48°35'\sim49°11'$。自然保护区东西长约 74km，南北宽约 66km，总面积为 $2201.62km^2$。旅游活动区处于保护区南端，包括喀纳斯湖（二道湾以南）及沿喀纳斯河，其河谷呈带状分布。

2）地质地貌

布尔津县由三大地貌区组成：北部阿尔泰山区，中部冲积平原及河谷平原区和南部低山丘陵区。北部阿尔泰山脉呈西北——东南走向，面积占全县面积的 68％，山势自北向南逐步降低，阶梯层次地貌明显。海拔 3200m 以上为高山带，受现代冰川、雪蚀及寒冻风化作用明显。在分水岭一带有几座海拔 4000m 以上的高峰，其中友谊峰海拔 4374m，是阿尔泰山在我国境内的最高峰，雪线高度 2850m～3350m，有冰斗冰川、悬冰川和山谷冰川，其中喀纳斯山谷冰川末端最低到达 2416m。海拔 2400m～3200m 为亚高山带，受寒冻剥蚀、雪蚀和融冻作用。山势陡峻，阴坡基岩裸露。山地顶部受古冰川作用，有数以千计、大小不等、形状各异的湖泊群，周围为寒冻沼泽草地和亚高山垫状草甸，是良好的夏牧场。海拔 1200m～2400m 为中山带，水网密度大，径流活跃，河流侵蚀切割强烈，多深切峡谷。由于受新构造运动和古冰山作用，形成众多的冰碛湖泊，组成了星罗棋布和中山带湖泊群，较大的有喀纳斯湖、阿克库勒湖、喀拉库勒湖和双湖等。中山带有茂密的原始森林和草地，覆盖度达 70％以上，是很好的木材基地和优质的夏牧场。此带为布尔津旅游资源的精华所在。海拔 1200m 以下为低山丘带，受干燥、半干燥剥蚀作用，山顶基岩裸露，多呈浑圆状或梁状，河流切割较弱。该带受北西——东南断裂带的影响，众多的山间断裂盆地，如哈流滩和冲乎尔盆地，其中冲乎尔盆地是布尔津县主要产粮区之一。该带降水量少，生长半荒漠灌丛及草地，是较好的农业区和春秋季牧场。

中部为山前冲积平原及河谷平原区，约占全县总面积的 18％。地势由东北向西南倾斜，上覆薄层第四纪砂砾沉积物，土层较薄；下覆上第三系的杂色砂岩和砂砾岩层。冲积平原地势平坦开阔，干旱缺水，生长荒漠灌丛和稀疏草地，而河谷平原，土层深厚，水源丰富。河谷次生林和草丛茂密，是布尔津县主要种植区和良好的秋冬牧场。

南部为准噶尔盆地北缘的阔克森山地，属半荒漠低山丘陵，最高海拔 1558.4m，面积约占全县总面积的 14％。山顶浑圆，相对高度 50m～100m，丘陵与谷地相间分布，谷中有泉水，生长稀疏的灌木和牧草，是牲畜越冬之地。

喀纳斯自然保护区在大地构造上隶属阿尔泰山地槽褶带的富蕴地背斜，系华力西早斯褶皱的巨大复背斜构造。主要由变质的下古生界岩系组成，并有大量华力西期花岗岩侵入。复背斜上具有北西向和北东向两组褶皱。苏姆代里根河附近的一组东西向断裂可视为两组构造线的分界。其南为北西向构造带，其北为北东向构造带，保护区即处于北部。就地质力学观点划分的构造体系而言，本区属蒙古弧西翼。

区内广泛出露的地层为下古生界寒武系——中奥陶纪的哈巴河群，其次是上古生界的下泥盆纪和新生界的第四系。哈巴河群岩石以千枚变状细粉岩为主，夹少量绢云母千枚岩，厚度 6000 余米。下泥盆纪仅露于喀纳斯湖东侧，岩石以变质沉凝灰岩为主，其次有变质晶屑凝灰岩等，厚度 3000 余米。第四系以冰川、冰水堆积为主，其次有坡积、残积、卫积——洪积和湖沼沉积，岩性为漂砾、砂砾、泥砾、亚沙土和泥岩等松散积物，零星分布于沟谷、洼地及现代冰川附近，厚度一般仅数米。

本区侵入岩较发达，分布有 6 个花岗岩体，分别呈大型岩基和岩株孤立产出，相互穿插关系极少，岩性为黑云母斜长花岗岩、二云母花岗岩和白云母花岗岩等，侵入时代以华力西期为主。

各类基岩的宜林程度以河谷低阶段第四系卫积——洪积层为最高，广泛分布的千枚岩次之，凝岩和花岗岩则相对较差。

整个保护区地势自东北向西南倾斜，境内山峦起伏，冰峰雪岭绵亘，沟壑纵横，地形复杂，海拔高度介于 1300m～4374m，分布着大量冰川奇观，为世人瞩目。中山区海拔高度介于 2200～3200m 之间 319 个大小湖泊贯穿于高山深谷之中，原始森林茂密，动植物资源丰富。海拔 2200m 以下的保护区南部为中低山区，降水较为丰富，森林、草原茂盛，自然景观独特，是可开发旅游活动的主要区域。

3）水文条件

布尔津县水资源丰富，发源于北部阿尔泰山区的水系较密，湖泊甚多。主要湖泊有喀纳斯湖、托库木特湖、阿克库勒湖等，主要河流有额尔齐斯河，布斯河是我国唯一一注入北冰洋的外流河，在本段长 80.5km，年径流量 $31.8 \times 108 m^3$，水域辽阔，河谷林木繁茂，为休息、垂钓、漂流等旅游活动提供了得天独厚的条件。

保护区地处阿尔泰山主峰群南坡，众多山峰在雪线以上，冰川覆盖面积大，又正当西风气流迎风面，水分来源充沛，降水频繁，故区内河流纵横，径流活跃。

喀纳斯自然保护区是我国境内阿尔泰山区现代冰川的主要分布区，据统计，区内共有冰川 210 条，总面积达 209.5km²，冰储量 13.0km³，折合淡水储量 117.4 亿 m³。冰川和季节性积雪融水在该区河流的补给比例中高达45%～50%。而喀纳斯自然保护区冰川面积和冰储量分别占我国阿尔泰山冰川的71.5%和79.1%，是阿尔泰山区最主要的冰川分布区。

冰川消融具有明显的季节性，与气温、太阳辐射紧密相关。区内冰川每年6月中旬开始消融，7月为盛融期，8月底停止。年平均消融量1026.9mm，冰川融水达2.15亿$m^3$，相当于全区增加了100mm的年降水量，为全年平均降水量的9.1%。因此，冰川是喀纳斯一座巨大的固体水库，对区内水分起着重要的调节作用。

喀纳斯河由东北向西南贯穿全区，全长125km，平均宽约50m，最宽处达100m，是保护区内主要河流。河水水质优良，矿化度低。水中各类离子总量27～73mg/L，pH值6.58～7.02，属中性极软水。保护区内最大湖泊为喀纳斯湖，湖长24km，平均宽1.9km，平均水深约90m，最深处达188.5m，面积为45.73$km^2$。

喀纳斯河流域森林密布，绿草如茵，植被覆盖度大。由于森林对雨水和冰川融水的截持和阻滞，使地表径流对土壤的冲刷大为减弱，所以河水中泥沙含量低，每立方米中仅6.5g。同时，阿克库勒和喀纳斯湖呈串珠状分布于将喀纳斯河截成3段。河水先后从两湖中通过，流速锐减，泥沙沉积，也是河水含泥沙量低的原因。

此外，区内山谷洼地、湖滨及河沿阶地分布着较大面积的沼泽，它们储存水分，并以各种形式不断向外补给，这也是本区不可忽视的水源地。

该区丰富的水源补给，不仅为西伯利亚泰加林的南延和发育提供了优越的水湿条件，而且也是布尔津县工、农、牧业生产和人民生活的主要水源。

4）气候条件

布尔津县属于大陆性北温带寒气候，夏季凉爽，冬季冷而不剧，降水量小，蒸发量大，昼夜温差大，光照充足。由于区域不同，山区和平原有较大的差别，平原地区1月平均气温-17.6℃，7月平均气温22.4℃，年平均气温4.0℃，年均降水量118.7mm，无霜期年平均142天。山区有丰富的水域和冰川，加上大面积的森林、草原的调节作用，形成了与平原区不同的气候特点，夏季凉爽宜人，冬季温和多雪，这对于研究保护区内现存珍稀动植物资源的产生、演变规律，开发旅游资源，开辟夏季避暑、冬季滑雪旅游都具有得天独厚的优势和广阔的前景。

喀纳斯自然保护区地处欧亚腹地，远离海洋，所处纬度较高。太阳高度角随季节变化大，直射时间短，夏半年和冬半年热量相差悬殊，形成春秋温暖，冬季寒而不剧，全年无夏季的气候特色。由于地势自东北向西南倾斜，大西洋、北冰洋湿润气团通过额尔齐斯河河谷直接到达本区，冬春较长时间又为蒙古——西伯利亚反气旋环流控制；加之地形复杂，垂直高度变化大，森林密布，对光、热、水资源起着阻滞和再分配的作用，故本区虽属温带高寒区气候，却具有明显的大陆性特征，且雨量充沛，光热资源也比较丰富。

喀纳斯国家级自然保护区虽地处中温带，却具有寒温带气候的某些特点。区内年平均气温为－0.2℃，气温平均年较差31.9℃。极端最高气温29.3℃，最低气温－37℃。最热月7月的平均气温为15.9℃，最冷月1月平均气温－16℃。以气温指标衡量，本区春秋两季相连，全年无夏季。月平均气温低于0℃的时间持续6个月，冬季长达7个月之久。气温低于－30℃的极寒天数有3～7天，霜期一般从8月上中旬开始，次年5月中下旬结束，无霜期在80～108天。

天气过程大致可分为以下几个阶段，4至5月，太阳北移，高度增大，中亚气流活跃东进，气温回升较快，但冷空气活动仍较频繁，升温不稳定，多风少雨，天气多变，常出现倒春寒。一般年份4月中旬气温才稳定达到0℃，积雪开始融化，土壤开始解冻。6～7月，区内处于大陆热低压控制之下，多阵性天气，降水频繁，气温明显升高，常有雷雨和冰雹天气发生。8至9月，北雷气流不断南压，南支气流渐退，新疆高压脊形成，降温迅速，大气层稳定增加，北方冷空气势力在加强，强冷空气开始侵入，8月初霜冻出现。10月至次年3月，处于蒙古冷高压控制之下，辐射冷却强烈，出现漫长的严寒天气，降雪频繁，积雪深度可达1m～2m。

本区水分年蒸发量为1097mm，与年降水量大体持平。加上冰衢融水补给，区内水份条件较好，空气湿度大，相对湿度一般为59%～90%，湿度随海拔而增大，林内湿度一般可达90%以上，因此，西伯利亚红松纯林集中分布于喀纳斯河上游和阿库里滚附近一带海拔较高的山地。

植物的生长与气温有着密切关系，日平均气温5℃，是大多数林木活跃生长期的临界温度。本区≥10℃积温为1595.4℃，≤5℃积温为1790.4℃，植物生长期集中在5～8月。

本区常年盛行西南风，最大风速可达每19m/s（风力8级），一般风速在8m/s以下。主要灾害性天气有风灾、雷击、森林火灾和雹灾，且雷雨、大风、冰雹也常同时发生。

5）土地资源及矿产资源

布尔津县土壤发育在花岗岩、千枚岩、变质凝灰岩的坡积——残积物共有18个土类、24个亚类。山地丘陵地带主要有冻融土、高山亚高山草甸土、棕色针叶土、灰黑土、栗钙土等，平原地带主要有淡棕钙土。由于受海拔、气候因素的影响，出现冻土带，它分为多年连续冻土带、岛状多年冻土带和季节性冻土带几种类型。平原区土层较薄，下伏不透水的第三纪泥岩，如果灌溉不当，易产生土壤次生盐渍化。

当地地质矿产勘探工作尚不足，已发现和探明储量的有：石灰石约 $1200×104t$、芒硝约 $300×104t$、滑石约 $75×104t$、花岗石约 $300×104t$、耐火土约 $20×104t$、粘土约 $14×104t$、白云母约 1500t，另外还有金、钽、铌等稀有金属和兰晶石、褐煤等矿产资源。

保护区内的土壤均发育在花岗岩、千枚岩、变质凝灰岩的坡积残积物上，且具有明显的垂直带状分布规律。自高而低依次为：

① 高山冰沼土和高山石漠土：出现在永久雪线以下，海拔介于 2500m～3100m，此带气候冷湿，土壤发育微弱。

② 高山草甸土和亚高山草甸土：前者分布于海拔 2400m～2600m 的山地阳坡、半阳坡，后者分布于 1800m～2400m 的山地。

③ 山地棕色针叶林土：分布于海拔 1200m～1800m 的范围。多在阴坡、半阴坡，土壤湿润。

④ 山地黑钙土：分布于海拔 1200m～1800m 的阳坡缓坡地和平缓谷地上。

⑤ 暗色草甸土：多分布于喀纳斯以北的河流、冰川堆积物上，海拔 1400m 左右，面积较小。

⑥ 山地沼泽土：分布于海拔 1300m～1500m 范围内长期积水的山涧、沿河阶地的碟形洼地上。

此外，由于受海拔和气候因素的影响，形成了自高而低、不同程度的冰土带。有大片多年连续冻土带、岛状多年冻土带几种类型。

旅游活动区的主要土壤为：棕色针叶林土、山地黑钙土、草甸土和沼泽土。

6）植物资源

布尔津县森林面积达到 $147933.93hm^2$，分为山区和平原河谷两大林区，森林覆盖率为 14%，高于全国平均水平。其中，中、低山针阔叶混交林 $124922.43hm^2$，木材蓄积量 $1439.8×104m^3$，树种有新疆五针松、落叶松、云杉、山杨、白桦等。河谷次生林 $7090.21hm^2$，木材蓄积量 $74.89×104m^3$，树种有新疆银灰杨、苦杨、柳、白桦等，主要分布在额尔齐斯河和布尔津河两岸。荒漠植被面积 $15467.73hm^2$，树种有怪柳、胡杨、沙枣、毛柳等。山地垂直带谱明显，自然景观独特，这为科考、旅游提供了优越的自然条件。

布尔津县北为阿尔泰山，南部与准噶尔盆地干旱荒漠区连为一片。由于特殊的地貌条件，形成了独特的气候类型，为多种植物的生长和植被类型的形成创造了良好的条件。这

168

里具有明显的生物多样性特点。其主要植被类型有山地针叶林、山地落叶林、灌丛草甸、高山植被、石山植被、沼泽和水生植物等。植物区系属泛北植物区欧亚森林植物亚区阿尔泰山地区。

本区植物是西伯利亚种在第四纪冰川期北方植物沿山地向南延伸形成的，这里是西伯利亚区系植物在我国分布的典型代表地区，也是西伯利亚泰加林南延的极限位置。本区植物种类最多的地区，共有83科，298属，798种，国内仅阿尔泰地区就分布有30多种。本区真菌种类也很丰富，据初步调查有真菌99种，其中食用菌50种，有冬虫夏草、平盖灵芝、花杉灵芝等经济价值很高的种类。

喀纳斯自然保护区内特有的生态环境和原始状态，为野生动物提供了良好的栖息、繁衍场所。据初步统计，有兽类39种，两栖爬行类4种，鸟类117种，其中7种为国家级保护动物，属于一类保护动物的有紫貂、貂熊、雪豹、北山羊、黑鹳等多种。

保护区内植物种类是我国寒温带草原区最多的地区，共有83科298属798种（最新资料为1172种），其中木本植物23属66种（乔木12种，灌木54种），草本植物273属732种。仅20世纪80年代进行的保护区考察就发现有多枝婆婆纳、石松、地刷子、黑果类叶升麻、火焰草、桔红罂粟、岩高兰、白花酢浆草等新疆新记录种8个，显示有更多的物种尚待进一步考察发现。在植物资源中，有食用植物10种，药用植物199种，观赏花卉植物40种，油料植物1种。鸡腿参、赤芍、鹿根等是阿尔泰山区著名的药用植物。

西伯利亚区系植物在这里占一定的优势。林木多为西伯利亚落叶松、西伯利亚云杉、西伯利亚冷杉、西伯利亚红松、疣枝桦和欧洲山杨等树种组成，而这些树种又都是西伯利亚泰加林的主要成分。因此，本区森林是寒温带泰加林的南延，特别是西伯利亚红松，这里是它地理分布的最南端，它和其他西伯利亚区系植物一起，在这里构成我国唯一保存完好的西伯利亚泰加林林区特定的生物地理群落。气候环境是这个生物地理群落在我国得以生存的关键因素。

7) 动物资源

本区在动物地理区划上隶属古北界、欧洲——西伯利亚亚界、阿尔泰——萨彦岭区、南阿尔泰山地州。动物区系组成复杂，在高山带栖息有岩雷鸟等北极苔原种类；在中山带，阿尔泰山地的大多数泰加林种类在此均有分布，与中亚界过渡的低山带则有喜旱的中亚荒漠成分与之相渗透。

本区已查明分布的脊椎动物中，兽类有40种，鸟类有117种，爬行和两栖类有4种，鱼类有7种。其中属国家Ⅰ类保护的有紫貂、貂熊、雪豹、北山羊、黑鹳等种；Ⅱ类保护的有棕熊、水獭、猞猁、兔狲、马鹿、驼鹿、雪兔等23种；被列入《濒危野生动植物种国际贸易公约》保护名录的有棕熊、貂熊、水獭、猞猁、雪豹、马鹿、北山羊、雪兔等8种。

本区动物区系的特殊性还表现在：兽类中的紫貂、貂熊、雪兔、灰鼠及新近发现的驼鹿；鸟类中的岩雷鸟、花尾榛鸡、普通松鸡等；爬行两栖类的极北蝰、胎生蜥蜴、阿尔泰林蛙；鱼类中的哲罗鲑（大红鱼）、细鳞鲑、江鳕、北极鲥和西伯利亚斜齿鳊等多种典型的泰加林区系与北方喜寒性物种，在我国或我国西部，仅在阿尔泰山与保护区内有分布。

域内生存的马鹿（阿尔泰亚种）、紫貂、阿尔泰雪鸡、花尾鸡等可驯养或已被人们成功驯养的珍稀动物，具有很高的产业价值与广阔的开发前景。

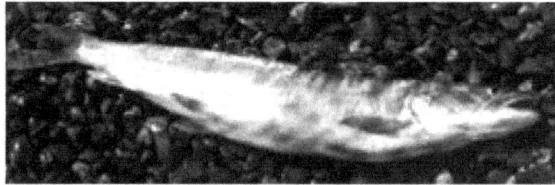

2. 新疆维吾尔自治区希尔津县地区**人文景观**的形成原因受以下几个因素的影响。

1）地域文化

地域文化的形成是受自然环境的地质、地形、气候等因素影响，在长期的社会发展中形成，具有区域特征的文化现象，它体现了一个地区人们对自然的认识和把握的方式、程度以及审视角度。各个不同区域的人类群体文化都具有各自不同的特点，西方文化与东方文化就形成了世界两大不同文明的板块，西方文化崇尚理性，遵循科学，讲求实证，而东方文化则注重感性，讲精神理念，讲求形而上的禅悟及神会。

但由于同处一个星球，同是人类开创的文化，所以它们又有许多相似和共同之处，这就是所谓文化的世界性。

2）民族传统

民族的形成是一个漫长的历史过程，是早期人类在长期生存斗争中出于对集体力量凝聚的需要，以种族、血缘、亲缘、地域等多种复杂因素为基础构成的较为固定的、随血脉世代相传的人群组合形式。种族血缘的归宿感、维护感、认知及互同等，以及在宗教信仰、生产方式、生活习惯、是非标准、风俗礼仪等方面形成了一个民族特有的风俗习惯。这种文化是各民族在漫长的生存斗争中积累和发展起来并逐步演变形成的。这种民族文化积累的过程和演变阶段所形成的规范及表现形式，我们称之为民族传统，民族传统文化体现了一个民族的世界观，认识世界的方法以及对自然认识的深度、广度。如汉民族关于人类起源、图腾崇拜、宗教信仰、天文历法、神话传说、节日祭典、婚丧嫁娶、服饰装扮等等都有别于回、藏、苗等各民族，形成自己独特的风格特征。

3）历史积淀

历史积淀是指各地域、民族文化在发展过程中保留下来的为群体所共认的，代表本民族、地域文化某一特定阶段主导地位的文化成果。它在各个历史时期成为规范、准则、时尚，并对该地区和民族以后的历史时期产生极其广泛深刻的影响。如中国古代春秋战国时代的诸子百家思想、孔孟礼学、儒、道、禅文化等精神文化遗产，至今在中华民族文化中都具有广泛而深刻的影响，甚至成为中华民族的历史文化背景和当代文化基础。作为文化的历史，它的涵盖面是极其广泛的。它似乎无所不包，大到深受历代统治阶级推崇的儒家思想学说、民间的宗教鬼神信仰、巫术医学、祭祀礼仪，小到民俗民风、百姓的婚丧嫁娶、节日活动形式等等，无不是在漫长的历史长河中沉淀、凝结而形成的相当稳固的形式和内容。它的性质有积极的、也有消极的，精华与糟粕共存，泥沙与宝藏同在。

每一个民族、每一种文化都有其深远的历史渊源。每一种文化的每一个发展阶段或多或少要受到外来文化的渗透和影响，形成新时期文化的新内容。从宏观的角度来讲，文化的横向渗透只会使彼此充实、丰富，而很少能动摇其传统文化的根基，这就是历史积淀打在每一个民族身上的文化烙印。

4）文化发展

它是人类世世代代在生活中总结、积累而产生的，在文化发展过程中的每一个历史阶段都有其自身的风貌、特征、层面、范围及局限。文化在各个地区、民族中发展的速度不尽一样，它的发展受到地理自然环境、经济状态、人口数量、生活方式等各种因素的影响。以我国文化发展为例，新石器时代的彩陶文化，造型朴素，纹样自由奔放，表现了人类从原始状态进入农耕时代在自然经济下人们松散、自在的生活情绪；商周时期的青铜鼎造型和纹样，强悍、粗犷、狰狞恐怖，显示了集权统治形成初期的威严与强大；大唐时代由于国力强盛，经济繁荣，民众丰衣足食，那时的文化便呈现出雍容华贵、富丽堂皇、丰满肥腴的审美情趣。当人类进入大工业时代，人们的生活方式发生了变化，这个时代的文化在现在来看，更多的是大批量生产造成的僵硬、冷漠。那么，今天当人类步入了信息时代，它的文化取向又该是什么呢？毫无疑问，应当是更加贴近当今人类生活，更加尊重人性，更加富有情感，更加多元丰富，富有个性特征。

5）民风民俗

这是个极富地方特色、极其区域化的、饱含民族情感的地方文化领域。一方水土造就一方人，每一个地方的人群都具有他们自身的生活方式和生活习惯。各个民族的风俗都带有很强的民族特点。这些细碎的文化现象熔铸了各民族浓烈的感情色彩的内容与形式。如汉族人的春节、正月十五元宵节，傣族人的泼水节，彝族人的火把节，西方人的圣诞节等等，这些节日的背后往往都有一个美丽的传说以及美好的祝愿。

172

6）宗教信仰

它是信仰者的思想寄托和精神支柱，不同的民族、地域群体有各自不同的宗教信仰。如全球的四大宗教：佛教、伊斯兰教、基督教、天主教，在其下面还分有若干的支流派别，如佛教中的黄教、喇嘛教等；从基督教下面分离出来的东正教等。今天，宗教信仰者具有相当强的凝聚力。各种宗教的场所建筑、经典内涵、教义、教规、精神内容、庆典仪式、服饰道具，甚至色彩、形式都具有较为严格的规定。宗教是人类重要的精神文化产物之一，它具有广泛的群众基础，它影响着信仰者的各个生活层面。

## 二、不同区域景观的特点

1. 按地势地貌特征可划分为以下几种。

1）山地

2）高原

3）平原

4）丘陵

5）谷地

 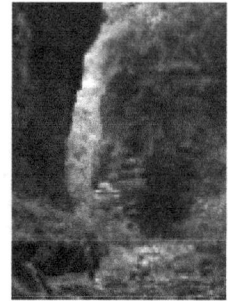

6）盆地

7）沙漠

8）戈壁

2. 按水文特征可划分为：

1）江

2）河

3）湖

4）海

5）塘

6）溪

7）瀑布

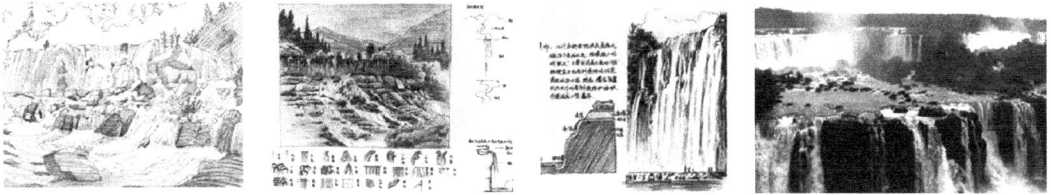

8）湿地

9）冰川

3. 按气候类型可划分为：

1）热带雨林气候：典型地区—马来西亚、新加坡。

2）热带草原气候：典型地区—莫桑比克、几内亚湾。

3）热带沙漠气候：典型地区—秘鲁、阿拉伯半岛。

4）亚热带季风气候：典型地区—重庆。

5）温带大陆气候：典型地区—新疆、蒙特利尔。

6）温带季风气候：典型地区—北京、内蒙古。

7）地中海式气候：典型地区—土尔其、意大利。

8）极地气候：典型地区—南极、北极、芬兰。

9）高山气候：典型地区—西藏。

10）温带海洋气候：典型地区—山东省威海市。

# 第三节　中国典型区域景观

## 一、山西

### 1. 地理位置

山西省位于中国北部的黄土高原上，地处黄河流域中段。南起北纬 34°34′，北至北纬 40°44′，东起东经 114°32′，西至东经 110°15′。分别与河北省、河南省、陕西省和内蒙古自治区为邻。因地处太行山以西故而得名山西（别称山右），又因位于黄河以东，亦称河东。春秋时期为晋国之地，故简称晋，战国初期韩、赵、魏三国分晋，所以又称三晋。省会太原，大同、阳泉、长治、侯马、临汾、榆次为本省主要城市。

### 2. 地势特征

三区：东部为山地（有太行山、恒山、五台山等），西部高原山地（以吕梁山为骨干），晋中盆地（大同、太原、运城等盆地）。本省最高峰：五台山（北台顶）3058m。

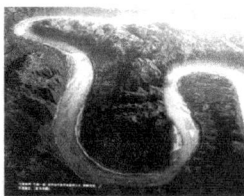

### 3. 气候特征

一月平均气温为−12℃～2℃，七月 22℃～27℃，年平均降水量 400mm。

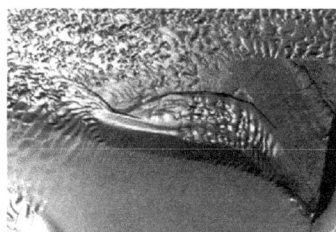

### 4. 景观特征

省内自然风光以黄河壶口瀑布、五台山、恒山等最为有名。太原晋祠、大同云冈石窟、应县木塔、恒山悬空寺为著名古迹，平遥古城保存完好，已被列入《世界遗产名录》。

山西富藏煤、铁，号称"煤铁之乡"，煤藏量居全国各省之首，煤田遍及全省 80％以上县市。其他矿藏有锰、铜、铅、锌、金、钼、铝土、石膏、石棉、云母、硫、池盐、芒硝等。山区自然林树种有油松、落叶松、云杉、栎、桦、杨等，木材蓄积量约 1500 万 m³。

山西境内共有大小河流 1000 余条，分属黄河、海河两大水系。其中，我国第二大河流黄河，沿山西境界流程 965km。境内河流流域面积大于 100km² 的有 240 条，大于 4000km²、河道长度在 150km 以上的有 8 条。河流的主要特点是：河流众多，但以季节性河流为主。

云冈石窟位于大同市西北约 16km 处，是中国的三大古代石窟艺术宝库之一。从北魏开凿起，至今已有 1500 多年历史，现存主要洞窟 53 个，石雕造像 51000 多个。芮城永乐宫存有中国古代中原地区现存最完整的壁画（元代道教壁画），共约 873m²。晋祠是太原市西南游览胜地，祠内圣母殿为 900 多年前北宋时代木结构建筑，殿内有北宋雕塑的侍女像，形象逼真。内祠泉水终年不断，附近水田遍布，有"山西小江南"之称。五台山为中国名山之一，现存寺院 47 处，以唐代建筑佛光寺和南禅寺最著名。应县佛宫寺木塔（释迦塔）是中国现存最完整的木塔，高 66.6m，建于 1056 年（辽代清宁二年）。

5. 人文景观特征

就其内在结构而言，可分为六大区域和八种文化类型。

神话文化区，即晋东南一带。这里远古时代就有人类活动，曾发现有旧石器与新石器时期的多处遗址。最值得注意的是中国文学史上最著名的上古神话，如女娲补天、大禹治水、后羿射日、精卫填海、愚公移山等都在这里留下了遗迹与传说；

耕读文化区域，即山西南部临汾、运城一带。相传是稷播百谷、仓颉造字的地方，不仅存有大量上古三代的古迹与传说，如尧、舜、禹的古都，同时还有子夏墓、裴氏、文中子、司马光、薛文清等故里、西厢故事发生处、大槐移民处等；

边塞文化区，即雁北一带是古代草原民族与农耕民族冲突的地带，留下了一道道古长城与关塞和一处处古战场，同时还有成群的戍边将士的墓葬。这里的民俗及人种特点上也带有明显的民族交融的痕迹；

佛教文化区，以五台山为中心。五台山是中国四大佛教圣地之一，唐代佛教盛行时，庙宇多达 360 处。现存完整的寺庙虽只有 49 处，但它所构成的建筑群体，在世界上已是十分罕见的了；

道教文化区，即山西西部一带。在今吕梁山区，分布着众多大大小小的道观，最著名的是北武当山道观建筑群与柏山岣道观建筑群，还有《庄子》中所说的仙人所在的姑射山；

商贾文化区，即晋中一带。这里大院众多，且一个比一个大，呈后来者居上之势。王家大院是乔家大院的三四倍，而常家大院又是王家大院的三四倍，令人惊叹。

六大文化区域代表了六大文化类型，再加上戏曲文化与建筑文化，组成山西的八大文化类型。在山西大地上奏出的是一曲雄伟的中国古文化交响曲，高扬着"五千年历史在山西"的主旋律，呈现出了历史文化大省的恢宏气象。

## 二、云南

### 1. 地理位置

云南省地处中国西南边陲，北回归线横贯南部。

云南东部与贵州省、广西壮族自治区相邻，北部与四川省相连，西北隅紧倚西藏自治区，西部同缅甸接壤，南部与老挝、越南毗连。从总体位置看，云南北依广袤的亚洲大陆，南临辽阔的印度洋及太平洋。云南省与邻国的边界线总长为4060km，其中缅段为1997km，中老段为710km，中越段为1353km。

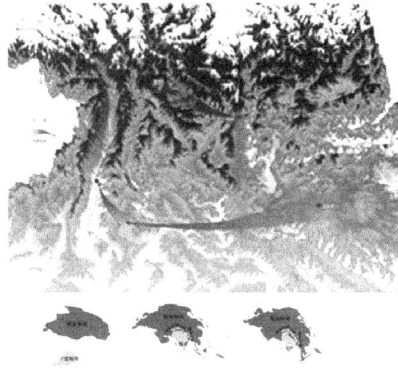

### 2. 地势地貌特征

云南是一个高原山区省份，属青藏高原南延部分。地形一般以元江谷地和云岭山脉南段的宽谷为界，分为东、西两大地形区。东部为滇东、滇中高原，称云南高原，系云贵高原的组成部分，地形波状起伏，平均海拔2000m左右，表现为起伏和缓的低山和浑圆丘陵，发育着各种类型的岩溶地形。西部为横断山脉纵谷区，高山深谷相间，相对高差较大，地势险峻。南部海拔一般在1500m～2200m，北部在3000m～4000m。只是在西南部边境地区，地势渐趋缓和，河谷开阔，一般海拔在800m～1000m，个别地区下降至500m以下，是云南省主要的热带、亚热带地区。全省整个地势从西北向东南倾斜，江河顺着地势，呈扇形分别向东、东南、南流去。全省海拔相差很大，最高点为滇藏交界的德钦县怒山山脉梅里雪山的主峰卡格博峰，海拔6740m；最低点在与越南交界的河口县境内南溪河与元江汇合处，海拔仅76.4m。两地直线距离约900km，高低差达6000多m。

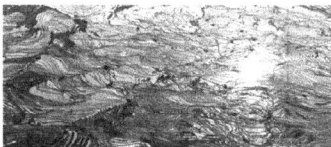

云南的地貌有五个特征：

一是高原呈波涛状。全省相对平缓的山区只占总面积的10%左右，大面积的土地高低参差，纵横起伏，但在一定范围内又有起伏和缓的高原面。

二是高山峡谷相间。这个特征在滇西北尤为突出。滇西北是云南主要山脉的发源地，形成著名的滇西纵谷区。高黎贡山为缅甸伊洛瓦底江的上游恩梅开江与缅甸萨尔温江的上游怒江的分水岭，怒山为怒江与老挝湄公河的上游澜沧江的分水岭，云岭自德钦至大理为澜沧江与长江上游金沙江的分水岭，各江强烈下切，形成了极其雄伟壮观的山川并列、高山峡谷相间的地貌形态。其中的怒江峡谷、澜沧江峡谷和金沙江峡谷气势磅礴，山岭和峡谷的相对高差超过 1000m，怒江峡谷是世界上两个最大的峡谷之一。在 5000m 以上的高山顶部，常有永久积雪，形成奇异、雄伟的山岳冰川地貌。金沙江"虎跳涧"峡谷，在玉龙雪山与哈巴雪山之间，两侧山岭矗立于江面之上，相对高差达 3000 余 m，也是世界著名峡谷之一。横亘于澜沧江上的西当铁索桥，海拔已达 1980m，从桥面上至江边的卡格博峰顶端，直线距离大约只有 12km，高差竟达 4760m。在三大峡谷中，谷底是亚热带干燥气候，酷热如蒸笼，山腰则清爽宜人，山顶却终年冰雪覆盖。因此，在垂直几千米的距离内，其气候与自然景观竟相当于从广州至黑龙江跨过的纬度，为全国所仅有。

三是全省地势自西北向东南分三大阶梯递降。滇西北德钦、中滇一带是地势最高的一级梯层，滇中高原为第二梯层，南部、东南和西南部为第三梯层，平均每公里递降 6m。在这 3 个大转折地势当中，每一梯层内的地形地貌都是十分复杂的，高原面上不仅有丘状高原面、分割高原面，以及大小不等的山间盆地，而且还有巍然耸立的巨大山体和深切的河谷，这种分割层次与从北到南的三级梯层相结合，纵横交织，把本来已经十分复杂的地带性分布规律，变得更加错综复杂。

四是断陷盆地星罗棋布。这种盆地及高原台地，在我国西南俗称"坝子"。在云南，山坝交错的情况随处可见。它们有的成群带分布，有的孤立的镶嵌在重峦叠嶂的山地和高原之中；有的按一定方向排列，有的则无明显方向。坝子地势平坦，且常有河流蜿蜒在其中，是城镇所在地和农业生产发达地区。全省面积在 1km² 以上的大小坝子共有 1442 个，面积在 100km² 以上的坝子有 49 个，最大的坝子在陆良县，面积为 771.99km²。

五是山川湖泊纵横。云南不仅山多，河流湖泊也多。构成了山岭纵横，水系交织，河谷渊深，湖泊棋布的特色。天然湖泊分布滇中高原湖盆区的较多，属高海拔的淡水湖泊，像颗颗明珠点缀在高原上，显得格外瑰丽晶莹。

总的来说，云南是一个多山的省份，但由于盆地、河谷、丘陵、低山、中山、高山、山原、高原相间分布，各类地貌之间条件差异很大，类型多样复杂。全省土地面积，按地形看，山地占 84%，高原、丘陵约占 10%，坝子（盆地、河谷）仅占 6%。全省 127 个县（市、区）及东川市共 128 个行政单位中，除昆明市的五华、盘龙两个城区外，山区比重都在 70% 以上，没有一个纯坝区县。

其中，山区面积占全县总面积 70%～79.9% 的有 4 个县（市），山区面积占 80%～89.9% 的有 13 个县（市），占 90%～95% 的有 9 个县，其余的县（市）均在 95% 以上，有 18 个县 99% 以上的土地全是山地。

3. 气候特征

云南地处低纬高原，由于大气环流影响，冬季受干燥的大陆季风控制，夏季盛行湿润的海洋季风，属低纬山原季风气候。

全省气候类型丰富多样，有北热带、南亚热带、中亚热带、北亚热带、南温带、中温带、高原气候区共七个气候类型。云南气候兼具低纬气候、季风气候、山原气候的特点。其主要表现为：一是气候的区域差异和垂直变化十分明显；二是年温差小、日温差大；三是降水充沛，干湿分明，分布不均。

4. 景观特征

云南是全国植物种类最多的省份，几乎集中了从热带、亚热带至温带甚至寒带的所有品种，在全国约 3 万种高等植物中，云南省有 274 科、2076 属、1.7 万多种，占全国高等植物总数的 62.9%，故云南有"植物王国"、"药材宝库"等美称。

云南热带、亚热带的高等植物约 1 万种，占全国高等植物种类的一半以上。其中许多种类为云南所特有，如云南樟、四数木、云南肉豆蔻、望天树、龙血树、铁力木等。可供利用的资源植物在千种以上，而经济价值较高并能直接开发利用的有 900 种以上。此外，云南还拥有许多在遗传育种上具有很高价值的农林园艺植物的野生物种资源，以及蕨类植物（占全国一半）、裸子植物等古老树种。

云南 8 万 km² 左右的地区，具备不同类型热带植物生长的生态环境。新中国成立后，已从 30 多个国家引进了 1200 种热带植物，大多数生长良好，有的已广为栽培，其中最成功的是巴西三叶橡胶。

云南是中草药的宝库，全省生长着 2000 多种中草药，有些种类是云南独有的。可供中医配方和制造中成药的原料 400 多种，其中如天麻、三七、云木香、云黄连、云茯苓、虫草等质地优良，在传统中药材中享有很高的声誉。

过去依靠进口后来引种在云南热带及亚热带地区的砂仁、沉香、毕拨、胡黄连等"南药"，具有广阔的发展前途。云南常用草药达 1250 种。民族药是云南的一大特色，各民族拥有自己的草药，种类很多，是开发新药的广阔领域。

### 三、区域景观课程学生作业实例

一、作业一：整理课堂笔记，默画资料片中典型的地区景观图象。

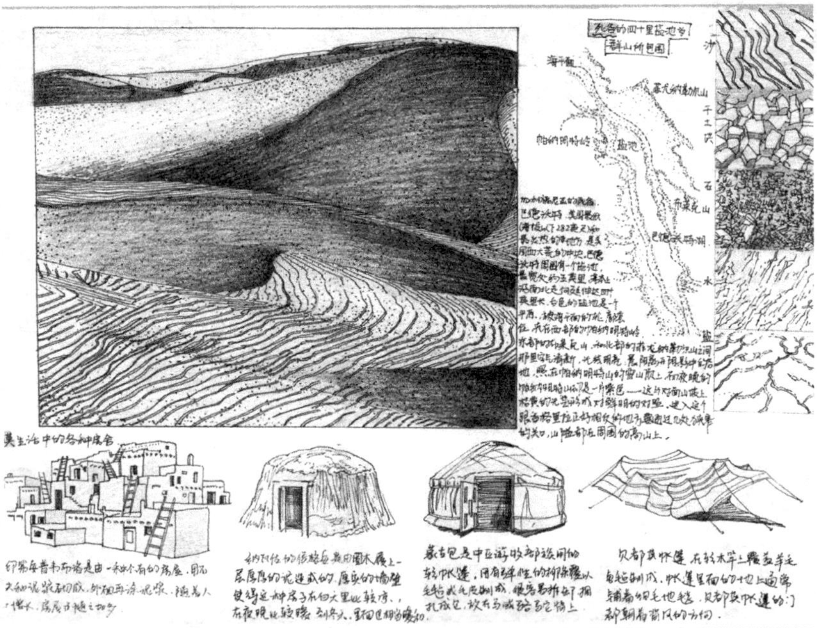

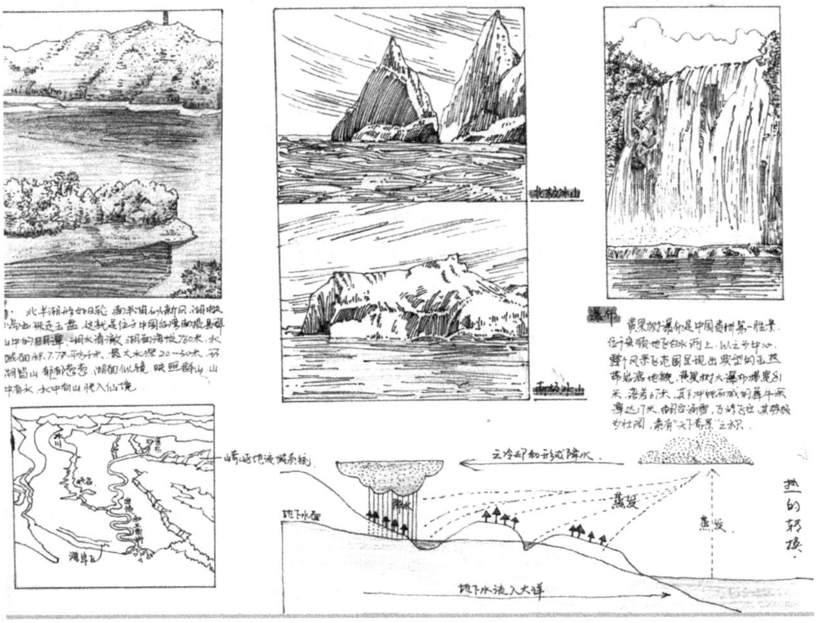

## 二、作业二：收集整理中国典型区域景观的相关资料。

一般指高度较大、坡度较陡的隆起地貌。多为地面上升地区受河流侵蚀切割而成，自上而下分为山顶、山坡和山麓。山顶呈线状延伸称山脊，高出周围的山顶称山峰，两个山峰之间凹地叫山谷。按高度可分为高山（3,500米以上）、中山（1,000—3,500米）、低山（1,000米以下）。高大的山称为山岳。按成因分为构造山（如喜马拉雅山）、侵蚀山（如泰山）、堆积山（大同火山）等。构造山又可分为褶皱山和断块山等。习惯上把丘陵（500米以下）也称为山，如无锡的惠山、苏州的天平山。世界上最高的山峰是喜马拉雅山、昆仑山、天山、阿尔泰山、阴山、秦岭、南岭、大小兴安岭、长白山、太行山、武夷山、横断山脉和台湾山脉。

除了火山以外，山都是由于地壳在广阔的地区发生深成活动而形成的。地壳的垂直（上下）活动造成了裂隙和断层。这类断层向上升高就产生断块山和高原。地壳的横向活动促使岩石褶皱起来，产生褶皱山。高山容易受到风化和侵蚀的影响，经过一段长时间后将会成为坡度较缓的丘陵。

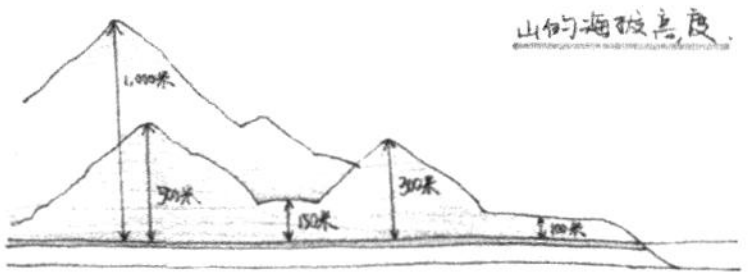

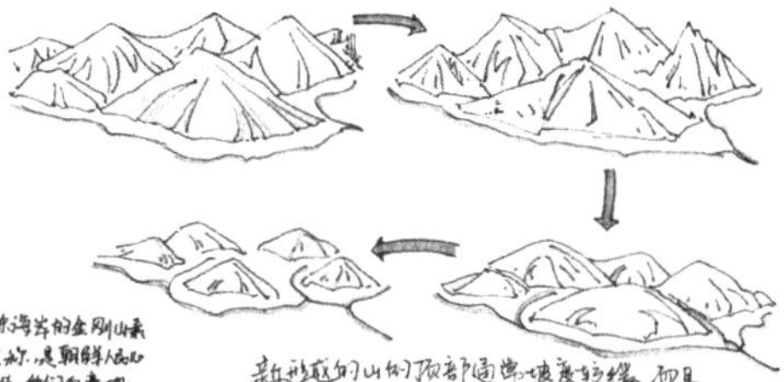

雄踞在江原道东海岸的金刚山素有"朝鲜第一山"之称，是朝鲜人民心目中的大山之明珠。他们自豪地称："不见金刚山，勿论天下美。"这片方圆2000平方公里的风景区据说有12000座大小山峰，登上海拔1638米的主峰毗卢峰，金刚山雄姿一览无余。

金刚山

新形成的山的顶部通常坡度较缓，而且较平坦，但经过长时期的风雨侵蚀后，它会变得崎岖起来。山进入老年期后，又会由于风化加侵蚀而最终缩减到差不多被夷为平地，变成所谓准平原。

高山山顶一带的植物稀少，许多碎石是风和雨的强烈活动造成的。

佛得角位于西非塞内加尔中西部，近海火山岛屿伸向大西洋最远的海岬名叫佛得角，这也是非洲大陆的最西端。地理坐标为北纬14°45′，西经17°33′，岛上青翠葱绿，其西南湾是天然良港。1444年被葡萄牙人发现以来，佛得角成为非欧两洲贸易中转地。

非洲第四大湖乍得湖在乍得、尼日尔、尼日利亚和喀麦隆四国交界处，与湖同名的国家乍得占据该湖的东半部。每年6—10月雨季时，湖面达2.2万平方千米，11月—翌年5月旱季时，湖水蒸发加速，湖面收缩到不足1万平方千米。湖内盛产河豚、鲶、虎形鱼等，沿湖一带土地肥沃，是富庶的灌溉农业区。

站在湖边往湖面远处望去，只见汪洋一片，"乍得"在当地语言中就是"一片汪洋"的意思。一万年前，乍得湖是一个约近40万平方公里面积的内海，有里海那么大。乍得湖的面积虽然很大，但却很浅，只有4—7米深。

三、作业三：收集省内典型地区相关图、文资料。

四、作业四：以省周边地区为背景，对不同地区独特的景观环境作系统分析。

# 神农架区域景观成因分析

## 概况

中国东部最大的原始森林和国家级自然保护区——神农架是一个神秘的地方，以其奇特的地貌为我们呈现出一幅古老的风景画面。神农架位于湖北、陕西、四川三省的边界，南濒长江，北望武当山，是大巴山脉和秦岭山脉交结的地方，亦是我国南部亚热带向北部温带过渡的地带，全区面积达3250平方公里。主峰大神农架高达3300米。1978年国家决定在其中的大小神农架诸峰周围20平方米公里地带建立自然保护区，主要保护金丝猴、珙桐等珍稀植物和森林生态系统……

神农架冬景

## 地貌划区

神农架在"湖北省地貌区划"中，被划为"神农架侵蚀构造高山地貌区"。但依据神农架地质构造骨架的基础条件、地貌形态和地貌成因的异同，以及不同地段的地貌综合特征，神农架地貌还可分为3个地貌亚区。

1. 神农顶—老君山高山地貌区
2. 神农架周缘中—高山地貌区
3. 二荒坪—送郎山中山地貌区

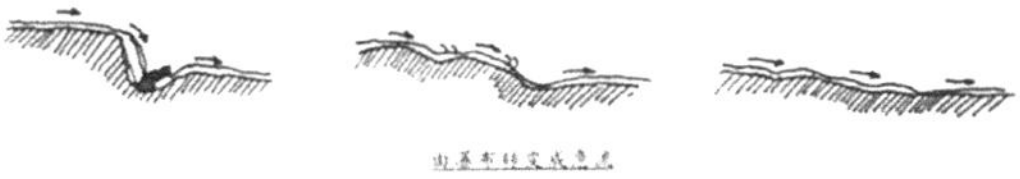

## 主要构造形迹

褶皱　神农架的褶皱构造，在九道—阳日断裂以北的青峰台褶束部分，呈近东西方向的紧密褶皱，神农架断穹中的基底褶皱部分较开阔，主要的背向斜呈北西—南东方向，部分是北东南西方向。

断裂　神农架断裂构造发育，按其展布方向见有呈近东西向断裂，多出露在青峰台褶束构造单元内，呈北北东方向的断裂多出露在东部以及老君山以北地区。呈北西向的断裂，多出露在西南向，即九冲—老君山—田家山以西地区。

一柱擎天

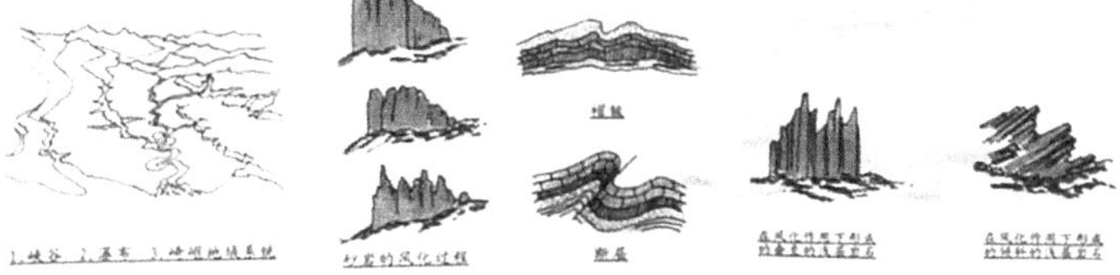

Shennonjia Nature

| 湖北美术学院环境艺术设计系 | | | |
|---|---|---|---|
| 年级 | 2001级 | 指导老师 | 王 |
| 班级 | 3班 | | 丁 |
| 日期 | 2004年5月 | | |

# 神农架区域景观特点分析

## 神农架地理位置

神农架位于湖北省西部边陲，东与湖北省保康县接壤，西与重庆市巫山县毗邻，南依兴山、巴东而濒三峡，北倚房县、竹山且近武当。
地跨东经109° 56′—110° 58
北纬31° 15′—31° 75′
总面积3253平方公里。

## 神农架景点分布图

## 文化及风土人情

在神农架古老的谜一样的山林里，积淀着古老的谜一样的文化。神农架文化具有区别于其他地区文化的显著特点，这就是古老的山林特色。既保留了明显的原始古老文化的痕迹，又具有浓厚的山林地域风貌。其区域文化特色被视为亚洲少见的山地文化圈——高山原生态文化群落带。

神农架 民居

## 地貌特征

神农架在"中国地貌区划"中属大巴山中山与低山。在"湖北省地貌区划"中称"神农架侵蚀构造高山地貌小区"。该区位于我国地势第二阶梯的东部边缘，由大巴山脉东延的余脉组成中高山地貌，山脉走向与区域地质构造方向线一致，呈近东西方向延伸，区内总的地势西南部高东北部低，由南向北逐渐降低，区内山势高大，山峦重叠，山坡陡峻，河谷深切，峡谷纵横，绝壁高悬，山峰挺拔，气势雄伟。

## 地貌类型

神农架林区林海茫茫，河谷深切，为壑纵横，层峦叠嶂，山势雄伟，千姿百态，地貌类型复杂，主要有：山地地貌、流水地貌、喀斯特（岩溶）地貌和第四纪冰川形成的冰川地貌。

神农架森林植被的基本特征
原始程度高
垂直分布带谱明显

长壁岩风景

层式分明的神农架植物

湖北美术学院环境艺术设计系

| 年 级 | 2001级 | | 王雨峰 |
| 班 编 | 3班 | 指导老师 | 吴珏 丁彬 |
| 日 期 | 2004年5月 | 学 生 | 涂芳 |

Shennongjia Nature

# 附件 2

# 景观项目设计的相关规范介绍

景观项目设计中所涉及的国家标准规范很多，此处主要介绍《城市居住区规划设计规范》、《城市道路交通规划设计规范》、《城市用地竖向规划规范》、《城市道路绿化规划与设计规范》。

## 一、《城市居住区规划设计规范》GB 50180－93（2002 年版）（节选）

# 1 总 则

**1.0.3** 居住区按居住户数或人口规模可分为居住区、小区、组团三级。各级标准控制规模，应符合表 1.0.3 的规定。

<table>
<tr><td colspan="4" align="center">居住区分级控制规模 表 1.0.3</td></tr>
<tr><td></td><td>居住区</td><td>小 区</td><td>组 团</td></tr>
<tr><td>户数（户）</td><td>10000～16000</td><td>3000～5000</td><td>300～1000</td></tr>
<tr><td>人口（人）</td><td>30000～50000</td><td>10000～15000</td><td>1000～3000</td></tr>
</table>

**1.0.3a** 居住区的规划布局形式可采用居住区-小区-组团、居住区-组团、小区-组团及独立式组团等多种类型。

**1.0.4** 居住区的配建设施，必须与居住人口规模相对应。其配建设施的面积总指标，可根据规划布局形式统一安排、灵活使用。

**1.0.5** 居住区的规划设计，应遵循下列基本原则；

   **1.0.5.1** 符合城市总体规划的要求；

   **1.0.5.2** 符合统一规划、合理布局、因地制宜、综合开发、配套建设的原则；

   **1.0.5.3** 综合考虑所在城市的性质、社会经济、气候、民族、习俗和传统风貌等地方特点和规划用地周围的环境条件，充分利用规划用地内有保留价值的河湖水域、地形地物、植被、道路、建筑物与构筑物等，并将其纳入规划；

   **1.0.5.4** 适应居民的活动规律，综合考虑日照、采光、通风、防灾、配建设施及管理要求，创造安全、卫生、方便、舒适和优美的居住生活环境；

   **1.0.5.5** 为老年人、残疾人的生活和社会活动提供条件；

   **1.0.5.6** 为工业化生产、机械化施工和建筑群体、空间环境多样化创造条件；

   **1.0.5.7** 为商品化经营、社会化管理及分期实施创造条件；

   **1.0.5.8** 充分考虑社会、经济和环境三方面的综合效益；

**1.0.6** 居住区规划设计除符合本规范外，尚应符合国家现行的有关法律、法规和强制性标准的规定。

# 2 术语、代号

**2.0.2 居住小区**

一般称小区，是指被城市道路或自然分界线所围合，并与居住人口规模（10000～15000 人）相对应，配建有一套能满足该区居民基本的物质与文化生活所需的公共服务设施的居住生活聚居地。

**2.0.7 道路用地（R03）**

居住区道路、小区路、组团路及非公建配建的居民汽车地面停放场地。

**2.0.12 公共绿地（R04）**

满足规定的日照要求、适合于安排游憩活动设施的、供居民共享的集中绿地，包括居住区公园、小游园和组团绿地及其他块状带状绿地等。

**2.0.13 配建设施**

与人口规模或与住宅规模相对应配套建设的公共服务设施、道路和公共绿地的总称。

**2.0.27 住宅建筑面积毛密度**

每公顷居住区用地上拥有的住宅建筑面积（万 $m^2/hm^2$）。

**2.0.29 建筑面积毛密度**

也称容积率，是每公顷居住区用地上拥有的各类建筑的建筑面积（万 $m^2/hm^2$）或以居住区总建筑面积（万 $m^2$）与居住区用地（万 $m^2$）的比值表示。

**2.0.30 住宅建筑净密度**

住宅建筑基底总面积与住宅用地面积的比率（%）。

**2.0.31 建筑密度**

居住区用地内，各类建筑的基底总面积与居住区用地面积的比率（%）。

**2.0.32 绿地率**

居住区用地范围内各类绿地面积的总和占居住区用地面积的比率（%）。

绿地应包括：公共绿地、宅旁绿地、公共服务设施所属绿地和道路绿地（即道路红线内的绿地），其中包括满足当地植树绿化覆土要求、方便居民出入的地下或半地下建筑的屋顶绿地，不应包括其他屋顶、晒台的人工绿地。

**2.0.32a 停车率**

指居住区内居民汽车的停车位数量与居住户数的比率（%）。

**2.0.32b 地面停车率**

居民汽车的地面停车位数量与居住户数的比率（%）。

**2.0.33 拆建比**

拆除的原有建筑总面积与新建的建筑总面积的比值。

# 3 用地与建筑

**3.0.2** 居住区用地构成中，各项用地面积和所占比例应符合下列规定：

**3.0.2.1** 居住区用地平衡表的格式，应符合本规范附录 A，第 A.0.5 条的要求。参与居住区用地平衡的用地应为构成居住区用地的四项用地，其他用地不参与平衡；

**3.0.2.2** 居住区内各项用地所占比例的平衡控制指标，应符合表 3.0.2 的规定。

居住区用地平衡控制指标（%）　　　　　　　　表 3.0.2

| 用地构成 | 居住区 | 小　区 | 组　团 |
|---|---|---|---|
| 1. 住宅用地（R01） | 50～60 | 55～65 | 70～80 |
| 2. 公建用地（R02） | 15～25 | 12～22 | 6～12 |
| 3. 道路用地（R03） | 10～18 | 9～17 | 7～15 |
| 4. 公共绿地（R04） | 7.5～18 | 5～15 | 3～6 |
| 居住区用地（R） | 100 | 100 | 100 |

# 4　规划布局与空间环境

**4.0.1** 居住区的规划布局，应综合考虑周边环境、路网结构、公建与住宅布局、群体组合、绿地系统及空间环境等的内在联系，构成一个完善的、相对独立的有机整体，并应遵循下列原则：

**4.0.1.1** 方便居民生活，有利安全防卫和物业管理；

**4.0.1.2** 组织与居住人口规模相对应的公共活动中心，方便经营、使用和社会化服务；

**4.0.1.3** 合理组织人流、车流和车辆停放，创造安全、安静、方便的居住环境；

**4.0.2** 居住区的空间与环境设计，应遵循下列原则：

**4.0.2.1** 规划布居和建筑应体现地方特色，与周围环境相协调；

**4.0.2.2** 合理设置公共服务设施，避免烟、气（味）、尘及噪声对居民的污染和干扰；

**4.0.2.3** 精心设置建筑小品，丰富与美化环境；

**4.0.2.4** 注重景观和空间的完整性，市政公用站点等宜与住宅或公建结合安排；供电、电讯、路灯等管线宜地下埋设；

**4.0.2.5** 公共活动空间的环境设计，应处理好建筑、道路、广场、院落、绿地和建筑小品之间及其与人的活动之间的相互关系。

**4.0.3** 便于寻访、识别和街道命名。

**4.0.4** 在重点文物保护单位和历史文化保护区保护规划范围内进行住宅建设，其规划设计必须遵循保护规划的指导；居住区内的各级文物保护单位和古树名木必须依法予以保护；在文物保护单位的建设控制地带内的新建建筑和构筑物，不得破坏文物保护单位的环境风貌。

# 5　住　　宅

**5.0.1** 住宅建筑的规划设计，应综合考虑用地条件、选型、朝向、间距、绿地、层数与密度、布置方式、群体组合、空间环境和不同使用者的需要等因素确定。

**5.0.1A** 宜安排一定比例的老年人居住建筑。

**5.0.2** 住宅间距，应以满足日照要求为基础，综合考虑采光、通风、消防、防灾、管线埋设、视觉卫生等要求确定。

**5.0.2.1** 住宅日照标准应符合表 5.0.2-1 规定；对于特定情况还应符合下列规定：

（1）老年人居住建筑不应低于冬至日日照 2 小时的标准；

（2）在原设计建筑外增加任何设施不应使相邻住宅原有日照标准降低；

（3）旧区改建的项目内新建住宅日照标准可酌情降低，但不应低于大寒日日照 1 小时的标准。

住宅建筑日照标准　　　　　　　　　　　表 5.0.2-1

| 建筑气候区划 | Ⅰ、Ⅱ、Ⅲ、Ⅷ气候区 | | Ⅳ气候区 | | Ⅴ、Ⅵ气候区 |
|---|---|---|---|---|---|
| | 大城市 | 中小城市 | 大城市 | 中小城市 | |
| 日照标准日 | 大　寒　日 | | | | 冬　至　日 |
| 日照时数（h） | ≥2 | | ≥3 | | ≥1 |
| 有效日照时间带（h） | 8～16 | | | | 9～15 |
| 日照时间计算起点 | 底层窗台面 | | | | |

注：① 建筑气候区划应符合本规范附录 A 第 A.0.1 条的规定。

② 底层窗台面是指距室内地坪 0.9m 高的外墙位置。

**5.0.2.2** 正面间距，可按日照标准确定的不同方位的日照间距系数控制，也可采用表 5.0.2-2 不同方位间距折减系数换算。

不同方位间距折减换算表　　　　　　　　表 5.0.2-2

| 方　位 | 0°～15°（含） | 15°～30°（含） | 30°～45°（含） | 45°～60°（含） | ＞60° |
|---|---|---|---|---|---|
| 折减值 | 1.00L | 0.90L | 0.80L | 0.90L | 0.95L |

注：① 表中方位为正南向（0°）偏东、偏西的方位角。

② L 为当地正南向住宅的标准日照间距（m）。

③ 本表指标仅适用于无其他日照遮挡的平行布置条式住宅之间。

**5.0.2.3** 住宅侧面间距，应符合下列规定：

（1）条式住宅，多层之间不宜小于 6m；高层与各种层数住宅之间不宜小于 13m；

（2）高层塔式住宅、多层和中高层点式住宅与侧面有窗的各种层数住宅之间应考虑视觉卫生因素，适当加大间距。

**5.0.3** 住宅布置，应符合下列规定：

**5.0.3.1** 选用环境条件优越的地段布置住宅，其布置应合理紧凑；

**5.0.3.2** 面街布置的住宅，其出入口应避免直接开向城市道路和居住区级道路；

**5.0.3.3** 在Ⅰ、Ⅱ、Ⅵ、Ⅶ建筑气候区，主要应利于住宅冬季的日照、防寒、保温与防风沙的侵袭；在Ⅲ、Ⅳ建筑气候区，主要应考虑住宅夏季防热和组织自然通风、导风入室的要求；

**5.0.3.4** 在丘陵和山区，除考虑住宅布置与主导风向的关系外，尚应重视因地形变化而产生的地方风对住宅建筑防寒、保温或自然通风的影响；

**5.0.3.5** 老年人居住建筑宜靠近相关服务设施和公共绿地。

**5.0.4** 住宅的设计标准，应符合现行国家标准《住宅设计规范》GB 50096—99 的规定，宜采用多种户型和多种面积标准。

**5.0.5** 住宅层数，应符合下列规定：

**5.0.5.1** 根据城市规划要求和综合经济效益，确定经济的住宅层数与合理的层数结构；

**5.0.5.2** 无电梯住宅不应超过六层。在地形起伏较大的地区，当住宅分层入口时，可按进入住宅后的单程上或下的层数计算。

**5.0.6** 住宅净密度，应符合下列规定：

**5.0.6.1** 住宅建筑净密度的最大值，不应超过表 5.0.6-1 规定；

住宅建筑净密度控制指标（％）　　　　表 5.0.6-1

| 住宅层数 | 建筑气候区划 | | |
|---|---|---|---|
| | Ⅰ、Ⅱ、Ⅵ、Ⅶ、 | Ⅲ、Ⅴ | Ⅳ |
| 低　层 | 35 | 40 | 43 |
| 多　层 | 28 | 30 | 32 |
| 中高层 | 25 | 28 | 30 |
| 高　层 | 20 | 20 | 22 |

注：混合层取两者的指标值作为控制指标的上、下限值。

**5.0.6.2** 住宅建筑面积净密度的最大值，不宜超过表 5.0.6-2 规定。

住宅建筑面积净密度控制指标（万 m²/hm²）　　　　表 5.0.6-2

| 住宅层数 | 建筑气候区别 | | |
|---|---|---|---|
| | Ⅰ、Ⅱ、Ⅵ、Ⅶ、 | Ⅲ、Ⅴ | Ⅳ |
| 低　层 | 1.10 | 1.20 | 1.30 |
| 多　层 | 1.70 | 1.80 | 1.90 |
| 中高层 | 2.00 | 2.20 | 2.40 |
| 高　层 | 3.50 | 3.50 | 3.50 |

注：① 混合层取两者的指标值作为控制指标的上、下限值；

　　② 本表不计入地下层面积。

# 6　公共服务设施

**6.0.1** 居住区公共服务设施（也称配套公建），应包括：教育、医疗卫生、文化体育、商业服务、金融邮电、社区服务、市政公用和行政管理及其他八类设施。

**6.0.3** 居住区配套公建的项目，应符合本规范附录 A 第 A.0.6 条规定。配建指标，应以表 6.0.3 规定的千人总指标和分类指标控制，并应遵循下列原则：

**6.0.3.1** 各地应按表 6.0.3 中规定所确定的本规范附录 A 第 A.0.6 条中有关项目及其具体指标控制；

**6.0.3.2** 本规范附录 A 第 A.0.6 条和表 6.0.3 在使用时可根据规划布局形式和规划用地四周的设施条件，对配建项目进行合理的归并、调整，但不应少于与其居住人口规模相对应的千人总指标；

公共服务设施控制指标（m²/千人）                    表 6.0.3

| 居住规模 类别 | | 居住区 | | 小区 | | 组团 | |
|---|---|---|---|---|---|---|---|
| | | 建筑面积 | 用地面积 | 建筑面积 | 用地面积 | 建筑面积 | 用地面积 |
| 总指标 | | 1668～3293 (2228～4213) | 2172～5559 (2762～6329) | 968～2397 (1338～2977) | 1091～3835 (1491～4585) | 362～856 (703～1356) | 488～1058 (868～1578) |
| 其中 | 教育 | 600～1200 | 1000～2400 | 330～1200 | 700～2400 | 160～400 | 300～500 |
| | 医疗卫生 (含医院) | 78～198 (178～398) | 138～378 (298～548) | 38～98 | 78～228 | 6～20 | 12～40 |
| | 文体 | 125～245 | 225～645 | 45～75 | 65～105 | 18～24 | 40～60 |
| | 商业服务 | 700～910 | 600～940 | 450～570 | 100～600 | 150～370 | 100～400 |
| | 社区服务 | 59～464 | 76～668 | 59～292 | 76～328 | 19～32 | 16～28 |
| | 金融邮电 (含银行、邮电局) | 20～30 (60～80) | 25～50 | 16～22 | 22～34 | — | — |
| | 市政公用 (含居民存车处) | 40～150 (460～820) | 70～360 (500～960) | 30～140 (400～720) | 50～140 (450～760) | 9～10 (350～510) | 20～30 (400～550) |
| | 行政管理及其他 | 46～96 | 37～72 | — | — | — | — |

注：① 居住区级指标含小区和组团级指标，小区级含组团级指标；
　　② 公共服务设施总用地的控制指标应符合表 3.0.2 规定；
　　③ 总指标未含其他类，使用时应根据规划设计要求确定本类面积指标；
　　④ 小区医疗卫生类未含门诊所；
　　⑤ 市政公用类未含锅炉房，在采暖地区应自选确定。

**6.0.3.3** 当规划用地内的居住人口规模界于组团和小区之间或小区和居住区之间时，除配建下一级应配建的项目外，还应根据所增人数及规划用地周围的设施条件，增配高一级的有关项目及增加有关指标；

**6.0.3.6** 旧区改建和城市边缘的居住区，其配建项目与千人总指标可酌情增减，但应符合当地城市规划行政主管部门的有关规定；

**6.0.3.7** 凡国家确定的一、二类人防重点城市均应按国家人防部门的有关规定配建防空地下室，并应遵循平战结合的原则，与城市地下空间规划相结合，统筹安排。将居住区使用部分的面积，按其使用性质纳入配套公建；

**6.0.3.8** 居住区配套公建各项目的设置要求，应符合本规范附录 A 第 A.0.7 条的规定。对其中的服务内容可酌情选用。

**6.0.4** 居住区配套公建各项目的规划布局，应符合下列规定：

**6.0.4.1** 根据不同项目的使用性质和居住区的规划布局形式，应采用相对集中与适当分散相结合的方式合理布局。并应利于发挥设施效益，方便经营管理、使用和减少干扰；

**6.0.4.2** 商业服务与金融邮电、文体等有关项目宜集中布置，形成居住区各级公共活动中心；

**6.0.4.3** 基层服务设施的设置应方便居民，满足服务半径的要求；

**6.0.4.4** 配套公建的规划布局和设计应考虑发展需要。

**6.0.5** 居住区内公共活动中心、集贸市场和人流较多的公共建筑，必须相应配建公共停车场（库），并应符合下列规定：

**6.0.5.1** 配建公共停车场（库）的停车位控制指标，应符合表6.0.5规定；

配建公共停车场（库）停车位控制指标　　　　表 6.0.5

| 名　　　称 | 单　　　位 | 自行车 | 机动车 |
|---|---|---|---|
| 公共中心 | 车位/100m² 建筑面积 | ≥7.5 | ≥0.45 |
| 商业中心 | 车位/100m² 营业面积 | ≥7.5 | ≥0.45 |
| 集贸市场 | 车位/100m² 营业场地 | ≥7.5 | ≥0.30 |
| 饮食店 | 车位/100m² 营业面积 | ≥3.6 | ≥0.30 |
| 医院、门诊所 | 车位/100m² 建筑面积 | ≥1.5 | ≥0.30 |

注：① 本表机动车停车车位以小型汽车为标准当量表示；

　　② 其他各型车辆停车位的换算办法，应符合本规范第11章中有关规定。

**6.0.5.2** 配建公共停车场（库）应就近设置，并宜采用地下或多层车库。

# 7　绿　　　地

**7.0.1** 居住区内绿地，应包括公共绿地、宅旁绿地、配套公建所属绿地和道路绿地，其中包括了满足当地植树绿化覆土要求、方便居民出入的地下或半地下建筑的屋顶绿地。

**7.0.2** 居住区内绿地应符合下列规定：

**7.0.2.1** 一切可绿化的用地均应绿化，并宜发展垂直绿化；

**7.0.2.2** 宅间绿地应精心规划与设计；宅间绿地面积的计算办法应符合本规范第11章中有关规定；

**7.0.2.3** 绿地率：新区建设不应低于30%；旧区改建不宜低于25%。

**7.0.3** 居住区内的绿地规划，应根据居住区的规划布局形式、环境特点及用地的具体条件，采用集中与分散相结合，点、线、面相结合的绿地系统。并宜保留和利用规划范围内的已有树木和绿地。

**7.0.4** 居住区内的公共绿地，应根据居住区不同的规划布局形式设置相应的中心绿地，以及老年人、儿童活动场地和其他的块状、带状公共绿地等，并应符合下列规定：

**7.0.4.1** 中心绿地的设置应符合下列规定：

（1）符合表7.0.4-1规定，表内"设置内容"可视具体条件选用；

| 中心绿地名称 | 设置内容 | 要求 | 最小规模（hm²） |
|---|---|---|---|
| 居住区公园 | 花木草坪、花坛水面、凉亭雕塑、小卖茶座、老幼设施、停车场地和铺装地面等 | 园内布局应有明确的功能划分 | 1.00 |
| 小游园 | 花木草坪、花坛水面、雕塑、儿童设施和铺装地面等 | 园内布局应有一定的功能划分 | 0.40 |
| 组团绿地 | 花木草坪、桌椅、简易儿童设施等 | 灵活布局 | 0.04 |

（2）至少应有一个边与相应级别的道路相邻；

（3）绿化面积（含水面）不宜小于 70%；

（4）便于居民休憩、散步和交往之用，宜采用开敞式，以绿篱或其他通透式院墙栏杆作分隔；

（5）组团绿地的设置应满足有不少于 1/3 的绿地面积在标准的建筑日照阴影线范围之外的要求，并便于设置儿童游戏设施和适于成人游憩活动。其中院落式组团绿地的设置还应同时满足表 7.0.4-2 中的各项要求，其面积计算起止界应符合本规范第 11 章中有关规定；

院落式组团绿地设置规定　　　　　　表 7.0.4-2

| 封闭型绿地 | | 开敞型绿地 | |
|---|---|---|---|
| 南侧多层楼 | 南侧高层楼 | 南侧多层楼 | 南侧高层楼 |
| $L \geqslant 1.5L_2$ | $L \geqslant 1.5L_2$ | $L \geqslant 1.5L_2$ | $L \geqslant 1.5L_2$ |
| $L \geqslant 30m$ | $L \geqslant 50m$ | $L \geqslant 30m$ | $L \geqslant 50m$ |
| $S_1 \geqslant 800m^2$ | $S_1 \geqslant 1800m^2$ | $S_1 \geqslant 500m^2$ | $S_1 \geqslant 1200m^2$ |
| $S_2 \geqslant 1000m^2$ | $S_2 \geqslant 2000m^2$ | $S_2 \geqslant 600m^2$ | $S_2 \geqslant 1400m^2$ |

注：① $L$——南北两楼正面间距（m）；

$L_2$——当地住宅的标准日照间距（m）；

$S_1$——北侧为多层楼的组团绿地面积（m²）；

$S_2$——北侧为高层楼的组团绿地面积（m²）。

② 开敞型院落式组团绿地应符合本规范附录 A 第 A.0.4 条规定。

**7.0.4.2**　其他块状带状公共绿地应同时满足宽度不小于 8m，面积不小于 400m² 和本条第 1 款（2）、（3）、（4）项及第（5）项中的日照环境要求；

**7.0.4.3**　公共绿地的位置和规模，应根据规划用地周围的城市级公共绿地的布局综合确定。

**7.0.5**　居住区内公共绿地的总指标，应根据居住人口规模分别达到：组团不少于 0.5m²/人，小区（含组团）不少于 1m²/人，居住区（含小区与组团）不少于 1.5m²/人，并应根据居住区规划布局形式统一安排、灵活使用。

旧区改建可酌情降低，但不得低于相应指标的 70%。

# 8 道 路

**8.0.1** 居住区的道路规划,应遵循下列原则:

**8.0.1.1** 根据地形、气候、用地规模、用地四周的环境条件、城市交通系统以及居民的出行方式,应选择经济、便捷的道路系统和道路断面形式;

**8.0.1.2** 小区内应避免过境车辆的穿行,道路通而不畅、避免往返迂回,并适于消防车、救护车、商店货车和垃圾车等的通行;

**8.0.1.3** 有利于居住区内各类用地的划分和有机联系,以及建筑物布置的多样化;

**8.0.1.4** 当公共交通线路引入居住区级道路时,应减少交通噪声对居民的干扰;

**8.0.1.5** 在地震烈度不低于六度的地区,应考虑防灾救灾要求;

**8.0.1.6** 满足居住区的日照通风和地下工程管线的埋设要求;

**8.0.1.7** 城市旧区改建,其道路系统应充分考虑原有道路特点,保留和利用有历史文化价值的街道;

**8.0.1.8** 应便于居民汽车的通行,同时保证行人、骑车人的安全便利。

**8.0.2** 居住区内道路可分为:居住区道路、小区路、组团路和宅间小路四级。其道路宽度,应符合下列规定:

**8.0.2.1** 居住区道路:红线宽度不宜小于20m;

**8.0.2.2** 小区路:路面宽6~9m,建筑控制线之间的宽度,需敷设供热管线的不宜小于14m;无供热管线的不宜小于10m;

**8.0.2.3** 组团路:路面宽3~5m,建筑控制线之间的宽度,需敷设供热管线的不宜小于10m;无供热管线的不宜小于8m;

**8.0.2.4** 宅间小路;路面宽不宜小于2.5m;

**8.0.2.5** 在多雪地区,应考虑堆积清扫道路积雪的面积,道路宽度可酌情放宽,但应符合当地城市规划行政主管部门的有关规定。

**8.0.3** 居住区内道路纵坡规定,应符合下列规定:

**8.0.3.2** 机动车与非机动车混行的道路,其纵坡宜按非机动车道要求,或分段按非机动车道要求控制。

**8.0.4** 山区和丘陵地区的道路系统规划设计,应遵循下列原则:

**8.0.4.1** 车行与人行宜分开设置自成系统;

**8.0.4.2** 路网格式应因地制宜;

**8.0.4.3** 主要道路宜平缓;

**8.0.4.4** 路面可酌情缩窄,但应安排必要的排水边沟和会车位,并应符合当地城市规划行政主管部门的有关规定。

**8.0.5** 居住区内道路设置,应符合下列规定:

**8.0.5.1** 小区内主要道路至少应有两个出入口;居住区内主要道路至少应有两个方向与外围道路相连;机动车道对外出入口间距不应小于150m。沿街建筑物长度超过150m时,应设不小于4m×4m的消防车通道。人行出口间距不宜超过80m,当建筑物长度超过

80m 时，应在底层加设人行通道；

8.0.5.2 居住区内道路与城市道路相接时，其交角不宜小于 75°；当居住区内道路坡度较大时，应设缓冲段与城市道路相接；

8.0.5.3 进入组团的道路，既应方便居民出行和利于消防车、救护车的通行，又应维护院落的完整性和利于治安保卫；

8.0.5.5 居住区内尽端式道路的长度不宜大于 120m，并应在尽端设不小于 12m×12m 的回车场地；

8.0.5.6 当居住区内用地坡度大于 8% 时，应辅以梯步解决竖向交通，并宜在梯步旁附设推行自行车的坡道；

8.0.5.7 在多雪严寒的山坡地区，居住区内道路路面应考虑防滑措施；在地震设防地区，居住区内的主要道路，宜采用柔性路面；

8.0.5.8 居住区内道路边缘至建筑物、构筑物的最小距离，应符合表 8.0.5 规定；

道路边缘至建、构筑物最小距离（m）    表 8.0.5

| 与建、构筑物关系 | 道路级别 | | 居住区道路 | 小区路 | 组团路及宅间小路 |
|---|---|---|---|---|---|
| 建筑物面向道路 | 无出入口 | 高层 | 5.0 | 3.0 | 2.0 |
| | | 多层 | 3.0 | 3.0 | 2.0 |
| | 有出入口 | | — | 5.0 | 2.5 |
| 建筑物山墙面向道路 | | 高层 | 4.0 | 2.0 | 1.5 |
| | | 多层 | 2.0 | 2.0 | 1.5 |
| 围墙面向道路 | | | 1.5 | 1.5 | 1.5 |

注：居住区道路的边缘指红线；小区路、组团路及宅间小路的边缘指路面边线。

当小区路设有人行便道时，其道路边缘指便道边线。

8.0.6 居住区内必须配套设置居民汽车（含通勤车）停车场、停车库，并应符合下列规定：

8.0.6.1 居民汽车停车率不应小于 10%；

8.0.6.2 居住区内地面停车率（居住区内居民汽车的停车位数量与居住户数的比率）不宜超过 10%；

8.0.6.4 居民停车场、库的布置应留有必要的发展余地。

# 9 竖 向（略）

# 10 管线综合

10.0.1 居住区内应设置给水、污水、雨水和电力管线，在采用集中供热居住区内还应设置供热管线，同时还应考虑燃气、通讯、电视公用天线、闭路电视、智能化等管线的设置或预留埋设位置。

**10.0.2** 居住区内各类管线的设置，应编制管线综合规划确定，并应符合下列规定：

**10.0.2.1** 必须与城市管线衔接；

**10.0.2.2** 应根据各类管线的不同特性和设置要求综合布置。各类管线相互间的水平与垂直净距，宜符合规定；

**10.0.2.3** 宜采用地下敷设的方式。地下管线的走向，宜沿道路或与主体建筑平行布置，并力求线型顺直、短捷和适当集中，尽量减少转弯，并应使管线之间及管线与道路之间尽量减少交叉；

**10.0.2.4** 应考虑不影响建筑物安全和防止管线受腐蚀、沉陷、震动及重压。各种管线与建筑物和构筑物之间的最小水平间距，应符合规定；

**10.0.2.5** 各种管线的埋设顺序应符合下列规定：

（1）离建筑物的水平排序，由近及远宜为：电力管线或电信管线、燃气管、热力管、给水管、雨水管、污水管；

（2）各类管线的垂直排序，由浅入深宜为：电信管线、热力管、小于10kV电力电缆、大于10kV电力电缆、燃气管、给水管、雨水管、污水管。

**10.0.2.6** 电力电缆与电信管、缆宜远离，并按照电力电缆在道路东侧或南侧、电信电缆在道路西侧或北侧的原则布置；

**10.0.2.7** 管线之间遇到矛盾时，应按下列原则处理：

（1）临时管线避让永久管线；

（2）小管线避让大管线；

（3）压力管线避让重力自流管线；

（4）可弯曲管线避让不可弯曲管线。

**10.0.2.8** 地下管线不宜横穿公共绿地和庭院绿地。与绿化树种间的最小水平净距，宜符合表10.0.2-4中的规定。

管线、其他设施与绿化树种间的最小水平净距（m）　　　　　表10.0.2-4

| 管　线　名　称 | 最小水平净距 | |
| --- | --- | --- |
| | 至乔木中心 | 至灌木中心 |
| 给水管、闸井 | 1.5 | 1.5 |
| 污水管、雨水管、探井 | 1.5 | 1.5 |
| 燃气管、探井 | 1.2 | 1.2 |
| 电力电缆、电信电缆 | 1.0 | 1.0 |
| 电信管道 | 1.5 | 1.0 |
| 热力管 | 1.5 | 1.5 |
| 地上杆柱（中心） | 2.0 | 2.0 |
| 消防龙头 | 1.5 | 1.2 |
| 道路侧石边缘 | 0.5 | 0.5 |

# 11 综合技术经济指标

**11.0.1** 居住区综合技术经济指标的项目应包括必要指标和可选用指标两类，其项目及计量单位应符合表11.0.1规定。

综合技术经济指标系列一览表      表11.0.1

| 项　　目 | 计量单位 | 数值 | 所占比重（%） | 人均面积（m²/人） |
|---|---|---|---|---|
| 居住区规划总用地 | hm² | ▲ | — | — |
| 　1. 居住区用地（R） | hm² | ▲ | 100 | ▲ |
| 　①住宅用地（R01） | hm² | ▲ | ▲ | ▲ |
| 　②公建用地（R02） | hm² | ▲ | ▲ | ▲ |
| 　③道路用地（R03） | hm² | ▲ | ▲ | ▲ |
| 　④公共绿地（R04） | hm² | ▲ | ▲ | ▲ |
| 　2. 其他用地 | hm² | ▲ | — | — |
| 居住户（套）数 | 户（套） | ▲ | — | — |
| 居住人数 | 人 | ▲ | — | — |
| 户均人口 | 人/户 | ▲ | — | — |
| 总建筑面积 | 万 m² | ▲ | — | — |
| 　1. 居住区用地内建筑总面积 | 万 m² | ▲ | 100 | ▲ |
| 　①住宅建筑面积 | 万 m² | ▲ | ▲ | ▲ |
| 　②公建面积 | 万 m² | ▲ | ▲ | ▲ |
| 　2. 其他建筑面积 | 万 m² | △ | — | — |
| 住宅平均层数 | 层 | ▲ | — | — |
| 高层住宅比例 | % | △ | — | — |
| 中高层住宅比例 | % | △ | — | — |
| 人口毛密度 | 人/hm² | ▲ | — | — |
| 人口净密度 | 人/hm² | △ | — | — |
| 住宅建筑套密度（毛） | 套/hm² | ▲ | — | — |
| 住宅建筑套密度（净） | 套/hm² | ▲ | — | — |
| 住宅建筑面积毛密度 | 万 m²/hm² | ▲ | — | — |
| 住宅建筑面积净密度 | 万 m²/hm² | ▲ | — | — |

| 项　目 | 计量单位 | 数值 | 所占比重<br>(%) | 人均面积<br>(m²/人) |
|---|---|---|---|---|
| 居住区建筑面积毛密度（容积率） | 万 m²/hm² | ▲ | | |
| 停车率 | % | ▲ | — | — |
| 停车位 | 辆 | ▲ | — | — |
| 地面停车率 | % | ▲ | — | — |
| 地面停车位 | 辆 | ▲ | — | — |
| 住宅建筑净密度 | % | ▲ | — | — |
| 总建筑密度 | % | ▲ | — | — |
| 绿地率 | % | ▲ | — | — |
| 拆建比 | — | △ | — | — |

注：▲必要指标；△选用指标。

**11.0.2** 各项指标的计算，应符合下列规定：

**11.0.2.1** 规划总用地范围应按下列规定确定：

（1）当规划总用地周界为城市道路、居住区（级）道路、小区路或自然分界线时，用地范围划至道路中心线或自然分界线；

（2）当规划总用地与其他用地相邻，用地范围划至双方用地的交界处。

**11.0.2.2** 底层公建住宅或住宅公建综合楼用地面积应按下列规定确定：

（1）按住宅和公建各占该幢建筑总面积的比例分摊用地，并分别计入住宅用地和公建用地；

（2）底层公建突出于上部住宅或占有专用场院或因公建需要后退红线的用地，均应计入公建用地。

**11.0.2.3** 底层架空建筑用地面积的确定，应按底层及上部建筑的使用性质及其各占该幢建筑总建筑面积的比例分摊用地面积，并分别计入有关用地内；

**11.0.2.4** 绿地面积应按下列规定确定：

（1）宅旁（宅间）绿地面积计算的起止界应符合本规范附录A第A.0.2条的规定：绿地边界对宅间路、组团路和小区路算到路边，当小区路设有人行便道时算到便道边，沿居住区路、城市道路则算到红线；距房屋墙脚1.5m；对其他围墙、院墙算到墙脚；

（2）道路绿地面积计算，以道路红线内规划的绿地面积为准进行计算；

（3）院落式组团绿地面积计算起止界应符合本规范附录A第A.0.3条的规定：绿地边界距宅间路、组团路和小区路路边1.0m；当小区路有人行便道时，算到人行便道边；临城市道路、居住区级道路时算到道路红线；距房屋墙脚1.5m；

（4）开敞型院落组团绿地，应符合本规范表7.0.4-2要求；至少有一个面面向小区路，或向建筑控制线宽度不小于10m的组团级主路敞开，并向其开设绿地的主要出入口和满足本规范附录A第A.0.4条的规定；

（5）其他块状、带状公共绿地面积计算的起止界同院落式组团绿地。沿居住区（级）道路、城市道路的公共绿地算到红线。

**11.0.2.5** 居住区用地内道路用地面积应按下列规定确定：

（1）按与居住人口规模相对应的同级道路及其以下各级道路计算用地面积，外围道路不计入；

（2）居住区（级）道路，按红线宽度计算；

（3）小区路、组团路，按路面宽度计算。当小区路设有人行便道时，人行便道计入道路用地面积；

（4）居民汽车停放场地，按实际占地面积计算；

（5）宅间小路不计入道路用地面积。

**11.0.2.6** 其他用地面积应按下列规定确定：

（1）规划用地外围的道路算至外围道路的中心线；

（2）规划用地范围内的其他用地，按实际占用面积计算。

**11.0.2.7** 停车场车位数的确定以小型汽车为标准当量表示，其他各型车辆的停车位，应按表11.0.2中相应的换算系数折算。

各型车辆停车位换算系数                    表11.0.2

| 车　　型 | 换算系数 |
| --- | --- |
| 微型客、货汽车机动三轮车 | 0.7 |
| 卧车、两吨以下货运汽车 | 1.0 |
| 中型客车、面包车、2～4t货运汽车 | 2.0 |
| 铰接车 | 3.5 |

**二、《城市道路交通规划设计规范》（GB50220——95）（节选）为强制性国家标准**

# 1　总　　则

**1.0.1** 为了科学、合理地进行城市道路交通规划设计，优化城市用地布局，提高城市的运转效能，提供安全、高效、经济、舒适和低公害的交通条件，制定本规范。

**1.0.2** 本规范适用于全国各类城市的城市道路交通规划设计。

**1.0.3** 城市道路交通规划应以市区内的交通规划为主，处理好市际交通与市内交通的衔接、市域范围内的城镇与中心城市的交通联系。

**1.0.4** 城市道路交通规划必须以城市总体规划为基础，满足土地使用对交通运输的需求，发挥城市道路交通对土地开发强度的促进和制约作用。

**1.0.5** 城市道路交通规划应包括城市道路交通发展战略规划和城市道路交通综合网络规划两个组成部分。

**1.0.6** 城市道路交通发展战略规划应包括下列内容：

　**1.0.6.1** 确定交通发展目标和水平；

**1.0.6.2** 确定城市交通方式和交通结构；

**1.0.6.3** 确定城市道路交通综合网络布局、城市对外交通和市内的客货运设施的选址和用地规模；

**1.0.6.4** 提出实施城市道路交通规划过程中的重要技术经济对策；

**1.0.6.5** 提出有关交通发展政策和交通需求管理政策的建议。

**1.0.7** 城市道路交通综合网络规划应包括下列内容：

**1.0.7.1** 确定城市公共交通系统、各种交通的衔接方式、大型公共换乘枢纽和公共交通场站设施的分布和用地范围；

**1.0.7.2** 确定各级城市道路红线宽度、横断面形式、主要交叉口的形式和用地范围，以及广场、公共停车场、桥梁、渡口的位置和用地范围；

**1.0.7.3** 平衡各种交通方式的运输能力和运量；

**1.0.7.4** 对网络规划方案作技术经济评估；

**1.0.7.5** 提出分期建设与交通建设项目排序的建议。

**1.0.8** 城市客运交通应按照市场经济的规律，结合城市社会经济发展水平，优先发展公共交通，组成公共交通、个体交通优势互补的多种方式客运网络，减少市民出行时耗。

**1.0.9** 城市货运交通宜向社会化、专业化、集装化的联合运输方式发展。

**1.0.10** 城市道路交通规划设计除应执行本规范的规定外，尚应符合国家现行的有关标准、规范的规定。

# 2 术 语（略）

# 3 城市公共交通

**3.1.1** 城市公共交通规划，应根据城市发展规模、用地布局和道路网规划，在客流预测的基础上，确定公共交通方式、车辆数、线路网、换乘枢纽和场站设施用地等，并应使公共交通的客运能力满足高峰客流的需求。

**3.1.2** 大、中城市应优先发展公共交通，逐步取代远距离出行的自行车；小城市应完善市区至郊区的公共交通线路网。

**3.1.4** 城市公共汽车和电车的规划拥有量，大城市应每800～1000人一辆标准车，中、小城市应每1200～1500人一辆标准车。

**3.1.6** 规划城市人口超过200万人的城市，应控制预留设置快速轨道交通的用地。

**3.2.2** 在市中心区规划的公共交通线路网的密度，应达到3～4km/km²；在城市边缘地区应达到2～2.5km/km²。

**3.2.5** 市区公共汽车与电车主要线路的长度宜为8～12km；快速轨道交通的线路长度不宜大于40min的行程。

**3.3.2** 公共交通车站服务面积，以300m半径计算，不得小于城市用地面积的50%；以500m半径计算，不得小于90%。

**3.3.4.1** 在路段上,同向换乘距离不应大于50m,异向换乘距离不应大于100m;对置设站,应在车辆前进方向迎面错开30m;

**3.3.4.3** 长途客运汽车站、火车站、客运码头主要出入口50m范围内应设公共交通车站;

**3.4.1** 公共交通停车场、车辆保养场、整流站、公共交通车辆调度中心等的场站设施应与公共交通发展规模相匹配,用地有保证。

# 4 自行车交通

**4.1.1** 计算自行车交通出行时耗时,自行车行程速度宜按11～14km/h计算。交通拥挤地区和路况较差的地区,其行程速度宜取低限值。

**4.1.2** 自行车最远的出行距离,在大、中城市应按6km计算,小城市应按10km计算。

**4.2.1** 自行车道路网规划应由单独设置的自行车专用路、城市干路两侧的自行车道、城市支路和居住区内的道路共同组成一个能保证自行车连续交通的网络。

**4.2.2** 大、中城市干路网规划设计时,应使自行车与机动车分道行驶。

**4.2.7** 自行车道路的交通环境设计,应设置安全、照明、遮荫等设施。

# 5 步 行 交 通

**5.1.1** 城市中规划步行交通系统应以步行人流的流量和流向为基本依据。并应因地制宜地采用各种有效措施,满足行人活动的要求,保障行人的交通安全和交通连续性,避免无故中断和任意缩减人行道。

**5.1.2** 人行道、人行天桥、人行地道、商业步行街、城市滨河步道或林荫道的规划,应与居住区的步行系统,与城市中车站、码头集散广场,城市游憩集会广场等的步行系统紧密结合,构成一个完整的城市步行系统。

**5.1.3** 步行交通设施应符合无障碍交通的要求。

**5.2.3** 人行道宽度应按人行带的倍数计算,最小宽度不得小于1.5m。

**5.2.4** 在城市的主干路和次干路的路段上,人行横道或过街通道的间距宜为250～300m。

# 6 城市货运交通

**6.1.1** 城市货运交通量预测应以城市经济、社会发展规划和城市总体规划为依据。

**6.1.2** 城市货运交通应包括过境货运交通、出入市货运交通与市内货运交通三个部分。

**6.1.3** 货运车辆场站的规模与布局宜采用大、中、小相结合的原则。大城市宜采用分散布点;中、小城市宜采用集中布点。场站选址应靠近主要货源点,并与货物流通中心相结合。

**6.4.1** 货运道路应能满足城市货运交通的要求,以及特殊运输、救灾和环境保护的要求,并与货运流向相结合。

**6.4.4** 大、中城市的重要货源点与集散点之间应有便捷的货运道路。

# 7 城市道路系统

**7.1.1** 城市道路系统规划应满足客、货车流和人流的安全与畅通；反映城市风貌、城市历史和文化传统；为地上地下工程管线和其它市政公用设施提供空间；满足城市救灾避难和日照通风的要求。

**7.1.2** 城市道路交通规划应符合人与车交通分行，机动车与非机动交通分道的要求。

**7.1.3** 城市道路应分为快速路、主干路、次干路和支路四类。

**7.1.4** 城市道路用地面积应占城市建设用地面积的8％～15％。对规划人口在200万以上的大城市，宜为15％～20％。

**7.1.5** 规划城市人口人均占有道路用地面积宜为7～15m²。其中：道路用地面积宜为6.0～13.5m²/人，广场面积宜为0.2～0.5m²/人，公共停车场面积宜为0.8～1.0m²/人。

**7.2.1** 城市道路网规划应适应城市用地扩展，并有利于向机动化和快速交通的方向发展。

**7.2.2** 城市道路网的形式和布局，应根据土地使用、客货交通源和集散点的分布、交通流量流向，并结合地形、地物、河流走向、铁路布局和原有道路系统，因地制宜地确定。

**7.2.3** 各类城市道路网的平均密度应符合表7.1.6-1和7.1.6-2中规定的指标要求。土地开发的容积率应与交通网的运输能力和道路网的通行能力相协调。

**7.2.5** 城市主要出入口每个方向应有两条对外放射的道路。七度地震设防的城市每个方向应有不少于两条对外放射的道路。

**7.2.9** 当旧城道路网改造时，在满足道路交通的情况下，应兼顾旧城的历史文化、地方特色和原有道路网形成的历史；对有历史文化价值的街道应适当加以保护。

**7.4.1** 城市道路交叉口，应根据相交道路的等级、分向流量、公共交通站点的设置、交叉口周围用地的性质，确定交叉口的形式及其用地范围。

**7.4.3** 道路交叉口的通行能力应与路段的通行能力相协调。

**7.4.4** 平面交叉口的进出口应设展宽段，并增加车道条数；每条车道宽度宜为3.5m。

**7.4.9** 规划交通量超过2700辆/h当时小汽车数的交叉口不宜采用环形交叉口。环形交叉口上的任一交织段上，规划的交通量超过1500辆/h当量小汽车数时，应改建交叉口。

## 7.5 城市广场

**7.5.1** 全市车站、码头的交通集散广场用地总面积，可按规划城市人口每人0.07～0.10m² 计算。

**7.5.2** 车站、码头前的交通集散广场的规模由聚集人流量决定，集散广场的人流密度宜为1.0～1.4人/m²。

# 8 城市道路交通设施

**8.1.1** 城市公共停车场应分为外来机动车公共停车场、市内机动车公共停车场和自行车公共停车场三类，其用地总面积可按规划城市人口每人 $0.8\sim1.0m^2$ 计算。其中：机动车停车场的用地宜为 $80\%\sim90\%$，自行车停车场的用地宜为 $10\%\sim20\%$。市区宜建停车楼或地下停车库。

**8.1.4** 机动车公共停车场的服务半径，在市中心地区不应大于 $200m$；一般地区不应大于 $300m$；自行车公共停车场的服务半径宜为 $50\sim100m$，并不得大于 $200m$。

**8.1.8.2** 机动车公共停车场出入口应距离交叉口、桥隧坡道起止线不小于 $50m$；

**8.1.8.3** 少于 50 个停车位的停车场，可设一个出入口，其宽度宜采用双车道；$50\sim300$ 个停车位的停车场，应设两个出入口；大于 300 个停车位的停车场，出口和入口应分开设置，两个出入口之间的距离应大于 $20m$。

**8.1.9.2** 500 个车位以上的停车场，出入口数不得少于两个；

**8.1.9.3** 1500 个车位以上的停车场，应分组设置，每组应设 500 个停车位，并应各设有一对出入口；

**8.2.1** 城市公共加油站的服务半径宜为 $0.9\sim1.2km$。

**8.2.2** 城市公共加油站应大、中、小相结合，以小型站为主。

本规范最后有附录和条文说明。

### 三、《城市用地竖向规划规范》（CJJ 83——99）（节选）

为规范城市用地竖向规划基本技术要求，提高城市规划质量和规划管理水平，建设部于 1999 年 4 月批准发布了《城市用地竖向规划规范》为强制性行业标准。自 1999 年 10 月 1 日起施行。

# 1 总 则

**1.0.1** 为规范城市用地竖向规划基本技术要求，提高城市规划质量和规划管理水平，制定本规范。

**1.0.2** 本规范适用于各类城市的用地竖向规划。

**1.0.3** 城市用地竖向规划应遵循下列原则：

    1 安全、适用、经济、美观；

    2 充分发挥土地潜力，节约用地；

    3 合理利用地形、地质条件，满足城市各项建设用地的使用要求；

    4 减少土石方及防护工程量；

    5 保护城市生态环境，增强城市景观效果。

**1.0.4** 城市用地竖向规划根据城市规划各阶段的要求，应包括下列主要内容：

    1 制定利用与改造地形的方案；

    2 确定城市用地坡度、控制点高程、规划地面形式及场地高程；

    3 合理组织城市用地的土石方工程和防护工程；

    4 提出有利于保护和改善城市环境景观的规划要求。

**1.0.5** 城市用地竖向规划除执行本规范外，尚应符合国家现行有关强制性标准的规定。

# 4 规划地面形式

**4.0.1** 根据城市用地的性质、功能，结合自然地形，规划地面形式可分为平坡式、台阶式和混合式。

**4.0.2** 用地自然坡度小于5%时，宜规划为平坡式；用地自然坡度大于8%时，宜规划为台阶式。

**4.0.3** 台阶式和混合式中的台地规划应符合下列规定：

1 台地划分应与规划布局和总平面布置相协调，应满足使用性质相同的用地或功能联系密切的建（构）筑物布置在同一台地或相邻台地的布局要求；

2 台地的长边应平行于等高线布置；

3 台地高度、宽度和长度应结合地形并满足使用要求确定。台地的高度宜为1.5~3.0m。

**4.0.4** 城市主要建设用地适宜规划坡度应符合表4.0.4的规定。

城市主要建设用地适宜规划坡度　　　　　　表4.0.4

| 用 地 名 称 | 最小坡度（%） | 最大坡度（%） |
|---|---|---|
| 工 业 用 地 | 0.2 | 10 |
| 仓 储 用 地 | 0.2 | 10 |
| 铁 路 用 地 | 0 | 2 |
| 港 口 用 地 | 0.2 | 5 |
| 城市道路用地 | 0.2 | 8 |
| 居 住 用 地 | 0.2 | 25 |
| 公共设施用地 | 0.2 | 20 |
| 其 它 | — | — |

# 5 竖向与平面布局

**5.0.1** 城市用地选择及用地布局应充分考虑竖向规划的要求，并应符合下列规定：

1 城市中心区用地应选择地质及防洪排涝条件较好且相对平坦和完整的用地，自然坡度宜小于15%；

2 居住用地宜选择向阳、通风条件好的用地，自然坡度宜小于30%；

3 工业、仓储用地宜选择便于交通组织和生产工艺流程组织的用地，自然坡度宜小于15%；

4 城市开敞空间用地宜利用填方较大的区域。

**5.0.2** 街区竖向规划应与用地的性质和功能相结合，并应符合下列规定：

1 建设用地分台应考虑地形坡度、坡向和风向等因素的影响，以适应建筑布置的要求；

    2　公共设施用地分台布置时，台地间高差宜与建筑层高成倍数关系；

    3　居住用地分台布置时，宜采用小台地形式；

    4　防护工程宜与具有防护功能的专用绿地结合设置。

**5.0.3**　挡土墙、护坡与建筑的最小间距应符合下列规定：

    1　居住区内的挡土墙与住宅建筑的间距应满足住宅日照和通风的要求；

    2　高度大于2m的挡土墙和护坡的上缘与建筑间水平距离不应小于3m，其下缘与建筑间的水平距离不应小于2m。

# 6　竖向与城市景观

**6.0.1**　城市用地竖向规划应有明确的景观规划设想，并应符合下列规定：

    1　保留城市规划用地范围内的制高点、俯瞰点和有明显特征的地形、地物；

    2　保持和维护城市绿化、生态系统的完整性，保护有价值的自然风景和有历史文化意义的地点、区段和设施；

    3　保护和强化城市有特色的、自然和规划的边界线；

    4　构筑美好的城市天际轮廓线。

**6.0.2**　城市用地分台应重视景观要求，并应符合下列规定：

    1　城市用地作分台处理时，挡土墙、护坡的尺度和线型应与环境协调；有条件时宜少采用挡土墙；

    2　城市公共活动区宜将挡土墙、护坡、踏步和梯道等室外设施与建筑作为一个有机整体进行规划；

    3　地形复杂的山区城市，挡土墙、护坡、梯道等室外设施较多，其形式和尺度宜有韵律感；

    4　公共活动区内挡土墙高于1.5m、生活生产区内挡土墙高于2m时，宜作艺术处理或以绿化遮蔽。

**6.0.3**　城市滨水地区的竖向规划应规划和利用好近水空间。

# 7　竖向与道路广场

**7.0.1**　道路竖向规划应符合下列规定：

    1　与道路的平面规划同时进行；

    2　结合城市用地中的控制高程、沿线地形地物、地下管线、地质和水文条件等作综合考虑；

    3　与道路两侧用地的竖向规划相结合，并满足塑造城市街景的要求；

    4　步行系统应考虑无障碍交通的要求。

**7.0.2**　道路规划纵坡和横坡的确定，应符合下列规定：

    1　机动车车行道规划纵坡应符合表7.0.2-1的规定；海拔3000～4000m的高原城市

道路的最大纵坡不得大于 6%；

机动车车行道规划纵坡　　　　　　　　表 7.0.2－1

| 道路类别 | 最小纵坡（%） | 最大纵坡（%） | 最小坡长（m） |
|---|---|---|---|
| 快 速 路 | 0.2 | 4 | 290 |
| 主 干 路 | | 5 | 170 |
| 次 干 路 | | 6 | 110 |
| 支（街坊）路 | | 8 | 60 |

2　非机动车车行道规划纵坡宜小于 2.5%。大于或等于 2.5% 时，应按表 7.0.2－2 的规定限制坡长。机动车与非机动车混行道路，其纵坡应按非机动车车行道的纵坡取值；

非机动车车行道规划纵坡与限制坡长（m）　　　　表 7.0.2－2

| 坡度（%） 限制坡长（m） 车 种 | 自行车 | 三轮车、板车 |
|---|---|---|
| 3.5 | 150 | — |
| 3.0 | 200 | 100 |
| 2.5 | 300 | 150 |

3　道路的横坡应为 1%～2%。

**7.0.3**　道路跨越江河、明渠、暗沟等过水设施时，路高应与过水设施的净空高度要求相协调；有通航条件的江河应保证通航河道的桥下净空高度要求。

**7.0.4**　广场竖向规划除满足自身功能要求外，尚应与相邻道路和建筑物相衔接。广场的最小坡度应为 0.3%；最大坡度平原地区应为 1%，丘陵和山区应为 3%。

**7.0.5**　山区城市竖向规划应满足建设完善的步行系统的要求，并应符合下列规定：

1　人行梯道按其功能和规模可分为三级：一级梯道为交通枢纽地段的梯道和城市景观性梯道；二级梯道为连接小区间步行交通的梯道；三级梯道为连接组团间步行交通或入户的梯道；

2　梯道每升高 1.2～1.5m 宜设置休息平台；二、三级梯道连续升高超过 5.0m 时，除应设置休息平台外，还应设置转折平台，且转折平台的宽度不宜小于梯道宽度；

3　各级梯道的规划指标宜符合表 7.0.5－3 的规定。

梯道的规划指标　　　　　　　　　表 7.0.5－3

| 级 别 规划指标 项 目 | 宽度（m） | 坡比值 | 休息平台宽度（m） |
|---|---|---|---|
| 一 | ≥10.0 | ≤0.25 | ≥2.0 |
| 二 | 4.0～10.0 | ≤0.30 | ≥1.5 |
| 三 | 1.5～4.0 | ≤0.35 | ≥1.2 |

# 8 竖向与排水

**8.0.1** 城市用地应结合地形、地质、水文条件及年均降雨量等因素合理选择地面排水方式，并与用地防洪、排涝规划相协调。

**8.0.2** 城市用地地面排水应符合下列规定：

1 地面排水坡度不宜小于0.2%；坡度小于0.2%时宜采用多坡向或特殊措施排水；

2 地块的规划高程应比周边道路的最低路段高程高出0.2m以上；

3 用地的规划高程应高于多年平均地下水位。

**8.0.3** 雨水排出口内顶高程宜高于受纳水体的多年平均水位。有条件时宜高于设计防洪（潮）水位。

**8.0.4** 城市用地防洪（潮）应符合下列规定：

1 城市防洪应符合现行国家标准《防洪标准》GB50201的规定；

2 设防洪（潮）堤时的堤顶高程和不设防洪（潮）堤时的用地地面高程均应按设防标准的规定所推算的洪（潮）水位加安全超高确定；有波浪影响或壅水现象时，应加波浪侵袭高度或壅水高度。

**8.0.5** 有内涝威胁的城市用地应采取适宜的防内涝措施。

**8.0.6** 当城市用地外围有较大汇水汇入或穿越城市用地时，宜用边沟或排（截）洪沟组织用地外围的地面雨水排除。

### 四、《城市道路绿化规划与设计规范》（CJJ 75——97）（节选）

为发挥道路绿化在改善城市生态环境和丰富城市景观中的作用，避免绿化影响交通安全，保证绿化植物的生存环境，使道路绿化规划设计规范化、提高道路绿化规划设计水平，建设部于1997年10月批准发布了《城市道路绿化规划与设计规范》为行业标准，自1998年5月1日起施行。

# 3 施工前准备

**3.0.1** 城市绿化工程必须按照批准的绿化工程设计及有关文件施工。施工人员应掌握设计意图，进行工程准备。

**3.0.2** 施工前，设计单位应向施工单位进行设计交底，施工人员应按设计图进行现场核对。当有不符之处时，应提交设计单位作变更设计。

**3.0.3** 根据绿化设计要求，选定的种植材料应符合其产品标准的规定。

**3.0.4** 工程开工前应编制施工计划书，计划书应包括下列内容：

1. 施工程序和进度计划；

2. 各工序的用工数量及总用工日；

3. 工程所需材料进度表；

4. 机械与运输车辆和工具的使用计划；

5. 施工技术和安全措施;

6. 施工预算;

7. 大型及重点绿化工程应编制施工组织设计。

**3.0.5** 城市建设综合工程中的绿化种植,应在主要建筑物、地下管线、道路工程等主体工程完成后进行。

# 4 种植材料和播种材料

**4.0.1** 种植材料应根系发达,生长苗壮,无病虫害,规格及形态应符合设计要求。

**4.0.2** 苗木挖掘、包装应符合现行行业标准《城市绿化和园林绿地用植物材料——木本苗》CJ/T34 的规定。

**4.0.3** 露地栽培花卉应符合下列规定:

1. 一、二年生花卉,株高应为 10~40cm,冠径应为 15~35cm。分枝不应少于 3~4个,叶簇健壮,色泽明亮。

2. 宿根花卉,根系必须完整,无腐烂变质。

3. 球根花卉,根茎应苗壮、无损伤,幼芽饱满。

4. 观叶植物,叶色应鲜艳,叶簇丰满。

**4.0.4** 水生植物,根、茎发育应良好,植株健壮,无病虫害。

**4.0.5** 铺栽草坪用的草块及草卷应规格一致,边缘平直,杂草不得超过 5%。草块土层厚度宜为 3~5cm,草卷土层厚度宜为 1~3cm。

**4.0.6** 植生带,厚度不宜超过 1mm,种子分布应均匀,种子饱满,发芽率应大于 95%。

**4.0.7** 播种用的草坪、草花、地被植物种子均应注明品种、品系、产地、生产单位、采收年份、纯净度及发芽率,不得有病虫害。自外地引进种子应有检疫合格证。发芽率达90%以上方可使用。

# 5 种植前土壤处理

**5.0.1** 种植或播种前应对该地区的土壤理化性质进行化验分析,采取相应的消毒、施肥和客土等措施。

**5.0.2** 园林植物生长所必需的最低种植土层厚度应符合表 5.0.2 的规定。

园林植物种植必需的最低土层厚度    表 5.0.2

| 植被类型 | 草本花卉 | 草坪地被 | 小灌木 | 大灌木 | 浅根乔木 | 深根乔木 |
|---|---|---|---|---|---|---|
| 土层厚度<br>(cm) | 30 | 30 | 45 | 60 | 90 | 150 |

**5.0.3** 种植地的土壤含有建筑废土及其他有害成分,以及强酸性土、强碱土、盐土、盐碱土、重粘土、沙土等,均应根据设计规定,采用客土或采取改良土壤的技术措施。

**5.0.4** 绿地应按设计要求构筑地形。对草坪种植地、花卉种植地、播种地应施足基肥,翻耕 25～30cm，搂平耙细，去除杂物，平整度和坡度应符合设计要求。

# 6 种植穴、槽的挖掘

**6.0.1** 种植穴、槽挖掘前，应向有关单位了解地下管线和隐蔽物埋设情况。

**6.0.2** 种植穴、槽的定点放线应符合下列规定：

1. 种植穴、槽定点放线应符合设计图纸要求，位置必须准确，标记明显。
2. 种植穴定点时应标明中心点位置。种植槽应标明边线。
3. 定点标志应标明树种名称（或代号）、规格。
4. 行道树定点遇有障碍物影响株距时，应与设计单位取得联系，进行适当调整。

**6.0.3** 挖种植穴、槽的大小，应根据苗木根系、土球直径和土壤情况而定。穴、槽必须垂直下挖，上口下底相等，规格应符合表 6.0.3-1～5 的规定。

常绿乔木类种植穴规格（cm）                    表 6.0.3-1

| 树　高 | 土球直径 | 种植穴深度 | 种植穴直径 |
|---|---|---|---|
| 150 | 40～50 | 50～60 | 80～90 |
| 150～250 | 70～80 | 80～90 | 100～110 |
| 250～400 | 80～100 | 90～110 | 120～130 |
| 400 以上 | 140 以上 | 120 以上 | 180 以上 |

落叶乔木类种植穴规格（cm）                    表 6.0.3-2

| 胸　径 | 种植穴深度 | 种植穴直径 | 胸　径 | 种植穴深度 | 种植穴直径 |
|---|---|---|---|---|---|
| 2～3 | 30～40 | 40～60 | 5～6 | 60～70 | 80～90 |
| 3～4 | 40～50 | 60～70 | 6～8 | 70～80 | 90～100 |
| 4～5 | 50～60 | 70～80 | 8～10 | 80～90 | 100～110 |

花灌木类种植穴规格（cm）　表 6.0.3-3

| 冠　径 | 种植穴深度 | 种植穴直径 |
|---|---|---|
| 200 | 70～90 | 90～110 |
| 100 | 60～70 | 70～90 |

竹类种植穴规格（cm）　表 6.0.3-4

| 种植穴深度 | 种植穴直径 |
|---|---|
| 盘根或土球深 | 比盘根或土球大 |
| 20～40 | 40～60 |

绿篱类种植槽规格（cm）                    表 6.0.3-5

| 苗　高 ＼ 深×宽 ＼ 种植方式 | 单　行 | 双　行 |
|---|---|---|
| 50～80 | 40×40 | 40×60 |
| 100～120 | 50×50 | 50×70 |
| 120～150 | 60×60 | 60×80 |

6.0.4 在土层干燥地区应于种植前浸穴。

6.0.5 挖穴、槽后，应施入腐熟的有机肥作为基肥。

# 9 树 木 种 植

9.0.1 应根据树木的习性和当地的气候条件，选择最适宜的种植时期进行种植。

9.0.2 种植的质量应符合下列规定：

1. 种植应按设计图纸要求核对苗木品种、规格及种植位置。

2. 规则式种植应保持对称平衡，行道树或行列种植树木应在一条线上，相邻植株规格应合理搭配，高度、干径、树形近似，种植的树木应保持直立，不得倾斜，应注意观赏面的合理朝向。

3. 种植绿篱的株行距应均匀。树形丰满的一面应向外，按苗木高度、树干大小搭配均匀。在苗圃修剪成型的绿篱，种植时应按造型拼栽，深浅一致。

4. 种植带土球树木时，不易腐烂的包装物必须拆除。

5. 珍贵树种应采取树冠喷雾、树干保湿和树根喷布生根激素等措施。

6. 种植时，根系必须舒展，填土应分层踏实，种植深度应与原种植线一致。竹类可比原种植线深5～10cm。

9.0.3 树木种植应符合下列规定：

1. 树木置入种植穴前，应先检查种植穴大小及深度，不符合根系要求时，应修整种植穴。

2. 种植裸根树木时，应将种植穴底填土呈半圆土堆，置入树木填土至1/3时，应轻提树干使根系舒展，并充分接触土壤，随填土分层踏实。

3. 带土球树木必须踏实穴底土层，而后置入种植穴，填土踏实。

4. 绿篱成块种植或群植时，应由中心向外顺序退植。坡式种植时应由上向下种植。大型块植或不同彩色丛植时，宜分区分块种植。

5. 假山或岩缝间种植，应在种植土中掺入苔藓、泥炭等保湿透气材料。

9.0.4 落叶乔木在非种植季节种植时，应根据不同情况分别采取以下技术措施：

1. 苗木必须提前采取疏枝、环状断根或在适宜季节起苗用容器假植等处理。

2. 苗木应进行强修剪，剪除部分侧枝，保留的侧枝也应疏剪或短截，并应保留原树冠的三分之一，同时必须加大土球体积。

3. 可摘叶的应摘去部分叶片，但不得伤害幼芽。

4. 夏季可搭棚遮荫、树冠喷雾、树干保湿，保持空气湿润；冬季应防风防寒。

9.0.5 干旱地区或干旱季节，种植裸根树木应采取根部喷布生根激素、增加浇水次数等措施。针叶树可在树冠喷布聚乙烯树脂等抗蒸腾剂。

9.0.6 对排水不良的种植穴，可在穴底铺10～15cm砂砾或铺设渗水管、盲沟，以利排水。

9.0.7 树木种植后浇水、支撑固定应符合下列规定：

1. 种植后应在略大于种植穴直径的周围，筑成高 10～15cm 的灌水土堰，堰应筑实不得漏水。坡地可采用鱼鳞穴式种植。

2. 新植树木应在当日浇透第一遍水，以后应根据当地情况及时补水。北方地区种植后浇水不少于三遍。

3. 粘性土壤，宜适量浇水，根系不发达树种，浇水量宜较多；肉质根系树种，浇水量宜少。

4. 秋季种植的树木，浇足水后可封穴越冬。

5. 干旱地区或遇干旱天气时，应增加浇水次数。干热风季节，应对新发芽放叶的树冠喷雾，宜在上午 10 时前和下午 15 时后进行。

6. 浇水时应防止因水流过急冲刷裸露根系或冲毁围堰，造成跑漏水。浇水后出现土壤沉陷，致使树木倾斜时，应及时扶正、培土。

7. 浇水渗下后，应及时用围堰土封树穴。再筑堰时，不得损伤根系。

**9.0.8** 对人员集散较多的广场、人行道，树木种植后，种植池应铺设透气护栅。

**9.0.9** 种植胸径 5cm 以上的乔木，应设支柱固定。支柱应牢固，绑扎树木处应夹垫物，绑扎后的树干应保持直立。

**9.0.10** 攀缘植物种植后，应根据植物生长需要，进行绑扎或牵引。

# 11 草坪、花卉种植

**11.0.1** 草坪种植应根据不同地区、不同地形选择播种、分株、茎枝繁殖、植生带、铺砌草块和草卷等方法。种植的适宜季节和草种类型选择应符合下列规定：

1. 冷季型草播种宜在秋季进行，也可在春、夏季进行。

2. 冷季型草分株栽植宜在北方地区春、夏、秋季进行。

3. 茎枝栽植暖季型草宜在南方地区夏季和多雨季节。

4. 植生带、铺砌草块或草卷，温暖地区四季均可进行；北方地区宜在春、夏、秋季进行。

**11.0.2** 草坪播种应符合下列规定：

1. 选择优良种籽，不得含有杂质，播种前应做发芽试验和催芽处理，确定合理的播种量。

2. 播种时应先浇水浸地，保持土壤湿润，稍干后将表层土耙细耙平，进行撒播，均匀覆土 0.30～0.50cm 后轻压，然后喷水。

3. 播种后应及时喷水，水点宜细密均匀，浸透土层 8～10cm，除降雨天气，喷水不得间断。亦可用草帘覆盖保持湿度，至发芽时撤除。

4. 植生带铺设后覆土、轻压、喷水，方法同播种。

5. 坡地和大面积草坪铺设可采用喷播法。

**11.0.3** 草坪混播应符合下列规定：

1. 选择两个以上草种应具有互为利用、生长良好、增加美观的功能。

2. 混播应根据生态组合、气候条件和设计确定草坪植物的种类和草坪比例。

3. 同一行混播应按确定比例混播在一行内，隔行混播应将主要草种播在一行内，另一草种播在另一行内。混合撒播应筑播种床育苗。

**11.0.4** 分株种植应将草带根掘起，除去杂草后5～7株分为一束，按株距15～20cm，呈品字形种植于深6～7cm穴内，再踏实浇水。

**11.0.5** 茎枝繁殖宜取茎枝或匍匐茎的3～5个节间，穴深应为6～7cm，埋入3～5枝，其露出地面宜为3cm，并踏实、灌水。

**11.0.6** 铺设草块应符合下列规定：

1. 草块应选择无杂草、生长势好的草源。在干旱地掘草块前应适量浇水，待渗透后掘取。

2. 草块运输时宜用木板置放2～3层，装卸车时，应防止破碎。

3. 铺设草块可采取密铺或间铺。密铺应互相衔接不留缝，间铺间隙应均匀，并填以种植土。草块铺设后应滚压、灌水。

**11.0.7** 种植花卉的各种花坛（花带、花境等），应按照设计图定点放线，在地面准确划出位置、轮廓线。面积较大的花坛，可用方格线法，按比例放大到地面。

**11.0.8** 花卉用苗应选用经过1～2次移植，根系发育良好的植株。起苗应符合下列规定：

1. 裸根苗，应随起苗随种植。

2. 带土球苗，应在圃地灌水渗透后起苗，保持土球完整不散。

3. 盆育花苗去盆时，应保持盆土不散。

4. 起苗后种植前，应注意保鲜，花苗不得萎蔫。

**11.0.9** 各类花卉种植时，在晴朗天气、春秋季节、最高气温25℃以下时可全天种植；当气温高于25℃时，应避开中午高温时间。

**11.0.10** 模纹花坛种植时，应将不同品种分别置放，色彩不应混淆。

**11.0.11** 花卉种植的顺序应符合下列规定：

1. 独立花坛，应由中心向外的顺序种植。

2. 坡式花坛，应由上向下种植。

3. 高矮不同品种的花苗混植时，应按先矮后高的顺序种植。

4. 宿根花卉与一、二年生花卉混植时，应先种植宿根花卉，后种植一、二年生花卉。

5. 模纹花坛，应先种植图案的轮廓线，后种植内部填充部分。

6. 大型花坛，宜分区、分块种植。

**11.0.12** 种植花苗的株行距，应按植株高低、分蘖多少、冠丛大小决定。以成苗后不露出地面为宜。

**11.0.13** 花苗种植时，种植深度宜为原种植深度，不得损伤茎叶，并保持根系完整。球茎花卉种植深度宜为球茎的1～2倍。块根、块茎、根茎类可覆土3cm。

**11.0.14** 花卉种植后，应及时浇水，并应保持植株清洁。

**11.0.15** 水生花卉应根据不同种类、品种习性进行种植。为适合水深的要求，可砌筑栽植槽或用缸盆架设水中，种植时应牢固埋入泥中，防止浮起。

**11.0.16** 对漂浮类水生花卉，可从产地捞起移入水面，任其漂浮繁殖。

**11.0.17** 主要水生花卉最适水深，应符合表 11.0.17 的规定。

水生花卉最适水深 表 11.0.17

| 类 别 | 代表品种 | 最适水深（cm） | 备 注 |
|---|---|---|---|
| 沿生类 | 菖蒲、千屈菜 | 0.5～10 | 千屈菜可盆栽 |
| 挺水类 | 荷、宽叶香蒲 | 100 以内 | —— |
| 浮水类 | 芡实、睡莲 | 50～300 | 睡莲可水中盆栽 |
| 漂浮类 | 浮萍、凤眼莲 | 浮于水面 | 根不生于泥土中 |

# 附件 3

## 新形象电厂景观设计实例

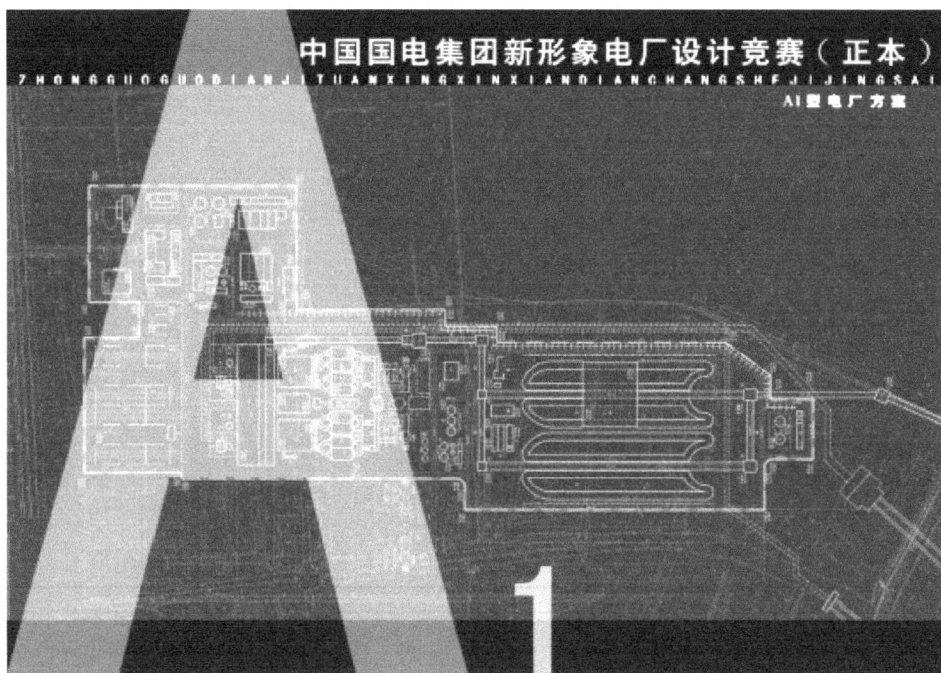

一．竞赛背景

随着经济的快速发展和环保要求的不断提高，社会对电厂建筑与环境协调的呼声也越来越高。本着与时俱进追求卓越的企业精神，中国国电集团公司及时提出创造具有企业文化内涵、反映企业精神风貌和工艺水平，与企业发展和社会环境相协调的新形象电厂的设计概念。并邀请全国电力设计单位展开"中国国电集团公司新形象电厂设计方案竞赛"：这项赛事不仅是一项重要的学术活动，而且对突出国电集团公司的个性和地位，更新电力设计的理念，缩小我国与国际先进水平的差距，均具有重要的意义。

二．设计依据

（一）《中国国电集团公司新形象电厂设计方案竞赛任务书》
（二）《中国国电集团公司新形象电厂设计方案竞赛任务书答疑各项回复》
（三）有关发电厂设计的国家和部颁规范与规定
（四）《国电电规（1998）438 号》文件
（五）2002 年度我国基本建设的价格水平

三．设计思想

新形象电厂的设计是与电力工程密切相关的艺术设计，全面辩证的贯彻安全、适用、经济、美观的设计原则，以合理的工艺和总平面为基础，充分考虑电厂建筑的特点和多方面设计元素的介入，创造反映国电集团公司新时代风貌的电厂建筑独特形象，是本次竞赛核心任务，方案设计围绕以下五个方面展开：

（1）密切结合工艺流程的总平面和建筑设计
（2）密切结合地域气候和自然生态特征的环境设计
（3）密切结合当代工业设计与建筑生态特征环境艺术新理念的电厂形象设计
（4）密切结合国内建筑材料和技术水平与电厂建设经济可行性的材料选用和　构造设计
（5）密切结合员工工作流程和生活需求的工作与生活环境及细部设计

*1*

A 型电厂采用直流冷却系统，厂址位于长江西南岸，距长江大堤约 200m，两条平行于大堤方向的公路由西南至东北方向通过，自然地面标高位于 2.1m-4.8m 之间，地形大致呈东北向西南逐渐降低的走势，其间有少量村沟和鱼塘。

该区域地震设防烈度为 7 度，全年主导风向为东南偏东。　电厂循环水取水泵房位于厂址和长江大堤之间，取水泵房距长江大堤约 100m，取水管绕穿过长江大堤及堤外的浅滩，延伸至河床深处，取水口距大堤约 1100m，排水口位于取水泵房下游约 140m 处。取水泵房和排水口之间预留二期工程取水泵房位置，二期工程排水口位于本期排水口下游约 90m 处。

电厂燃烧及燃煤采用水路运输。电厂专用码头位于厂址东北方向，长江大堤外 900m 处。电厂燃煤及燃油在码头卸货后，通过栈桥和管道分别输送至电厂储煤场和电厂储油罐。

电厂采用干除灰方式，考虑部分灰渣综合利用的因素。由汽车将干灰送至灰场。

电厂出线采用 500kV 电压等级，出线方向为西南方向。并预留二期 500kV 线路走廊。

电厂主要入口位于厂区西南侧，进厂道路距长江大堤约 1200m 的公路引接，进厂道路长度约 100m，次要入口位于厂区西侧，利用距长江大堤约 800m 的公路作为运灰道路，其中位于厂区附近的部分路段需改造，与次要入口相接，厂区内的路段需征用。二期工程不另设进厂道路和运灰道路。

*2*

建筑                                                      金额单位：万元

| 序号 | 项目 | A方案 | |
|---|---|---|---|
| | | 工程量增减值或幅度 | 投资增减 |
| 1 | 主厂房外墙面压型钢板 | 2% | 6.73 |
| 2 | 烟囱 | 双套筒、椭圆形外筒 | 900 |
| 3 | 企业标识及雕塑 | | 98 |
| 4 | 灯光装饰 | | 65 |
| | | | |
| | 小计 | | 1069.725 |

*3*

A型厂区总平面布置采用"三列式"布置方式，由东北至西南方向依次为储煤场——脱硫设施、主厂房——附属生产建（构）筑物及500kV屋外配电装置。

本期主厂房A排柱面向西南，固定端朝西北，向东南方向扩建。由西南至东北依次为：汽机房——除氧间——煤仓间——锅炉房——送风机室——电除尘器——引风机室——烟囱、烟道——脱硫设施。主厂房固定端与辅助生产区之间相距50m，作为循环水管（沟）及综合管架的廊道。汽机房A排柱与500kV屋外配电装置间，为80m宽的管道走廊。

电厂燃煤及燃油，由水路运送至电厂专用码头，通过输煤栈桥及管道分别输送至储煤场和油罐区。为缩短输煤栈桥长度和输油管道距离，储煤场及油罐区布置在主厂房东北方向，紧邻长江大堤。油罐区紧邻储煤场位于其东北侧。由于该区域全年主导风向为东南偏东，避免在干煤棚内形成风洞效应，尽量减小储煤场粉尘的扩散范围。本期工程储煤场采用两个斗轮机煤场由西北向东南并列布置，并预留向东南方向扩建二期工程储煤场的场地。煤场环形道路内布置煤水湿清池及推煤机库。燃煤经过转运站及输煤栈桥，输送至固定端1#机煤仓间。

为减少运灰车辆在厂区内的行驶距离，在邻近次要入口东北侧布置除灰设施。运灰车辆采用折返运输方式，运送电厂干灰。

主厂房西南侧为500kV升压站，厂内设220kV和500kV屋外配电装置，向西南方向出线。

主厂房区西北侧为辅助生产区，由东北至西南依次为输煤综合楼——废水处理站——化学水处理车间。输煤综合楼靠近全厂输煤系统，便于控制和维护整个输煤系统，减小电缆沟的敷设工程量。废水处理站及化学水处理车间分别靠近锅炉房和汽机房布置，各种化水管沟的敷设距离大为减小，工艺流程顺畅。紧邻化学水处理车间为综合水泵房和制氢站。综合水泵房及制氢站距主厂房距离相对较远，通过沿厂区西侧围墙架设的综合管架将部分管道与主厂房相连。综合管架的使用可减小地下工程管线的工程量，最大程度地避免地下管线交叉的情况。辅助生产区内各单独的建（构）

*4*

筑物，按功能及工艺流程，集中布置，使其功能分区明显，人员操作、维护便利，各种管（沟）工程量减小。

主厂房西南侧为材料库、综合检修楼——综合服务楼、广场、生产办公楼。面对车辆拥有率逐渐提高的现状，为缓解电厂交通压力，明确各分区功能。厂区西南面的主入口两侧设有40～50个车位的停车场，车位数量可随实际情况作适当调整。主入口东北侧为厂前绿化广场。广场两侧为综合服务楼和生产办公楼。将厂区内人员相对集中的建筑集中布置在厂前区，并提供活动和休息的区域，可一定程度缓解电厂运行人员工作强度。主入口靠近厂前区，也便于人员流动和交通组织。

与参考方案相比，A方案压缩了储煤场和油罐区之间的大量空余用地，在满足规程、规范要求及电厂运行顺畅的前提下，减小了主厂房区与储煤场的间距，缩短了输煤栈桥的长度；取（排）水管沟统一布置在固定端的管廊内，减少循环水管（沟）之间的交叉，缩小了主厂房A排柱外的管廊宽度，为二期工程扩建预留了良好的施工条件。

针对辅助生产区和厂前区，按功能分区，A方案作了较大调整：将化学水处理车间和废水处理站集中布置在靠近主厂房的区域；输煤综合楼邻近输煤系统；综合水泵房位于厂前区和辅助生产区之间，使管线敷设短捷；合理布置综合管架，简化施工、降低工程造价。厂前区的布置大量采用联合建筑，将职工宿舍、食堂、值班室等单体建筑集中设计成综合服务楼，并通过广场和厂前区的环形通道与生产办公楼、材料库、综合检修楼连接，使电厂运行人员工作、休息相对集中，交通便利。

经过上述优化设计，A方案用地面积较参考方案大大降低。A方案厂区围墙内占地面积为28.958hm²，厂前区占地面积为0.78 hm²，参考方案厂区围墙内占地面积为43.21 hm²，厂前区占地面积为2.41 hm²，分别减少了14.252 hm²，和1.63 hm²。具体指标比较见：A型厂区总平面布置技术经济比较表

5

### A型厂区总平面布置技术经济比较表

| 序号 | 项目 | | 单位 | 数量 | | 投资差额 |
|---|---|---|---|---|---|---|
| | | | | A方案 | 参考方案 | |
| 1 | 厂区围墙内用地面积 | | hm² | 28.958 | 43.21 | -2137.8 |
| 2 | 单位容量用地面积 | | m²/kW | 0.242 | 0.360 | |
| 3 | 厂区内建构筑物用地面积 | | m² | 127938 | 174222 | |
| 4 | 建筑系数 | | % | 44.18 | 40.32 | |
| 5 | 厂区内场地利用面积 | | m² | 179540 | 236617 | |
| 6 | 场地利用系数 | | % | 62 | 54.76 | |
| 7 | 厂区道路路面及广场面积 | | m² | 51524 | 70605 | -244.2368 |
| 8 | 道路广场系数 | | % | 17.80 | 16.34 | |
| 9 | 厂区围墙长度 | | m | 3063 | 3614 | -21.7645 |
| 10 | 供（排）水管（沟）长度 | 供水管 | m | 1112 | 1250 | -218.04 |
| | | 排水沟 | | 1280 | 1305 | -27.5625 |
| 11 | 厂区沟道长度 | | m | 3650 | 4500 | -83.725 |
| 12 | 综合管架长度 | | m | 1010 | 1239 | -214.8936 |
| 13 | 输煤栈桥长度 | | m | 1664.7 | 1710 | -156.285 |
| 14 | 绿化用地面积 | | m² | 55744 | 105087 | |
| 15 | 绿化用地系数 | | % | 19.25 | 24.32 | |
| 16 | 厂前区用地面积 | | m² | 7856 | 21000 | |
| 17 | 厂前区绿化面积 | | m² | 2060 | 5181 | |
| 18 | 厂前区绿化系数 | | % | 26.22 | 24.67 | |
| 19 | 厂前区道路广场面积 | | m² | 5178 | 9405 | |
| 20 | 厂前区建筑总面积 | | m² | 9378 | 6413 | |
| 21 | 总计 | | 万元 | | | -3104.307 |

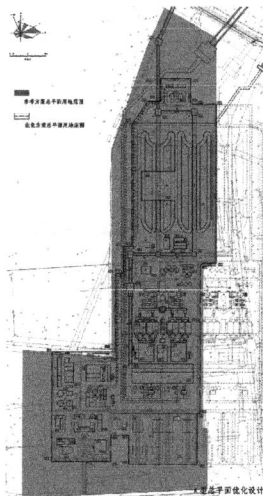

6

220

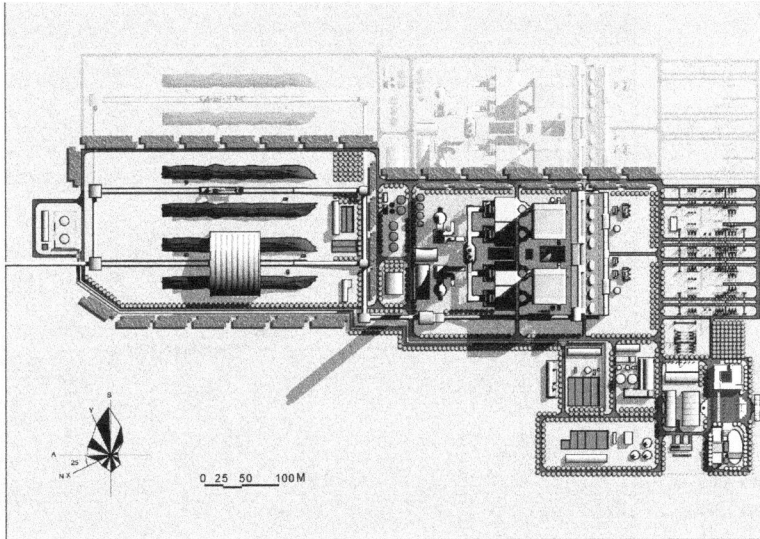

0 25 50 100M

7

8

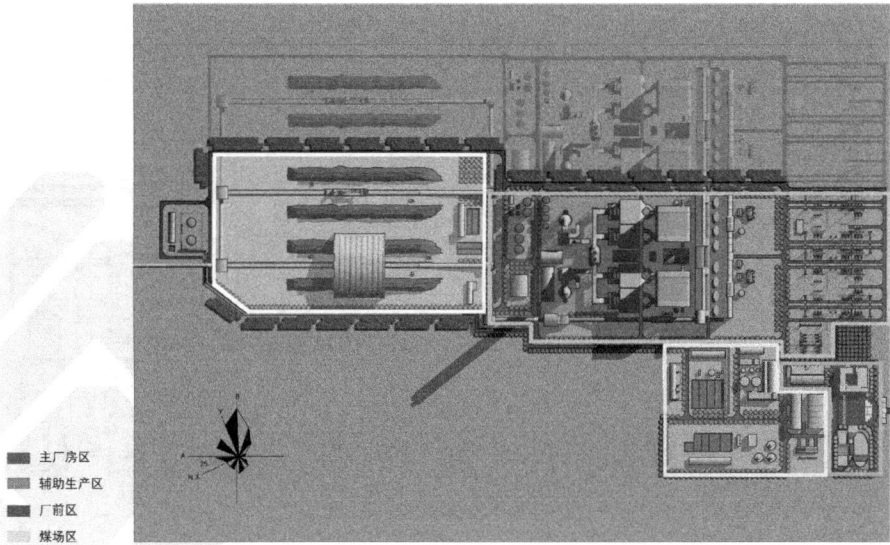

主厂房区
辅助生产区
厂前区
煤场区

9

绿化配置

树障墙: 阔叶钻天杨

厂区内道路两边黄灌木: 鸡血藤　金银花

厂前区: 行道树: 银杏

景观树: 棕榈

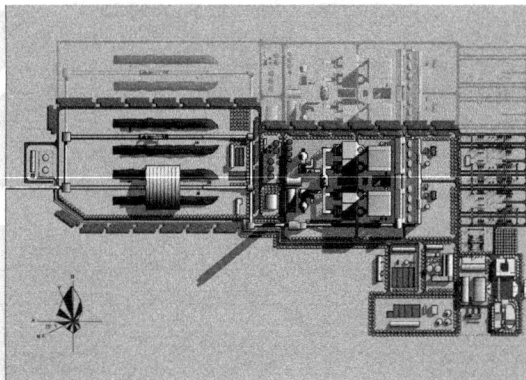

主厂房后侧透视图

主厂房前透视图

10

视点在 3000 米高空

从 45° 角俯视

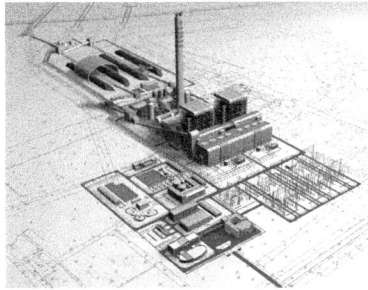

厂区的用地范围与周边的环境关系及物流方式

厂区的总体布局、工艺流程及电厂的基本形象

从厂内主干道

从 1000M 立面

电厂的设备与建构筑物的外轮廓形象

11

**高杆路灯（双头）**
高压钠灯，灯具高度 12 米
适用于厂道两侧照明
主要尺寸（mm）

| A | B | C |
|---|---|---|
| 390 | 340 | 790 |

**高杆路灯（单头）**
高压钠灯，灯具高度 12 米
适用于正干道两侧照明
主要尺寸（mm）

| A | B | C | D |
|---|---|---|---|
| 348 | 245 | 110 | 811 |

**草坪灯**
60w 节能灯
灯具高度 0.6 米——1.0 米
适用于草坪、花坛、灌木、步行道等照明

**埋地灯**
15w、130w 普通灯泡
适用于树阵、广场、雕塑、庭院等艺术照明

**投光灯**
金属卤化物灯
适用于体育场、广场等大型区域照明

**泛光灯**
400w 金属卤化物灯
适用于建筑物立面效果照明
主要尺寸（mm）

| A | B | C |
|---|---|---|
| 550 | 550 | 240 |

12

223

运用现代设计的机械美学理念，密切结合厂房体量和工艺要求，将庞大的主厂房设计成一组现代机器的形象。

建筑立面采用了烤漆钢板和金属波纹板的层次对比与色彩变化。女儿墙采用圆弧形断面，两侧山墙突出部位采用机械转轴造型，隐喻输煤通道的转运工艺。对厂房主次入口、汽机房侧窗、天窗、风帽均作了精心设计。锅炉房立面以透空钢架为主，屋面造型与汽机房相呼应。

建筑造型传达出简洁高效的时代风格和新型工业建筑的美学特征，并以暖灰色主调和兰灰色的辅色突出设计主题，渲染高雅清新的视觉感受，与江南水乡的秀丽风光和素雅的传统建筑文化相谐调。

*13*

---

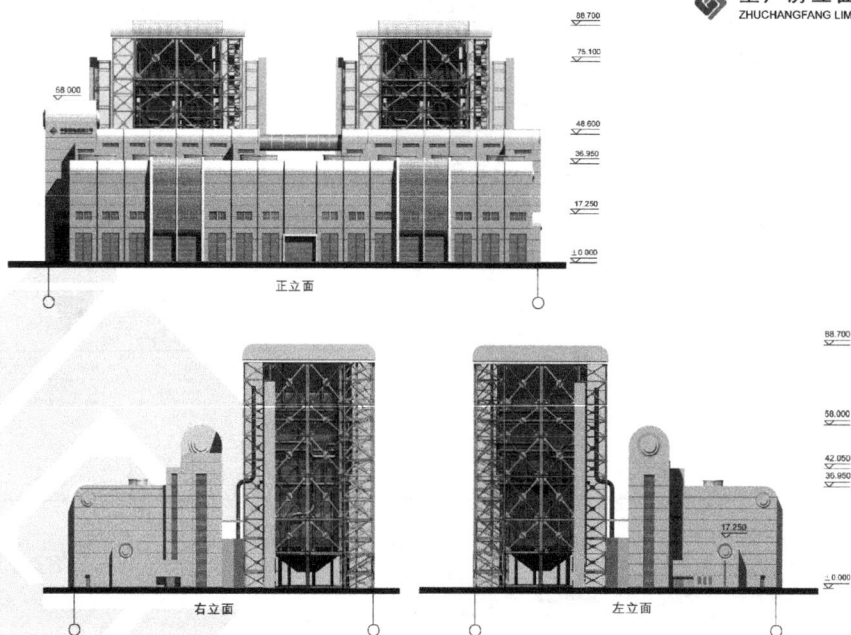

正立面

右立面

左立面

*14*

| 使用部位 | 材料选用 | 国家标准色标 | 产品型号（类别） | 执行标准 |
|---|---|---|---|---|
| 主厂房屋顶 | 彩色复合钢板 | 浅色系：<br>C10 M10<br>Y20 K10 | LYX15-225-900 型 | QBJC04-1998 |
| 主厂房外墙 | 彩色复合钢板 | | LYX12-105-840 型 | QBJC04-1998 |
| 附属建筑物墙面 | 外墙涂料 | | 丙烯酸脂建筑涂料 | GB/T9759-2001 |
| 煤棚顶 | 金属拱型波纹屋顶 | 深色系：<br>C10 M10<br>Y20 K30 | MMR-178 型 | Q/CY-Y4-022-1998 |
| 输煤栈桥等金属管架 | 室外金属用油漆 | | 醇酸树脂漆 C04-42 | ZBG51020-87 |
| 厂前区建筑 | 外墙涂料 | | 丙烯酸脂建筑涂料 | GB/T9759-2001 |

*15*

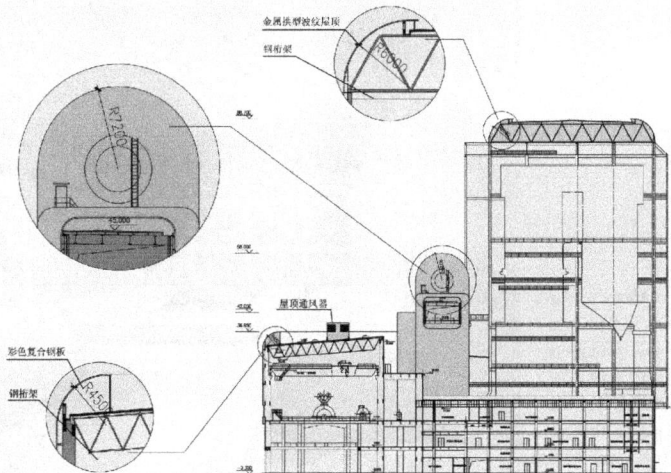

*16*

## 主厂房新形象设计补充方案

ZHUCHANGFANG XINXINGXIANGSHEJI BUCHONGFANGAN

A1 型

本方案以银色压
型钢板作为主立面外
墙，其波浪形的平面，
结合透光的檐口设计，
使主厂房在阳光下显
现出极强的韵律感。

17

## 汽机房室内设计

QIJIFANG SHINEISHEJI

A1 型

本方案屋顶支承方式为
球节网架、钢结构柱，地面
为弹性地胶。室内以统一的
色彩基调简化视觉背景，地
面的色彩分区强调工作流线
与安全控制区，突出汽轮机
的色彩特征，注重与人密切
相关的防护栏杆、步道、楼
梯等的细部设计。

18

集中控制室室内设计
JIZHONGKONGZHISHI SHINEISHEJI
A1 型

采用单边大屏幕式控制方式，室内灯光设计注重场所的工作性质要求，工作操作区与面板显示区采用不同的照度标准。室内家具尺度与工作规线设计均运用人体工学的原理装饰材料采用吸声，阻燃材料，地面采用防静电地板，天花及墙面采用复合铝板与防火装饰板穿插使用，整体设计风格简约明快。

19

厂前区总平面
CHANGQIANQU ZHONGPINGMIAN
A1 型

厂前区布置采用相对自由的模式，与主厂区形成明显的环境反差，以缓解工作人员的紧张情绪，增加整个厂区的生活情趣和人性化特点。

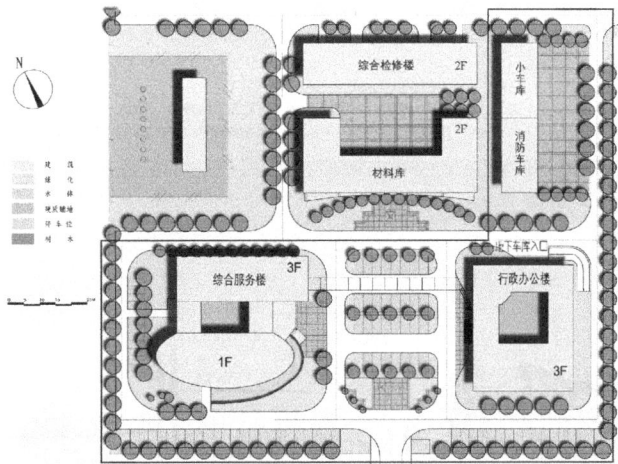

综合检修楼 2F

小车库

消防车库

材料库 2F

地下车库入口

综合服务楼 3F

行政办公楼

1F

3F

经济技术指标：

厂前区占地面积：16448m²

建筑占地面积：　3576m²

总建筑面积：　　6658m²

行政办公楼面积：3236m²

综合服务楼面积：2848m²

（其中）食堂面积：975m²

车库面积：　　　973.60m²

厂前区道路面积：2797m²

厂前区绿化面积：10075m²

绿化率：　　　　61.25%

20

227

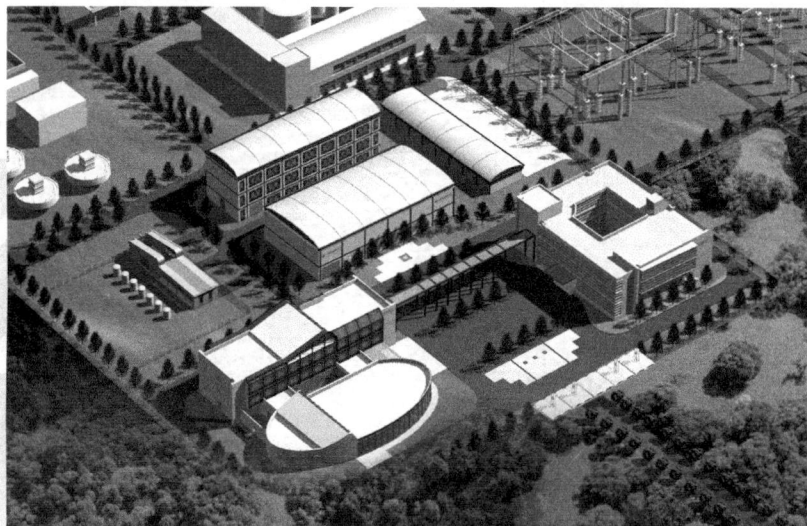

21

外形设计突出虚实相间的立面造型与简洁的体块穿插，综合服务楼与行政办公楼之间的构架造型，与后面的建筑形成虚实对比，并加强了入口区域的围合感。漂亮的椭圆形职工餐厅更是成为厂前建筑中的亮点，体现出企业对员工生活的人性的关怀。

22

228

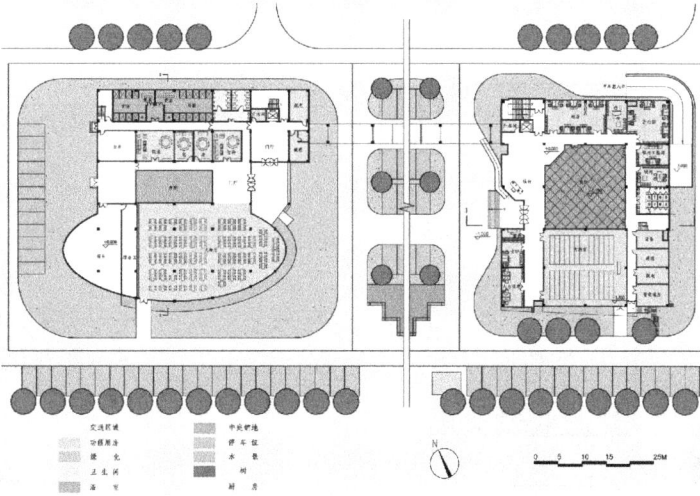

厂前综合楼一层平面图
CHANGQIANZHONGHELOU YICHENGPINGMIANTU
A1 型

23

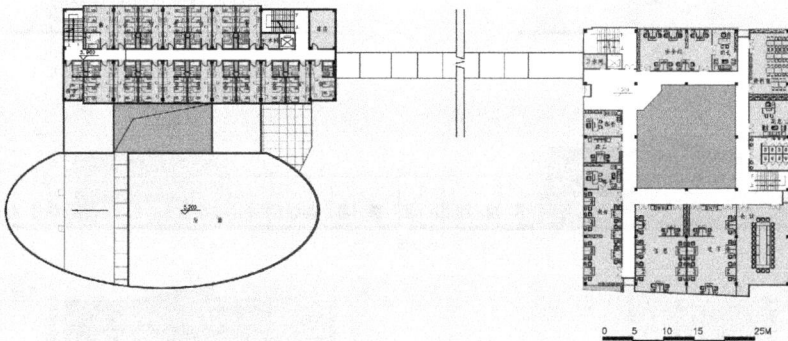

厂前综合楼二层平面图
CHANGQIANZHONGHELOU ERCHENGPINGMIANTU
A1 型

24

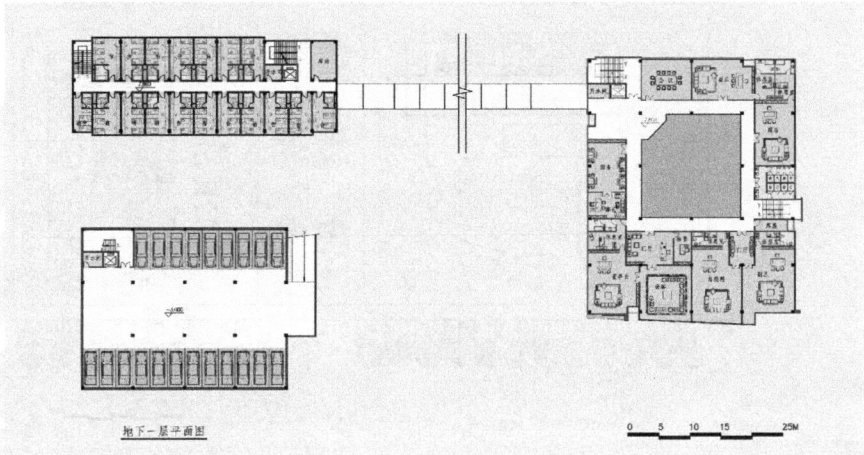

厂前综合楼三层平面图
CHANGQIANZHONGHELOU SANCENGPINGMIANTU
A1 型

地下一层平面图

0  5  10  15    25M

25

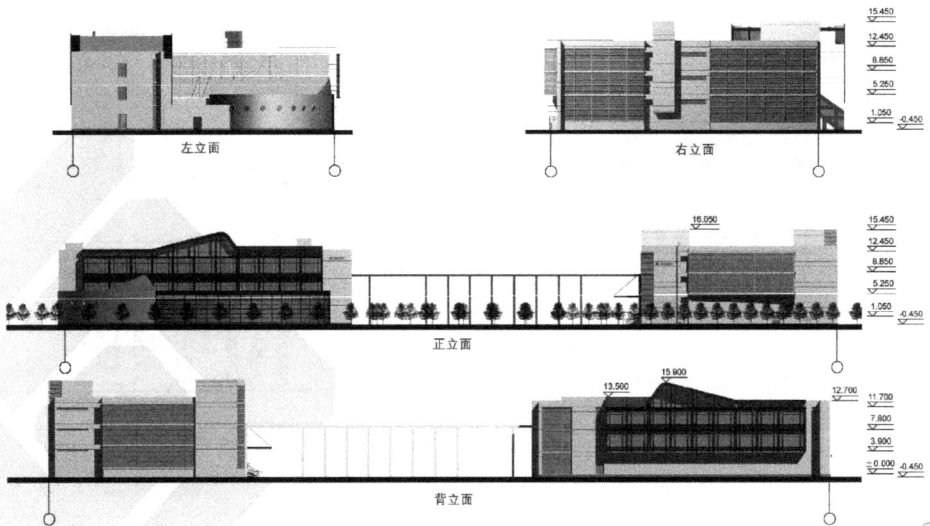

厂前综合楼立面图
CHANGQIANZHONGHELOU LIMIANTU
A1 型

左立面

右立面
15.450
12.450
8.850
5.250
1.050
-0.450

正立面
16.050
15.450
12.450
8.850
5.250
1.050
-0.450

背立面
13.500  15.900
12.700
11.700
7.800
3.900
0.000
-0.450

26

230

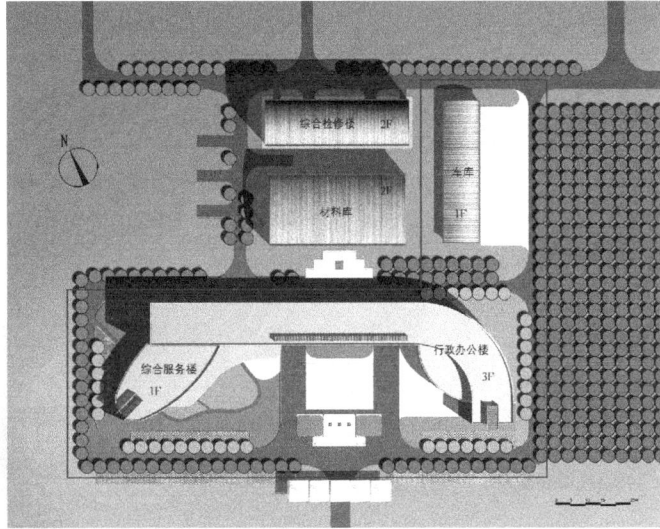

经济技术指标

| 厂前区占地面积: | 16448m² |
|---|---|
| 建筑占地面积: | 3102m² |
| 总建筑面积: | 6151m² |
| 行政办公楼面积: | 2930m² |
| 综合服务楼面积: | 2647m² |
| (其中)食堂面积: | 899m² |
| 车库面积: | 573.80m² |
| 厂前区道路面积: | 3028m² |
| 厂前区广场面积: | 961m² |
| 厂前区广场面积: | 6632.25m² |
| 绿化率: | 40.32% |

综合检修楼 2F

材料库 1F

车库 1F

综合服务楼 1F

行政办公楼 3F

27

28

厂前区建筑群补充方案透视图
CHANGQIANQU JIANZHUQUN BUCHONGFANGAN TOUSHITU
A1型

本方案增加弧形元素在设计中的应用，塑造流畅的体块穿插关系，进一步加强建筑围合效果。

29

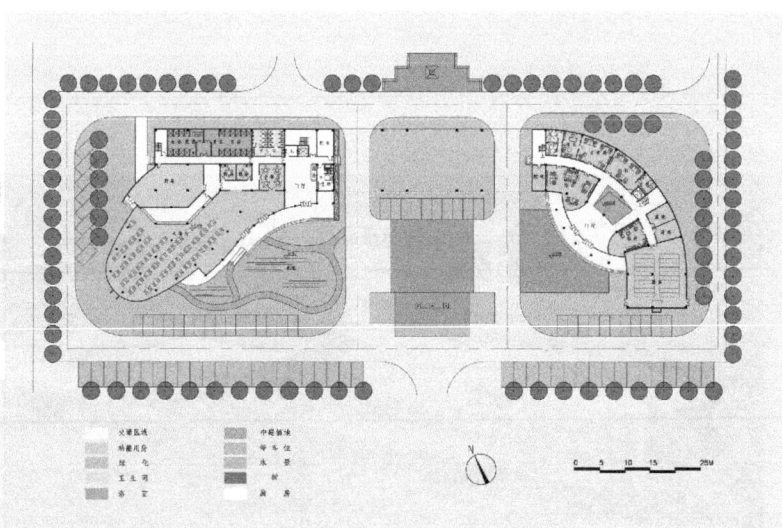

厂前区综合楼补充方案一层平面图
CHANGQIANQU ZHONGHELOU BUCHONGFANGAN YICENG PINGMIANTU
A1型

30

232

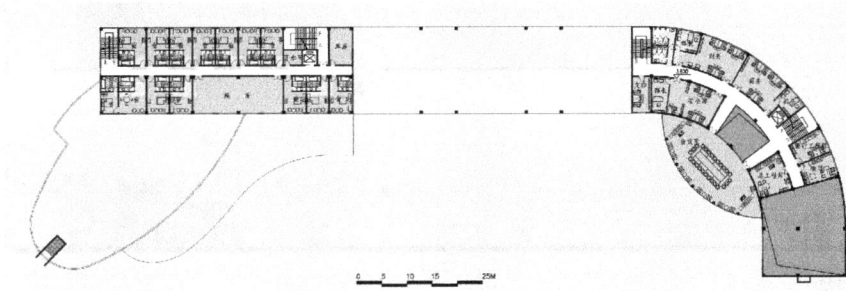

厂前区综合楼补充方案二层平面图

CHANGQIANQU ZHONGHELOU BUCHONGFANGAN ERCHENG PINGMIANTU

A1 型

0  5  10  15    25M

31

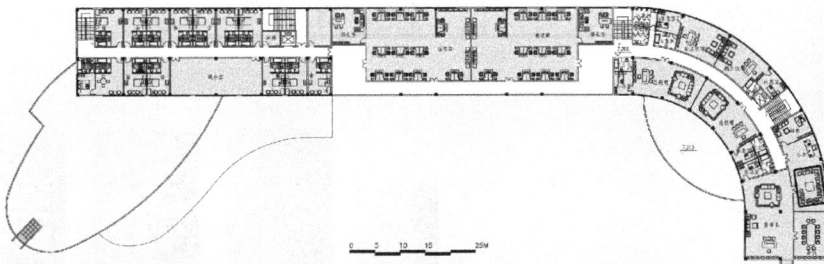

厂前区综合楼补充方案三层平面图

CHANGQIANQU ZHONGHELOU BUCHONGFANGAN SANCHENG PINGMIANTU

A1 型

0  5  10  15    25M

32

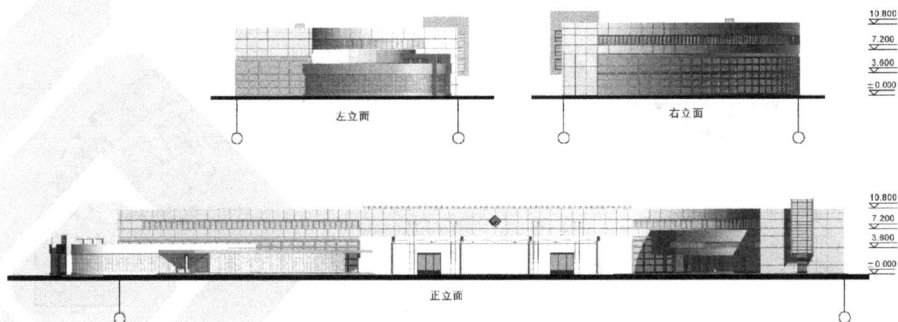

厂前区综合楼补充方案立面图
CHANGQIANQU ZHONGHELOU BUCHONGFANGAN LIMIANTU

A1 型

左立面

右立面

10.800
7.200
3.600
±0.000

正立面

10.800
7.200
3.600
±0.000

33

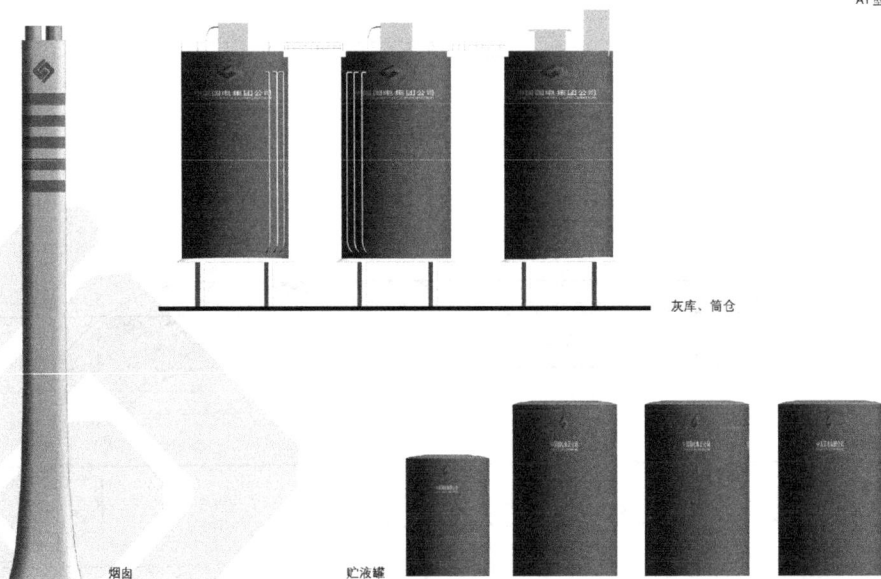

企业 VI 系统运用分析
QIYE VI XITONGYUNYONGFENXI

A1 型

灰库、筒仓

烟囱

贮液罐

34

　　2004 年由中国国电集团公司组织"新形象电厂设计方案竞赛"，本次竞赛目的：广聚电厂建筑设计精华，创建电厂建筑新形象，展现中国国电集团公司企业风貌。在电厂设计时，坚持"安全可靠、经济实用、符合国情"的电力设计方针，提出新的设计方案，提高燃煤电厂的可靠性、进一步节能、节水、省地、省投资的同时，充分体现中国国电集团公司独特的企业文化，展现中国国电集团公司"做实、做新、做大、做强"的企业精神。

　　遵循上述宗旨，我们在厂区平面布置的设计过程中，与工艺及建筑专业紧密配合，在满足工艺流程顺畅的前提下，充分考虑各附属生产建构筑物的空间和平面造型，与电厂内外、自然环境协调：精心规划厂前建筑，带来耳目一新的独特视觉感受；将检修公寓、招待所、食堂、浴室等生活附属设施相对联合建设；取消独立的厂前区，优化各功能分区的布置，优化管线布置，大量使用综合管架并严格控制各建构筑物的间距；合理规划竖向台阶划分等多项措施，进一步节省了厂区占地面积。达到优化总平面布置的目的。

　　主厂房设计运用现代设计的"形态美学"原理，创造出独特的电厂建筑新形象，并于建筑的重点部位，结合国电集团公司的标志设计，形成具有强烈时代风貌的工业建筑景观。

　　厂区绿化设计，室外夜景照明设计、汽机房和集中控制室的设计及厂前区建筑设计均作了精心处理。充分考虑到人性化的设计原则，为电厂工作人员创造出一个合理舒适、温馨宜人的工作与生活环境，体现了我国当前工业建筑设计的较高水平和中国国电集团公司与时俱进、追求卓越的企业精神。

*35*

中国国电集团公司新形象电厂设计方案竞赛组委会：

　　我院接受贵组委会的邀请，参加中国国电集团公司新形象电厂设计方案竞赛，本方案为 *2×600MW 直流冷却凝汽式燃煤机组发电厂*。并声明本参赛作品属参赛者本人设计，若有其他方就参赛作品提出有关知识产权的问题，由参赛者负责；同时，方案竞赛组委会及主办和协办单位具有使用各种媒体对本参赛作品进行宣传、本参赛作品只能用于主办单位所属电厂、主办单位在实际应用时有修改本参赛作品的权利。

　　　　　　　　　　　　　　　法定代表人：　　　　（签名、盖章）

　　　　　　　　　　　　　　　单　　位：　　　　（盖章）

## 项目经理简历表

| 姓　名 | 朱德庆 | 性　别 | | 男 | 年　龄 | | 61 |
|---|---|---|---|---|---|---|---|
| 职　务 | 设计总工程师 | 职　称 | | 教授级高工 | 学　历 | | 大专 |
| 参加工作时间 | 1959 年 | 从事项目经理（设总）年限 | | | 1975 年至今 | | |
| **已　完　工　项　目　情　况** | | | | | | | |
| 项目名称 | | 建设规模 | 开 / 项目日期 | | 担负的技术职务 | 获奖情况 | |
| 汉川电厂一期 | | 2×300MW | 1987 / 1991 | | 设总 | 国家级设计铜奖，勘测铜奖 | |
| 汉川电厂二期 | | 2×300MW | 1993 / 1997 | | 设总 | | |
| 黄石电厂三期 | | 2×300MW | 1991 / 1993 | | 设总 | | |
| 石门电厂一期 | | 2×300MW | 1992 / 1997 | | 设总（咨询） | | |
| 鹤岗电厂一期 | | 2×300MW | 1992 / 1998 | | 设总 | | |
| 影城电厂一期 | | 2×300MW | 1993 / 1997 | | 设总（前期） | 国家级设计金奖 | |
| 300MW 主厂房参考设计 | | 2×300MW | 1994 / 1995 | | 设总 | 部科技进步奖 | |
| 2000 年燃煤示范电厂 | | 2×300MW | 1998 / 1999 | | 设总 | 电力勘测设计科学技术进步奖 | |
| 黄冈电厂 | | 2×600MW | 初步设计 | | 设总 | | |
| 安庆电厂 | | 2×300MW | 施工图 | | 项目经理 | | |
| 南京金陵燃机电厂 | | 3×400MW | 前期 | | 项目经理 | | |
| 贵州黔西电厂 | | 4×300MW | 2003 / | | 项目经理 | | |

## 主要参与设计人员表

| 序号 | 姓　名 | 职务 | 职　称 | 专业 | 主要资历、经验及承担过的项目 |
|---|---|---|---|---|---|
| 1 | 黄继前 | 副主任 | 高级工程师 注册建筑师 | 建筑 | 安庆电厂一期（2×300MW）主设人，土耳其 BiGA 电厂等专业负责人，参加深圳西部电厂二期（2×300MW）、黄石电厂大代小（2×300MW）、蒲圻等工程的设计及校审工作 |
| 2 | 张辉 | 主工 | 高级工程师 注册建筑师 | 建筑 | 广西北海电厂一期（2×300MW）主设人；武汉阳逻电厂三期（2×600MW）主设人，贵州黔西电厂（4×300MW）主设人 |
| 3 | 叶娇 | | 高级工程师 注册建筑师 | 建筑 | 蒲圻电厂（2×300MW）主设人；江西丰城电厂二期（2×600MW）主设人；土耳其 BiGA 电厂主设人 |
| 4 | 牛兵 | 主任 | 高级工程师 | 总图 | 青山热电厂（1×300MW）主设人，汉川电厂二期（2×300MW）主设人，2000 年燃煤示范电厂（2×300MW）主设人、黄冈电厂工程（2×600MW 超临界机组）主设人、阳逻电厂三期扩建工程（2×600MW 超临界机组）主设人 |
| 5 | 张鹏祥 | | 高级工程师 | 物料 | 汉川电厂一期、二期（2×300MW）主设人，襄樊电厂一期（4×300MW）主设人，蒲圻电厂一期（2×300MW）工程的主设人，深圳西部电厂二期（2×300MW），黄冈电厂（2×600MW）主设人，襄樊电厂二期（2×600MW）主设人 |
| 6 | 许玉新 | 主工 | 高级工程师 | 机务 | 武汉阳逻电厂二期（2×300MW）主设人，襄樊电厂一期（4×300MW）主设人，鄂州电厂二期工程（2×600MW 超临界机组）主设人；黄冈电厂工程（2×600MW 超临界机组）主设人，阳逻电厂三期扩建工程（2×600MW 超临界机组）主设人 |
| 7 | 葛民 | 主任 | 高级工程师 | 化水 | 武汉阳逻电厂二期（2×300MW）主设人，襄樊电厂一期（4×300MW）主设人，黄冈电厂工程（2×600MW 超临界机组）主设人，阳逻电厂三期扩建工程（2×600MW 超临界机组）主设人，荆门电厂三期（2×600MW）主设人 |
| 8 | 邓应华 | | 高级工程师 | 电器 | 大别山电厂（2×600MW 超临界机组）、双水电厂（2×150MW 循环流化床机组）主设人，深圳西部电厂（2×300MW）、安庆电厂等工程设计负责人，广西北海电厂一期（2×300MW）主设人；武汉阳逻电厂三期（2×600MW）主设人 |
| 9 | 陈进发 | | 高级工程师 | 热控 | 黄冈电厂（2×600MW）为设计主设人、深圳西部电厂二期（2×300MW）工程主设人、山东里彦电厂（2×135MW）主设人、广东双水电厂（2×150MW）主设人、徐州影城电厂二期（2×300MW）主设人、鹤壁电厂二期（2×300MW）主设人、阳逻电厂三期（2×600MW）主设人 |
| 10 | 陈守祥 | 副主任 | 高级工程师 一级注册结构师 | 结构 | 襄樊电厂一期（4×300MW）工程的专业技术负责人，2000 年燃煤示范电厂（2×300MW）主设人，安庆电厂一期（2×300MW）工程的专业技术负责人，广西北海电厂一期（2×300MW）、黄石电厂大代小（2×300MW）、贵州黔西电厂（4×300MW）、广东双水电厂（2×150MW）工程的专业技术负责人 |
| 11 | 韦冰 | | 高级工程师 | 水工 | 阳逻电厂二期（2×300MW）主设人、武钢自备电厂（1×300MW）主设人，马来西亚古晋电厂二期、土耳其 BiGA 自备电厂 |
| 12 | 唐建 | | 工程师 注册造价师 | 技经 | 广东双水电厂（2×150MW）主设人、蒲圻电厂（2×300MW）主设人广西北海电厂（2×300MW）主设人、贵州黔西电厂（4×300MW）主设人 |
| 13 | 刘天卉 | | 工程师 注册造价师 | 技经 | 华能金陵燃机电厂（3×300MW级）、西门子（3×350MW）工程主设人、襄樊（4×300MW）、青山油改煤（2×100MW）的编制人 |

236

# 主要参考文献

1 孟兆祯，毛培琳，黄庆喜，梁伊任. 园林工程. 北京：中国林业出版社，1996

2 格兰·W·雷德著，王俊，韩燕芳译. 景观设计绘图技巧. 广州：百通集团，1998

3 中华人民共和国建设部. 建筑工程设计文件编制深度规定. 北京：中华人民共和国建设部，2003

4 王向荣，林箐. 西方现代景观设计的理论与实践. 北京：中国建筑工业出版社，2002

5 王晓俊. 风景园林设计（增订本）. 南京：江苏科学技术出版社，2000

6 约翰·O·西蒙兹著，俞孔坚，王志芳，孙鹏译. 景观设计学——场地规划与设计手册. 北京：中国建筑工业出版社，2000

7 保罗·拉索著，邱贤丰，刘宇光，郭建青译. 图解思考——建筑表现技法. 北京：中国建筑工业出版社，2002

8 王晓俊. 西方现代园林设计. 南京：东南大学出版社，2000

9 中国建筑工业出版社. 城镇规划与园林绿化规范（修订版）. 北京：中国建筑工业出版社，中国计划出版社，2003

10 刘滨谊. 风景景观工程体系化. 北京：中国建筑工业出版社，1990

11 杨·盖尔，拉尔斯·吉姆松·何可人等译. 新城市空间. 中国建筑工业出版社，2003

12 全国民用建筑工程设计技术措施——建筑. 规划. 建设部工程质量安全监督与行业发展司出版，2003

13 胡长龙. 城市园林绿化设计. 上海科学技术出版社

14 姚宏韬. 场地设计. 辽宁科学技术出版社

15 刘滨谊. 自然原始景观与旅游规划设计——新疆喀纳斯湖. 东南大学出版社，2002

16 邓述平，王仲谷. 居住区规划设计资料集. 北京：中国建筑工业出版社

# 致　　谢

本书的编写得到了陈顺安教授的精心指导和帮助。他对编写思路的深入指引和对项目概念的耐心讲解，使我们以全新的角度来看待景观项目设计，为本书的编写拓展了思路。陈顺安教授在景观教学与设计中的独特见解，给予我们无限灵感，他诲人不倦的精神，不断开拓进取的态度，始终激励和鞭策着我们奋发进取，不断创新。在此，谨向陈顺安教授致以衷心的感谢和无限的敬意。

同时，我们也要向湖北美术学院环境艺术研究所、湖北美术学院环境艺术系和武汉市七星设计有限责任公司的老师、同事和朋友们专为此书提供基础资料和案例所投入大量的时间和精力及所做工作表示由衷的感谢。

参加本书编写的还有：

詹旭军、潘延宾、郭凯、王飞、宋南、叶勇、刘洋、陈晓红、曹丹、王鸣峰、黄学军、张进、梁竞云、舒菲、尹传垠

编者